高等学校工程实践类系列教材

数据库管理与应用

主　编　苏　雪　张慧林

副主编　徐云云　彭　耘　杨　健

主　审　涂玉芬

西安电子科技大学出版社

内 容 简 介

本书是 MySQL 数据库初学者的入门教材，书中以通俗易懂的语言、丰富实用的案例，详细讲解了 MySQL 的开发和管理技术。

本书是新型活页式教材体例(含有微课和活页式两种版式)，包含 8 个项目 20 个任务，以及 1 个附录。8 个项目分别是 MySQL 实训环境配置，MySQL 数据类型，创建与管理数据库及数据表，MySQL 查询，创建与管理索引及视图，事务、存储过程与触发器，安全管理与维护数据库，综合案例开发。附录 1 中给出了课证融通 1+X 大数据分析与应用考证的相关内容。建议考证的读者选用活页版式。附录 2 加了计算机二级 MySQL 历届真题及解析二维码。

本书是双高建设项目支撑材料之一，配有丰富的教学资源(包括教学微课视频、教学课件、课程标准、课时安排、教案、任务测试模拟试卷及答案)，以帮助读者更方便地学习和使用本书，有需要的读者，可扫描书中二维码观看，或登录出版社网站下载。

本书可作为各类院校及计算机教育培训机构的专用教材，也可作为数据库开发爱好者的参考用书，还可以作为课证融通 1+X 大数据分析与应用考证的参考书。

图书在版编目(CIP)数据

数据库管理与应用 / 苏雪，张慧林主编. —西安：西安电子科技大学出版社，2022.3(2024.7 重印)
ISBN 978-7-5606-6379-1

Ⅰ. ①数…　Ⅱ. ①苏…　②张…　Ⅲ. ①SQL 语言—数据库管理系统—教材
Ⅳ. ①TP311.138

中国版本图书馆 CIP 数据核字(2022)第 037157 号

策　　划　杨丕勇
责任编辑　许青青
出版发行　西安电子科技大学出版社(西安市太白南路 2 号)
电　　话　(029)88202421　88201467　　　邮　　编　710071
网　　址　www.xduph.com　　　　　　电子邮箱　xdupfxb001@163.com
经　　销　新华书店
印刷单位　咸阳华盛印务有限责任公司
版　　次　2022 年 3 月第 1 版　　2024 年 7 月第 3 次印刷
开　　本　787 毫米×1092 毫米　1/16　印　张　18.75
字　　数　438 千字
定　　价　49.80 元
ISBN 978-7-5606-6379-1
XDUP 6681001-3
如有印装问题可调换

前　言

MySQL 是一种关系数据库管理系统，它是目前世界上流行的数据库之一，具有开源、稳定、可靠、管理方便以及支持众多系统平台等特点。MySQL 广泛应用于互联网行业的数据存储，如电商、社交等网站数据的存储往往都使用 MySQL。

目前，从各大招聘网站的信息来看，用人单位对各类计算机人才的技能要求中基本都有这一项：掌握至少一种数据库的操作和使用。MySQL 数据库是最常见的一种数据库，因此了解并掌握 MySQL 数据库是高等院校计算机相关专业学生的基本技能之一。

本书共包含 8 个项目和 1 个附录，每个项目又由多个任务组成。8 个项目分别是 MySQL 实训环境配置，MySQL 数据类型，创建与管理数据库及数据表，MySQL 查询，创建与管理索引及视图，事务、存储过程与触发器，安全管理与维护数据库，综合案例开发。每个项目都设置了与本项目紧密结合的思政内容，教师在教学过程中可适当融入这些内容，开展思政教育。

本书的参考学时数为 48—72 学时。本书采用理论与实践一体化教学模式设计，是新型活页式教材，学校和读者可以根据教学需要与学时安排自行选择不同的项目和任务进行教学。附录 1 中给出了课证融通 1+X 大数据分析与应用考证的相关内容，是根据阿里云 1+X 大数据分析与应用的教学设计和内容进行编写的，以方便读者综合学习和备考。附录 2 是计算机二级 MySQL 历届真题及解析二维码。

本书由武汉铁路职业技术学院和湖北城市建设职业技术学院的多位教师联合编写。其中，苏雪、张慧林担任主编，徐云云、彭耘、杨健担任副主编，黄琴、石烺峰、陈智文、余辉参与了部分策划和附录的编写，涂玉芬担任主审。

由于编者水平有限，书中难免存在不妥之处，恳请广大读者批评指正。

编　者
2021 年 12 月

目　录

项目一　　MySQL 实训环境配置

数据库技术是计算机应用领域非常重要的技术，它产生于 20 世纪 60 年代末，是数据管理的主要技术，也是软件技术的一个分支。本项目重点讲解数据库的基础知识以及 MySQL 的安装与使用。

任务 1　搭建 MySQL 运行环境

任务目标

(1) 了解数据库的发展历程；
(2) 理解与数据库系统技术相关的基本概念；
(3) 理解数据模型的概念；
(4) 熟悉数据库三级模式与二级映射；
(5) 熟悉 MySQL 的现状、特点、安装与配置。

任务准备

1. 数据管理及其发展历程

1) 数据和数据管理

(1) 数据和信息。

数据管理及其发展历程

数据(Data)是描述事物的符号记录，包括数字、字母、符号、图表、声音和其他模拟量，能够进行计算、统计、传输及处理，是数据库中存储的基本对象。

数据的含义称为数据的语义。数据和语义是不可分的，单纯的数据没有实际意义。例如数字 2021，如果表示年份，则是 2021 年，如果表示质量，则可能是 2021 g。

信息是事物及其属性标识的集合。美国信息管理专家霍顿(F. W. Horton)认为："信息是为了满足用户决策的需要而经过加工处理的数据。"

数据和信息密不可分，数据是信息的载体，信息是数据的内涵。客观世界的数据，实际上是指包含信息的数据，而计算机世界的数据是数值。利用计算机技术管理数据，实际包含两个过程：一是将现实世界的信息转换为计算机能够处理的数值进行存储，二是将计算机存储的数据按需要转换为信息。

(2) 数据处理。

数据处理是指对数据资源进行收集、组织、存储和应用等一系列活动的总和。数据处理可分为数据计算和数据管理。数据管理是指对数据资源进行收集、分类、组织、编码、存储、检索和维护，是数据处理的核心。

数据是一种重要的社会资源，是社会发展的血液，是社会各类应用的重要支撑。如何更高效地进行数据管理，充分有效地发挥数据的作用，减小数据冗余，增强数据独立性和方便操作数据一直是计算界研究的重要课题。

2) 数据管理技术的发展历程

数据管理的目标是高效存储、管理和共享数据。随着计算机软硬件技术的不断发展，利用计算机技术进行数据管理的技术也在不断进步。一般认为，数据管理技术的发展大致经历了三个阶段：人工管理阶段、文件系统阶段、数据库系统阶段。现在也认为数据管理技术的发展大致经历了四个阶段：人工管理阶段、文件系统阶段、数据库系统阶段及新数据库技术阶段。

(1) 人工管理阶段。

人工管理阶段是指 20 世纪 50 年代中期以前，这一阶段数据管理的主要特征是：

① 不长期保存数据。

② 应用程序管理数据。

③ 数据无法共享。

④ 数据不具有独立性。

在人工管理阶段，应用程序与数据之间是一一对应的关系，如图 1-1 所示。

(2) 文件系统阶段。

文件系统阶段也是数据库发展的初级阶段，这一阶段数据管理具有以下特点：

① 数据以文件形式长期保存。

② 文件形式多样化。

③ 文件系统管理数据。

④ 数据和程序具有一定的独立性。

⑤ 数据具有一定的共享性。

在文件系统阶段，应用程序与数据之间的对应关系如图 1-2 所示。

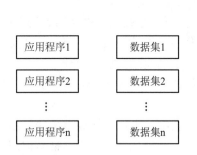

图 1-1　人工管理阶段应用程序与数据之间的　　　图 1-2　文件系统阶段应用程序与数据之间的
　　　　对应关系　　　　　　　　　　　　　　　　　　　对应关系

(3) 数据库系统阶段。

与人工管理阶段、文件系统阶段相比，数据库系统阶段具有如下特点：

① 数据结构化。数据结构化不仅指数据内部结构化，数据整体也是结构化的。

② 数据独立性高。

③ 数据共享性高，冗余少且易扩充。

④ 数据由 DBMS 统一管理和控制。

在数据库系统中，整个数据库的结构可分为三级，即用户的逻辑结构、数据库逻辑结构和数据库物理结构，数据的独立性分为两级，即物理独立性和逻辑独立性，如图 1-3 所示。

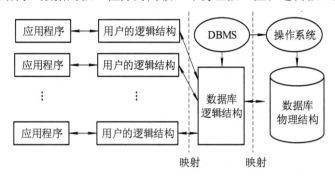

图 1-3　数据库的三级结构及映射关系示意图

图 1-4 所示为数据库系统中的数据共享机制。

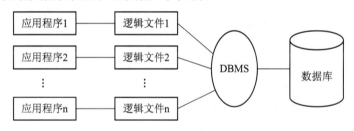

图 1-4　数据库系统中的数据共享机制示意图

(4) 新数据库技术阶段。

随着网络和多媒体技术的迅猛发展，数据库的应用得到了更加广泛的拓展，数据库进入了一个新的时期。传统的数据库技术和其他计算机技术相结合，建立和实现了一系列新型数据库系统。数据库技术与分布式处理技术相结合，形成了分布式数据库系统；数据库技术与并行处理技术相结合，形成了并行数据系统；数据库技术与面向对象技术相结合，形成了面向对象数据库系统；数据库与多媒体技术相结合，形成了多媒体数据库系统；数据库与人工智能技术相结合，形成了智能知识库系统；数据库技术与模糊技术相结合，形成了模糊数据库系统。

2. 数据库系统

数据库系统(DataBase System，DBS)是指在计算机系统中引入数据库后的系统，它包含硬件系统、操作系统、数据库、数据库管理系统、应用系统、数据库用户等六大部分。下面对其中的几个部分以及它们组合在一起形成的体系结构进行介绍。

数据库系统

1) 数据库

数据库(DataBase，DB)是一个长期存储在计算机内，有组织的、可共享的数据集合。

长期存储、有组织和可共享是数据库的三个基本特点。一般来说，数据库具有以下性质：

(1) 用综合的方法来组织数据，数据按照一定的数据模型、结构化方式存储。

(2) 数据的存储是有机的、一体的，数据之间是相关联的。

(3) 具有较小的数据冗余、较高的数据独立性，易于扩充。

(4) 能方便快速地对外共享。

(5) 具有安全机制，保证数据安全、可靠。

(6) 允许并发地访问数据，提供数据的一致性和完整性保护。

2) 数据库管理系统

数据库管理系统(DataBase Management System，DBMS)是位于用户和操作系统之间的一组软件，用于实现数据的科学组织与存储、高效获取与维护，是数据库系统的核心组成部分。

数据库管理系统封装了数据与数据库的管理、维护细节。通过数据库管理系统可以实现对数据库的统一管理和控制，保证数据库的安全性、完整性、一致性以及并发性，简化用户对数据库的操作。通过数据库管理系统操作数据库，用户只需专注数据逻辑处理，无须关心计算机中数据的具体处理过程。

不同数据库管理系统的功能和性能存在差异，但一般来说，数据库管理系统都包含以下 6 类功能：

(1) 数据定义。数据库管理系统提供数据定义语言(Data Definition Language，DDL)，用于修改数据库的库结构，具体而言就是库、表、视图、安全性约束等定义操作。

(2) 数据操纵。数据库管理系统提供数据操纵语言(Data Manipulation Language，DML)，可对数据进行增加、删除、更新、查询等操作。

(3) 数据库运行管理。数据库运行管理包括对数据库进行并发控制、安全性检查、完整性约束条件的检查和执行、数据库的内部维护(如索引、数据字典的自动维护)等，所有访问数据库的操作都要在 DBMS 统一管理下执行，以保证数据的安全性、完整性、一致性以及并发处理。

(4) 数据组织、存储和管理。数据组织、存储和管理的基本目标是提高存储空间利用率，选择合适的存取方法，提高存取效率，主要包括分门别类组织、存储和管理数据字典、用户数据、路径(索引)等，确定文件结构和存取方式等，实现数据之间的联系。

(5) 数据库的建立与维护。数据库的建立是指 DBMS 根据用户的定义，把数据库数据存储到物理存储设备上，完成实际的数据库的建库工作，包括初始数据的输入与数据转换等。数据库的维护包括数据库的转储与恢复、数据库的重组织与重构造、性能的监视与分析等。

(6) 数据通信接口。数据库管理系统提供通信接口和工具，处理数据传送，使用户和其他程序能方便、有效地存取数据库信息。

数据库管理系统由一系列运行程序和管理工具组成，按照这些程序的功能通常将它们分成 4 部分：

(1) 数据定义语言及其翻译处理程序。数据库管理系统提供数据定义语言，供用户定义数据库的各种模式，翻译处理程序负责将它们翻译成相应的内部表示。

(2) 数据操纵语言及其编译优化程序。数据库管理系统提供数据操纵语言，供用户完成数据查询更新操作, 编译优化程序负责将它们翻译并优化成相应的内部表示。

(3) 数据库运行控制程序。此程序负责在运行过程中实现对数据库的控制与管理, 主要包括系统控制、安全性和并发控制、完整性检查、数据存取及通信控制等功能。

(4) 实用程序。此程序主要用来建立与维护数据库, 包括数据库初始装配、数据清理、数据库重组、数据恢复、转存复制、程序跟踪等。

3) 数据库用户

数据库用户包括最终用户、应用程序员、数据库管理员。

最终用户(EndUser, EU)是应用程序的使用者, 数据库对最终用户是透明的。

应用程序员(Application Programmer, AP)的主要任务是完成数据库的结构设计, 以及对应用程序在功能及性能方面进行维护、修改。

数据库管理员(DataBase Administrator, DBA)是维护和管理数据库的专门人员, 负责全面管理和控制数据库系统, 其职责是: 参与数据库系统的设计与建立; 对系统的运行进行实时监控; 对数据库进行日常管理, 包括数据安全性管理和完整性管理; 负责数据库性能改进和数据库的重组及重构工作。对于小型系统来说, 应用程序员会同时担任数据库管理员, 而大型系统则往往单独配备数据库管理员。

4) 数据库系统体系结构

完整的数据库系统体系结构如图 1-5 所示, 数据库系统各组成部分按照不同的工作模式可形成不同的体系结构。

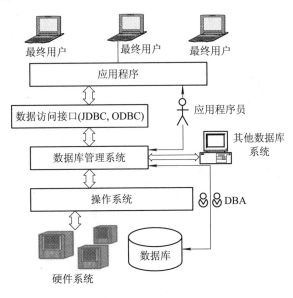

图 1-5　数据库系统体系结构

数据库系统体系结构可分为客户机/服务器结构、浏览器/服务器结构和分布式数据库系统结构。

(1) 客户机/服务器结构。

客户机/服务器(Client/Server, C/S)结构即网络中某些节点计算机专门存放数据库和执行 DBMS 功能(数据库服务器), 其他节点计算机安装 DBMS 客户端工具, 支持用户的交互与应用(客户机), 如图 1-6 所示。

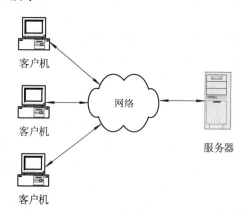

图 1-6 客户机/服务器结构图

(2) 浏览器/服务器结构。

浏览器/服务器(Browser/Server, B/S)结构是随着 Web 兴起发展而产生的一种新的数据库体系结构, 解决了客户机/服务器结构的不足。这种结构将系统功能实现的核心部分集中到服务器上, 客户机上不再需要专用的客户端软件, 只要安装一个浏览器, 浏览器通过 Web Server 同数据库进行数据交互, 客户机的压力大大减轻, 负荷被均衡地分配给了服务器。B/S 最大的优点就是可以在任何地方进行操作而不用安装任何专门的软件, 只要有一台能上网的电脑就能使用, 客户端零安装、零维护。系统的扩展非常容易。B/S 结构克服了客户机服务器模式的不足, 使技术维护人员从繁重的安装、配置和升级等维护工作中解脱出来, 得到了最广泛的应用, 如图 1-7 所示。

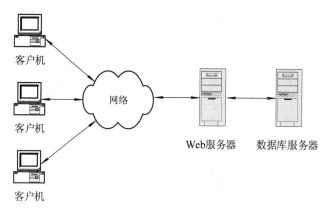

图 1-7 浏览器/服务器结构图

(3) 分布式数据库系统结构。

分布式数据库系统(Distributed DBMS, D-DBMS)结构是数据库技术与网络技术相结合的产物, 分布式数据库在逻辑上是一个统一的整体, 在物理上则分别存储在网络中不同的物理节点上。一个应用程序通过网络连接可以访问分布在不同地理位置的数据库。它的分布性表现在数据库中的数据不是存储在同一计算机的存储设备上。用户可以在任何一个场地执行全局应用, 就好像那些数据是存储在同一台计算机上, 如图 1-8 所示。

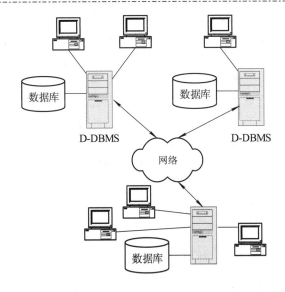

图 1-8 分布式数据库系统结构图

3. 数据模型

模型是现实世界特征的模拟和抽象，通常用来简化事物的复杂度。数据模型(Data Model)就是数据特征的抽象，用来描述数据、组织数据和对数据进行操作。

数据模型

常用的数据模型有层次模型、网状模型、关系模型。

1) 层次模型

在层次模型和网状模型中，实体用记录表示，实体的属性对应记录的数据项，实体之间的联系为记录之间的联系。

层次模型和网状模型中数据结构的基本单位称为基本层次联系，它是指两个记录以及它们之间的一对多(包括一对一)联系，如图 1-9 所示，Ri 是联系 L 的始点，称为双亲结点，Rj 是联系 L 的终点，称为子女结点。

层次模型采用树结构表示数据间的联系，其基本特点如下：

(1) 有且只有一个结点没有双亲结点，这个结点称为根结点。

(2) 根以外的其他结点有且只有一个双亲结点。

层次模型如图 1-10 所示。

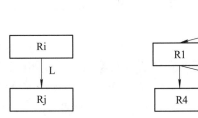

图 1-9 基本层次联系

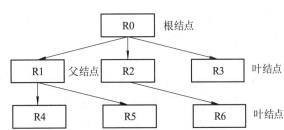

图 1-10 层次模型示例

在层次模型中，除根结点外，每一个结点有且仅有一个父结点，结点间层次分明。层次模型适用于实体间联系是固定的且预先定义好的应用系统。层次模型的优点是符合人们的思维习惯，对具有一对多的层次联系描述自然、直观，容易理解，性能优秀。层次模型的缺点也很明显：首先是不能直接表示多对多联系，现实世界中很多联系是非层次性的，层次模型表示这种联系的方法很笨拙；其次是插入和删除操作有较多的限制，插入数据时，如果没有相应的双亲结点值就不能插入它的子结点值，删除数据时，如果删除双亲结点值，则相应的子结点值也被同时删除，因此插入和删除往往需要通过虚拟结点才能进行；查询子女结点必须通过双亲结点进行，层次命令趋于程序化。

2) 网状模型

网状模型采用"图结构"来表示数据间的联系，其基本特点如下：

(1) 允许一个以上的结点无双亲。

(2) 一个结点可以有多于一个的双亲。

网状模型如图 1-11 所示。

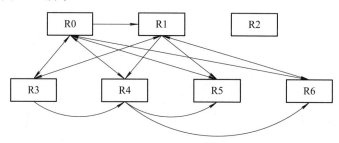

图 1-11　网状模型示例

网状模型的结点是平等的，无上下层关系，适用于数据间联系比较稳定的情况。其优点是能够直观地表达多对多的关系，能够更为直观地描述现实世界，避免数据重复，具有良好的性能，存取效率较高。缺点是数据结构复杂，DDL、DML 语言复杂，一旦数据应用环境发生变化，很难对关联进行维护，不利于最终用户掌握。由于记录之间的联系是通过存取路径实现的，应用程序在访问数据时需要选择适当的存取路径，因此，程序员必须了解系统结构的细节，这样就加重了编写程序的负担。

层次模型可以看成网状模型的特例，在数据结构上都是基于"指针链"的，统称为非关系模型。

3) 关系模型

关系模型有着坚实的数学基础，是目前最主流的数据模型。关系模型由数据结构、操作集合和完整性约束三部分构成。

(1) 关系模型的数据结构。

关系模型采用二维表(关系)表示实体集，二维表中的每一行称为一个元组(记录)，每一列称为一个属性(数据项)，元组的属性称为分量，列中所有可能的值称为域。表的数据结构称为关系模式，表的名称就是关系名称，一般表示为关系名(属性 1，属性 2，…，属性 n)，如学生的关系模式可以表示为学生(学号，姓名，性别，身份证号)，如图 1-12 所示。唯一标识一个实体的一个属性或属性集称为实体的键。

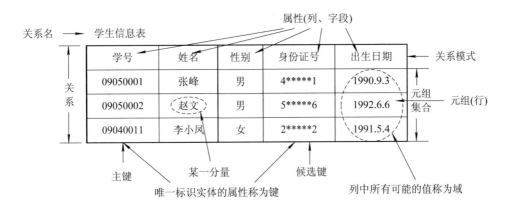

图 1-12 关系模型的数据结构及术语

关系模式和关系是型和值的关系。关系模式是对关系的描述，关系是关系模式某一刻的状态和内容，关系模式是关系的型，关系是关系模式的值。在实际应用中，通常把关系模式和关系都称为关系，读者可以通过上下文区分。图 1-13 给出了一个简单的关系模型，在图中，左侧为关系模式，右侧为关系模式对应的关系。

学生关系结构

学号	姓名	性别	身份证号

学生关系模式：

学生(学号，姓名，性别，身份证号)

学生关系

学号	姓名	性别	身份证号
09050001	张峰	男	4*****1
09050002	赵文	男	5*****6
09040011	李小凤	女	2*****2

课程关系结构

课程编号	课程名称	学分	学时

课程关系模式：

课程(课程编号，课程名称，学分，学时)

课程关系

课程编号	课程名称	学分	学时
C001	计算机网络	3	60
C002	数据库基础	3	54

成绩关系结构

学号	课程编号	成绩

成绩关系模式：

成绩(学号，课程编号，成绩)

成绩关系

学号	课程编号	成绩
09050001	C001	90
09050001	C002	95
09040011	C002	80
09050002	C001	93

图 1-13 一个简单关系模型

关系模型采用规范化的二维表格，对二维表格是有要求的，不能随意拼凑。首先，表格的列(属性，数据项)的类型必须相同，且必须是原子的，不能再分的，即不能表中套表。例如，表 1-1 所示的表中金额字段又被分为数量、单价、总价，不满足列的原子性要求，因此不能表示为关系，需要将其转换为表 1-2 的形式。

其次，表中的行(元组、记录)不能重复，即不存在相同的记录。

再次，表中存在唯一的主关键字，用来唯一标识该表格的记录。

表 1-1 器 材 表

器材名称	金 额			存放地点
	数 量	单 价	总 价	
哑铃	10	65	650	1 号器材室

表 1-2 符合关系模型的器材表

器材名称	数 量	单 价	总 价	存放地点
哑铃	10	65	650	1 号器材室

(2) 主键和外键。

关系模型中实体和实体之间的联系通过关系之间的同名属性来实现。在图 1-13 中，如要查学生张峰的计算机网络成绩，先在学生关系中找到张峰的学号"09050001"和课程关系中计算机网络的课程编号"C001"；然后在成绩关系中查学号为"09050001"和课程编号为"C001"的记录，可得到成绩为 90 分。

从上述查找过程我们可以看到，同名属性起到了连接不同关系的纽带的作用，那么这种同名属性有什么特征呢？我们先来看看键的相关概念。

键(码)：在一个关系中存在的唯一标识一个实体的一个属性或属性集称为实体的键，它使得该关系中的两个元组在其属性上的值的组合都不同。

在图 1-13 所示的课程关系中，课程编号为键，可以标识任意一门课程。学生关系中存在两个键，分别为学号和身份证号，都可以唯一标识一位学生，学号和身份证号都是独立的键，统称为候选键。成绩关系中，则由学号和课程编号组合在一起，标识一个学生的一门课程成绩，学号和课程编号在一起才能构成键，称为组合键。

主键(主码)：在一个关系的若干候选键中指定一个用来唯一标识该关系的元组，则称这个被指定的候选键为主关键字，或简称为主键、关键字、主码。每一个关系都有并且只有一个主键，如果关系中存在多个候选键，通常用较小的属性组合作为主键。

例如图 1-13 中，在学生关系表中选定"学号"作为数据操作的依据，则"学号"为主键。而在成绩关系表中，主键为(学号，课程号)。在关系模型中，主键通常用下画线表示，如学生(<u>学号</u>，姓名，性别，身份证号)，课程(<u>课程编号</u>，课程名称，学分，学时)，成绩(<u>学号</u>，<u>课程编号</u>，成绩)。

外键(外码)：设 F 是关系 R 的一个或一组属性，K 是关系 S 的主键。如果 F 与 K 相对应，则称 F 是 R 的外键，并称基本关系 R 为参照关系，基本关系 S 为被参照关系或目标关系。

例如成绩(<u>学号</u>，<u>课程编号</u>，成绩)关系中，属性"学号"不是主键，但它是学生(<u>学号</u>，姓名，性别，身份证号)关系的主键，且两个关系中的"学号"存在对应关系。则成绩关系中的"学号"为外键，其目标关系为学生关系。同理，成绩关系中的"课程编号"为外键。图1-14 表达了这种联系。

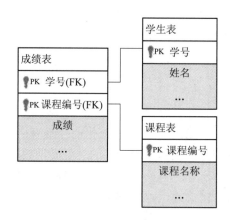

图 1-14 外键的图形化表示

关系模型中正是利用外键建立实体间的联系的。值得注意的是，外键的属性名不一定要相同，但是表达的含义和数据类型需要相同。在实际应用中，外键往往不明确表示，而是隐含在关系中，由程序员来进行引用完整性控制，从而使得关系之间的联系更加灵活。

(3) 关系操作。

关系操作分为查询操作和更新操作两部分。查询操作是关系操作中最重要的部分，常用的关系操作包括：并、交、差、笛卡尔集(乘)、投影、选择、连接、除等。关系模型建立在集合代数的基础上，其数据操作是集合操作，操作的对象和操作的结果都是集合(关系)，一次一集合。关系模型在访问数据时，只要指出"做什么"，不必说明"怎么做"，访问路径的选择由数据库管理系统的优化机制完成，因此用户无须关心存取路径，从而大大地提高了数据的独立性。

关系数据库语言可以分为三类：

① 关系代数语言。关系代数是通过对关系的运算来表达查询需求的，是一种抽象语言，能作为评估实际查询语言能力的标准或基础。

② 关系演算语言。关系演算是用谓词表达查询需求的一种方式，根据谓词参数的基本对象是元组变量还是域变量，可以分为元组关系演算和域关系演算。关系代数、元组关系演算和域关系演算在表达能力上是完全等价的。

③ SQL 语言。SQL 语言具有关系代数和关系演算双重特点，是一种高度非过程化的语言，具有丰富的查询功能。它集数据定义(DDL)、数据操纵(DML)和数据控制(DCL)功能于一体，是关系数据库的国际标准语言。

(4) 完整性规则。

关系模型的完整性规则有三类：

① 实体完整性原则：主键不能为空，也不能重复。例如，在学生(学号，姓名，性别，身份证号)关系中，学号不能为空，即不存在没有学号的学生，同时，学号不也能重复；成绩(学号，课程编号，成绩)关系中，(学号，课程编号)不能为空，也不能重复。

② 引用性完整原则：如果属性集 K 是关系模式 S 的主键，同时是关系模式 R 的外键，那么 R 中，K 的取值只允许有两种可能，或为空值，或等于 S 关系中某个主键值。例如，成绩(学号，课程编号，成绩)关系中，学号只能来自学生关系，课程编号只能来自课程关系，否则会产生未知的学生成绩，或者莫名其妙的课程成绩。

③ 用户定义的完整性规则。例如，性别只能有男、女两种，年龄不能小于 0 等。

(5) 关系模式的形式化定义。

关系模型是由若干个关系模式组成的集合。关系模式是用来定义关系的，一个关系数据库包含一组关系，定义这组关系的关系模式的全体就构成了该数据库的模式。

关系模式是一个五元组，记为 R(U，D，DOM，F)。其中，R 为关系名，U 为组成该关系模式的属性名集合，D 为属性组 U 中属性来自的域，DOM 为属性向域的映像的集合，F 为属性间数据依赖关系的集合。

例如，课程(课程编号，课程名称，学分，学时)关系模式如下：

① 课程为关系名(R)。

② U={课程编号，课程名称，学分，学时}；

③ 课程编号，课程名称，学分，学时的值域分别为 varchar(4)，varchar(16)，int4，int4。

则 D={varchar(4)，varchar(16)，int}。

④ 属性向域的映射关系(DOM)。

　DOM={dom(课程编号)=varchar(4)，dom(课程名称)=varchar(16)，dom(学分)=dom(学时)=int}

⑤ 属性间的依赖关系(F)。

　F={课程编号-->课程名称，课程编号-->学分，课程编号-->学时}

　课程关系模式表示如下：

　课程(U，D，dom，F)

　U{课程编号，课程名称，学分，学时}

　D{varchar(4)，varchar(16)，int}

　DOM{dom(课程编号)=varchar(4)，dom(课程名称)=varchar(16)，dom(学分)=dom(学时)=int}

　F{课程编号-->课程名称，课程编号-->学分，课程编号-->学时}

关系模式通常只考虑其属性集，简记为 R(U)或 R(A_1，A_2，…，A_n)。域及属性向域的映像通常直接说明为属性的类型、长度、取值范围，而属性间数据的依赖关系通常在逻辑数据模型设计过程中，根据数据规范化理论处理或通过在创建关系时指定的各种完整性约束条件处理。

关系模型有以下特征：

① 关系以二维表的形式体现，数据结构简单、清晰。

② 属性(列)必须是原子的，同一属性的类型必须相同，属性无顺序，但不能同名。

③ 行(元组、记录)不能重复，行无顺序。

④ 满足实体完整性原则，一个关系有且仅有一个主关键字，主关键字不能为空或者重复。

⑤ 满足引用性完整原则，如果属性集 K 是关系模式 S 的主键，同时是关系模式 R 的外键，那么 R 中 K 的取值只允许有两种可能，或为空值，或等于 S 关系中某个主键值。

关系模型理论体系严谨；数据结构简单、清晰；数据存取路径对用户是透明的(用户只管做什么，不管怎么做)，数据独立性更高，安全性更好，数据更容易维护；数据库开发更加简单。目前，绝大部分数据库都采用关系模型。

4. 数据库三级模式与二级映射

1978 年美国国家标准协会的数据库管理系统研究小组提出了数据库体系结构标准化的建议，将数据库结构分为三级：面向用户或应用程序员的用户级，面向建立和维护数据库人员的概念级，面向系统程序员的物理级。数据库采用分级的方法，将数据库的结构划分为多个层次的设计思想影响很大，现在的数据库领域公认的标准结构是三级模式结构，即外模式、概念模式、内模式，并提供外模式→概念模式→内模式二级映射。这种设计保证了数据库系统中的数据具有较高的逻辑独立性和物理独立性。

数据库三级模式
与二级映射

1) 数据库系统的三级模式结构

数据库系统的三级模式是指外模式、模式和内模式。数据库系统的模式结构如图 1-15 所示。

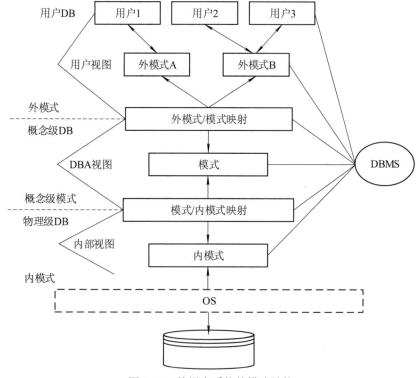

图 1-15　数据库系统的模式结构

(1) 外模式。

外模式(External Schema)也称子模式或用户模式，对应于用户级。它是数据库用户(包括应用程序员和最终用户)最终能够看见的和使用的局部数据的逻辑结构和特征的描述，是数据库用户的数据视图，是与某一应用有关的数据的逻辑表示。

外模式定义在模式之上，是模式的子集，是用户按自己对数据的需要、站在局部的角度进行设计的。外模式是保证数据库安全性的一个有力措施，每个数据库的用户只能看见和访问所对应的外模式中的数据，数据库中的其余数据对他们是不可见的。

一个数据库可以有多个外模式，供不同的应用程序使用，不同的用户视图可以互相重叠，使用同一个外模式。

(2) 模式。

模式(Schema)也称逻辑模式或概念模式，对应于概念级，又称为 DBA 视图。模式是数据库中全体数据的逻辑结构和特征的描述，是所有用户的公共数据视图的最小并集，包含数据及其联系、访问控制、保密定义、完整性检查以及概念/物理之间的映射等方面的内容。

从用户观点看，模式是为实现数据的一致性，最大限度地降低数据冗余度，准确地反映数据间的联系，由数据库设计者综合所有用户的数据，按照统一的观点把用户视图有机地结合成一个整体，构造的全局逻辑结构。

一个数据库只有一个模式。模式不涉及数据的物理存储细节和硬件环境，与具体的应用程序、所使用的应用开发工具以及高级程序设计语言无关。

(3) 内模式。

内模式(Internal Schema)又称数据库的物理模式，也称存储模式，对应于物理级。它是数据物理结构和存储方式的描述，是数据在数据库内部的表示方式。例如，记录的存储方式是顺序存储、按照 B 树结构存储还是按 hash 方法存储；索引按照什么方式组织；数据是否压缩存储，是否加密；数据的存储记录结构有何规定。

一个数据库只有一个内模式。内模式依赖于模式，但独立于外模式，也独立于具体的存储设备。

2) 数据库的二级映射

为了能够在内部实现这三个抽象层次的联系和转换，数据库管理系统在这三级模式之间提供了两层映射：外模式/模式映射，模式/内模式映射。

(1) 外模式/模式映射。

对于每个外模式，数据库系统都有一个外模式/模式映射，它定义了该外模式与模式之间的对应关系，这些映射定义通常包含在各自外模式的描述中。

当模式改变时，由数据库管理员对各个外模式/模式映射做相应的改变，可以使外模式保持不变。应用程序是依据数据的外模式编写的，从而应用程序不必修改，保证了数据与程序的逻辑独立性，简称为数据逻辑独立性。

(2) 模式/内模式映射。

数据库中模式/内模式映射是唯一的，它定义了数据库全局逻辑结构与存储结构之间的对应关系，该映射的定义通常包含在模式描述中。当数据库的存储结构改变时，由数据库管理员对模式/内模式映射做相应的改变，可以使模式保持不变，保证了数据与程序的物理独立性，简称为数据物理独立性。

采用三级模式和二级映射的优点是：

① 数据库系统的三级模式是数据库在三个级别(层次)上的抽象，它把数据的具体组织留给 DBMS 管理，使用户能逻辑抽象地处理数据，而不必关心数据在计算机中的物理表示和存储。

② 数据库管理系统在三级模式之间提供了二级映射：外模式/模式映射和模式/内模式映射。二级映射保证了数据库系统的数据能够具有较高的逻辑独立性和物理独立性。

③ 数据和程序之间的独立性使得数据的定义和描述可以从应用程序中分离出去。另外，由于数据的存取由 DBMS 管理，因此用户不必考虑存取路径等细节，从而简化了应用程序的编制，大大减少了应用程序的维护和修改开销。

5. MySQL 简介

1) MySQL 的现状

MySQL 是一个关系型数据库管理系统，其历史可以追溯到 1979 年，瑞典程序员 Monty Widenius 开发的很底层的且仅面向报表的 Unireg 存储引擎。几经发展，2000 年 Monty 成立了 MySQL AB 公司，并公开源代码，

MySQL 简介

采用 GPL 许可协议。2008 年 1 月，MySQL AB 公司被 Sun 公司以 10 亿美金收购，2009 年 4 月，Oracle 公司收购了 Sun 公司，自此 MySQL 归属于 Oracle 公司。

MySQL 软件采用双授权政策，分为社区版和商业版。由于其体积小、速度快，具有可移植性，开放源码，搭配 PHP 和 Apache 等开源软件可组成良好的网站开发环境，是一般中小型网站的首选数据库。

MySQL 产品和版本较多。就数据库服务程序而言，有五个产品：

(1) MySQL Database Service，提供数据库云服务。

(2) MySQL Community Server，社区版本，开源免费，不提供官方技术支持。

(3) MySQL Enterprise Edition，企业版本，需付费，可以试用 30 天。

(4) MySQL Cluster，集群版，开源免费。

(5) MySQL Cluster CGE，高级集群版，需付费。

MySQL 版本已经更新到了 8.0，但市场主流使用的都还是 5.5/5.6/5.7 版本。

2) MySQL 的特点

MySQL 是一个单进程多线程架构的小型数据库，MySQL 数据库具有以下特性：

(1) 良好的可移植性。使用 C 和 C++编写，并使用多种编译器进行测试，具有良好的源代码的可移植性，为 C、C++、Python、Java、Perl、PHP 等多种编程语言提供了 API。

(2) 多操作系统支持。支持 AIX、FreeBSD、HP-UX、Linux、Mac OS、NovellNetware、OpenBSD、OS/2 Wrap、Solaris、Windows 等多种操作系统。

(3) 体积小，运行速度快。支持多线程，充分利用 CPU 资源；可以处理拥有上千万条记录的大型数据。

(4) 部署灵活，既能够作为独立数据库服务器，也能够作为一个库而嵌入到其他的软件中。

(5) 支持多种存储引擎。采用插入式存储引擎架构，支持在同一服务器上对每一个表使用不同的存储引擎，可最大限度地发挥灵活性。

(6) 支持大数据。对 InnoDB 进行 NoSQL 访问，可快速完成键值操作以及快速提取数据来完成大数据部署。

3) MySQL 数据库存储引擎

数据库存储引擎是数据库实现数据的创建、查询、更新和删除操作的底层软件组件，是数据库的核心组件。不同的存储引擎提供不同的存储机制、索引技巧、锁定水平，并实现一些特性功能。

许多数据库管理系统能支持多种不同的存储引擎，MySQL 同样支持多个不同的存储引擎。MySQL 的最大特色是采用插入式存储引擎架构，支持在同一服务器上对每一个表使用不同的存储引擎。MySQL 支持的存储引擎及其特点如表 1-3 所示。

表 1-3　MySQL 支持的存储引擎

存储引擎	特　点	存储引擎	特　点
InnoDB	支持外键和事务，5.5 版本后的默认事务型引擎	BLACKHOLE	只读型引擎，会丢弃写操作，该操作会返回空内容
MyISAM	不支持事务，但速度较快，5.1 版本以前的默认引擎	MERGE	用来管理由多个 MyISAM 表构成的表集合
MEMORY	内存的表引擎	CSV	以 CSV 格式存储文件
ARCHIVE	用于数据存档的引擎，数据被插入后就不能修改，且不支持索引	FEDERATED	将数据存储在远程数据库中，用来访问远程表的存储引擎
NDBMySQL	集群专用存储引擎		

MySQL 查看服务器支持的存储引擎的语句如下：

　　show engines;

MySQL 支持在同一服务器上对每一个表使用不同的存储引擎。

查看表的默认工作引擎语句如下：

　　SHOW CREATE TABLE <表名>；

修改表的默认工作引擎语句如下：

　　ALTER TABLE <表名> ENGINE=<存储引擎名>；

MySQL 修改服务器的默认存储引擎的方法如下：

在 my.cnf 配置文件的[mysqld]后面加入 "default-storage-engine=存储引擎名称"。

选择存储引擎可以从字段和数据类型的支持、锁定、索引、事务处理和读写速度等方面进行区分和选择，以求在特定需求下尽可能达到最佳性能。表 1-4 给出了 MyISAM、InnoDB、MEMORY 三个存储引擎各种特性的支持对比。

表 1-4　MyISAM、InnoDB、MEMORY 存储引擎各种特性

特性	MyISAM	InnoDB	MEMORY	特性	MyISAM	InnoDB	MEMORY
存储限制	有	支持	有	数据缓存		支持	支持
事务安全	不支持	支持	不支持	索引缓存	支持	支持	支持
锁机制	表锁	行锁	表锁	数据可压缩	支持	不支持	不支持
B 树索引	支持	支持	支持	空间使用	低	高	N/A
哈希索引	不支持	不支持	支持	内存使用	低	高	中等
全文索引	支持	不支持	不支持	批量插入速度	高	低	高
集群索引	不支持	支持	不支持	支持外键	不支持	支持	不支持

InnoDB 是 MySQL 中比较优秀的数据存储引擎，是 MySQL 上第一个提供外键约束的数据存储引擎，支持行锁级事务处理，设计上采用了类似于 Oracle 数据库的架构，支持多版本并发控制，提供一致性非锁定读，同时本身设计能最有效地利用以及使用内存和 CPU。

任务实施

子任务 1　安装和配置 MySQL

安装和配置 MySQL

1. 下载 MySQL 安装文件

进入 MySQL 官网(https://www.MySQL.com/cn)，选择 "下载"，进入下载页面。如果有合适的安装文件可以跳过这一步，直接使用安装文件。下载页面提供 MySQL Database Service with HeatWave for Real-time Analytics、MySQL Enterprise Edition、MySQL Cluster CGE 三个收费版本以及 MySQL Community(GPL)社区版的相关链接，如图 1-16 所示。在图 1-16 所示方框位置选择 MySQL Community (GPL)进入下载选择页面，如图 1-17 所示。

图 1-16　下载主页

　　在图 1-17 所示方框位置选择"MySQL Installer for Windows",进入 MySQL 的 Windows 安装版本下载页面,在 windows 版本下载页面提供了两种安装文件,即 MySQL-installer-web-community-*.msi 和 MySQL-installer-community-*.msi,其中 MySQL-installer-web-community-*.msi 是网络安装版,在联网的情况下,它会自动下载用户所要的包进行安装。MySQL-installer-community-*.msi 是完整安装包,可以离线安装。Archives 选项卡则提供了历史版本,如图 1-18 所示。

⊙ MySQL Community Downloads

- MySQL Yum Repository
- MySQL APT Repository
- MySQL SUSE Repository

- MySQL Community Server
- MySQL Cluster
- MySQL Router
- MySQL Shell
- MySQL Workbench

- MySQL Installer for Windows
- MySQL for Visual Studio

- C API (libmysqlclient)
- Connector/C++
- Connector/J
- Connector/NET
- Connector/Node.js
- Connector/ODBC
- Connector/Python
- MySQL Native Driver for PHP

- MySQL Benchmark Tool
- Time zone description tables
- Download Archives

图 1-17　社区版本产品页

⊙ MySQL Community Downloads
‹ MySQL Installer

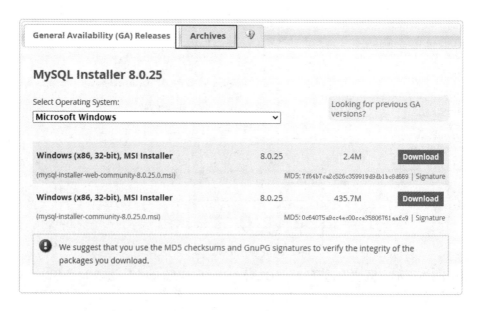

图 1-18　MySQL Community 社区版页

点击图 1-18 所示方框位置中"Archives"选项卡，选择历史版本 5.7.14，即可下载完整安装包，如图 1-19 所示。

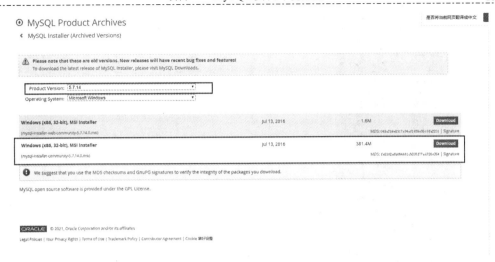

图 1-19　MySQL Community 历史版本选择页

2. 启动 MySQL 安装

双击安装文件，启动 MySQL 安装程序，稍等片刻后出现"License Agreement"界面，勾选"I accept the license terms"后单击"Next"按钮，如图 1-20 所示。

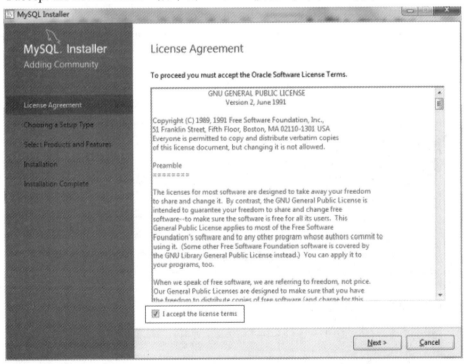

图 1-20　启动安装

3. 选择安装类型

MySQL 提供 5 种安装类型，分别为开发者(Developer Default)、服务器(Server only)、客户端(Client only)、完全安装(Full)和定制安装(Custom)。这里选择完全安装，接着单击"Next"按钮，如图 1-21 所示。

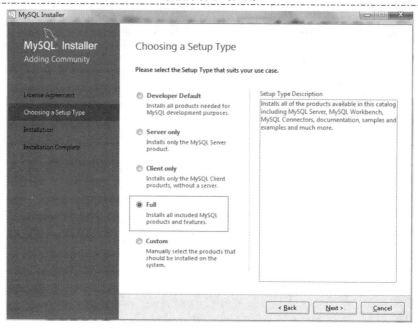

图 1-21　选择安装类型

4．检查安装环境

安装程序会自动检测依赖的组件是否已经安装，并给出未安装的组件列表，如图 1-22 所示。大部分情况下，安装程序自动下载相关组件并自动安装，如果 Status 列被标记为 "Manual"，说明需要安装者手动选择并自行安装，下方的提示框中详细地说明了需要手动操作的内容。如果这些组件暂时用不到，就无须理会可以直接进行下一步。

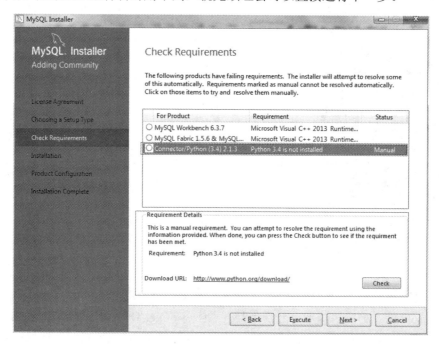

图 1-22　检查安装环境

进入安装页面，MySQL 组件都是 Ready to Install 状态，点击"Execute"按钮即可。安装程序会自动完成安装，并提示进入 MySQL 服务器配置，如图 1-23 所示。

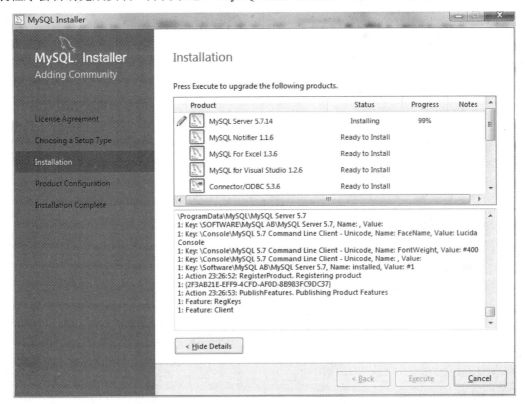

图 1-23　完成安装

5. 配置 MySQL 服务器

MySQL 的配置信息存储在 my.ini 文件中，可以手动更改，安装程序提供配置向导。

双击"Next"按钮进入配置向导，首先是选择服务器类型和配置网络。服务器类型(Config Type)下拉列表中有 Development Machine(开发机器)、Server Machine(服务器)和 Dedicated Machine(专用 MySQL 服务器)三个选项，这里选择 Development Machine；"Connectivity"是配置与 MySQL 服务的连接方式，分别为 TCP/IP(套接字，socket)方式、Named Pipe(命名管道)方式、Shared Memory(共享内存)方式。命名管道(Named Pipe)可以在计算机的不同进程之间建立可靠的半双工数据通信，而不需要关注基层通信传送协议的细节，其依赖性小，十分适合开发出稳定可靠的数据交互实现；socket 类似于命名管道(Named Pipe)，不同的是它可用于计算机与计算机之间的通信；共享内存具有很高的数据共享效率，它需要主动对内存进行访问，取得数据块，从而实现消息的发送和接收。这里选择 TCP/IP 方式，并设定通信端口为默认值 3306。"Open Firewall port for network access"复选框表示是否开启防火墙对外端口。如果需要其他计算机访问数据库，则应开启，这里选择开启并进入下一步，如图 1-24 所示。

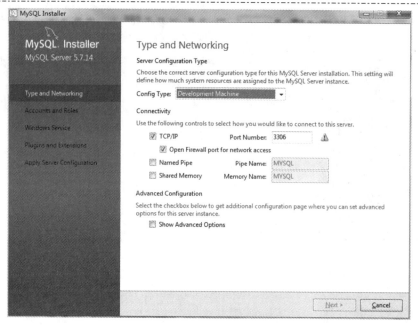

图 1-24　配置 MySQL 服务器

6. 配置数据库用户

配置数据库用户包括设置 Root 用户密码和添加数据库用户两项功能。Root 用户是 MySQL 的默认用户，拥有最高权限，其密码应该妥善保存，如图 1-25 所示。点击"Add User"按钮可以添加其他用户，并设置用户的数据库角色。这里建立了用户 whtl，并设置其角色为"DB Admin"，如图 1-26 所示。

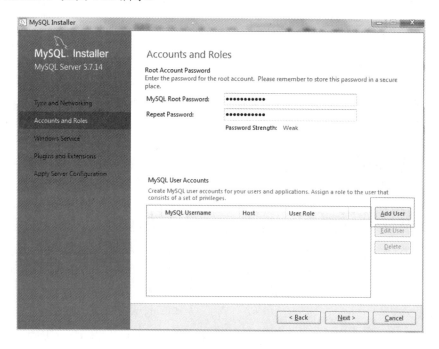

图 1-25　设置 Root 用户

图 1-26 添加用户

7. 设置 Windows 服务

MySQL 可以以 Windows 服务的方式运行，选择默认值即可，如图 1-27 所示。

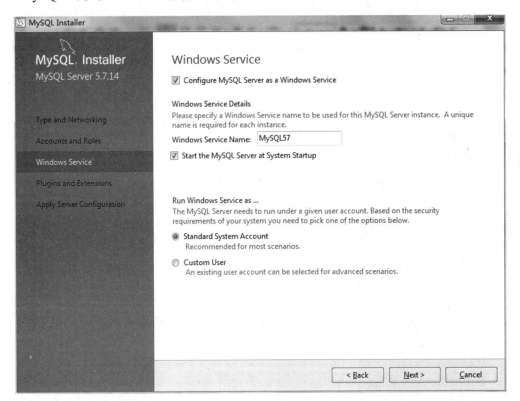

图 1-27 设置 Windows 服务

8. 设置插件与扩展(Plugins and Extensions)

设置插件与扩展如图 1-28 所示。

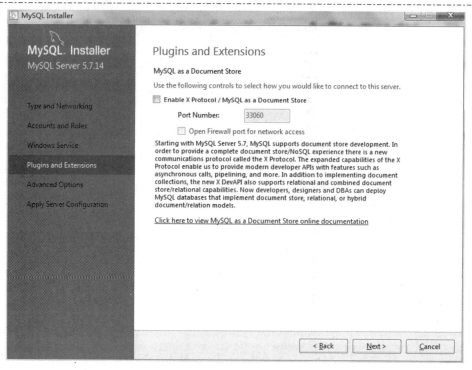

图 1-28　设置插件与扩展

9. 高级设置

高级设置主要是设置日志保存位置，如图 1-29 所示。

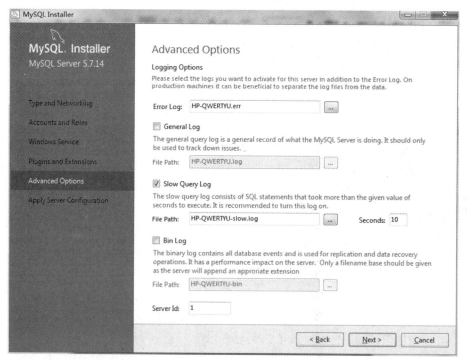

图 1-29　高级设置

10．应用设置

点击"Execute"(执行)按钮即可应用全部设置，如图 1-30 所示。中间有需要等待较长时间的提醒对话框，如图 1-31 所示，点击"确定"按钮即可。还有校验 Root 密码对话框，输入 Root 密码并单击"Check"按钮，密码校验通过后将继续完成配置进程，如图 1-32 所示。

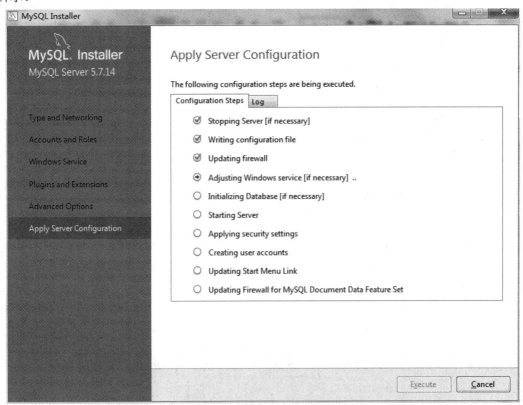

图 1-30　应用设置

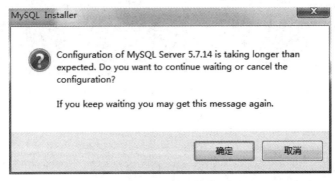

图 1-31　确认等待

耐心等待应用服务器配置全部成功，点击"Finish"按钮即可完成 MySQL 的安装。

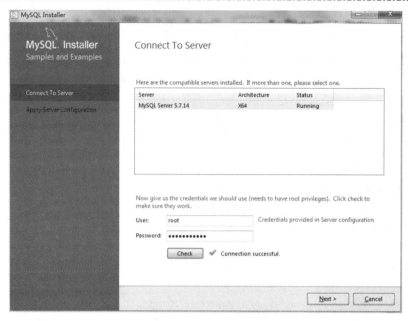

图 1-32　校验 Root 密码

11. 登录服务器并退出命令行

在安装完成和配置后，选择"开始"→"程序"→"MySQL"→"MySQL Server 5.7"→"MySQL 5.7 Command Line Client"命令，打开 MySQL 命令行客户端，输入 Root 的密码，就可以登录到服务器。此时窗口中出现 MySQL 命令行提示符 MySQL>，说明登录数据库成功，可以输入 sql 语句进行操作。输入"\q"或"quit"即可退出命令行，如图 1-33 所示。

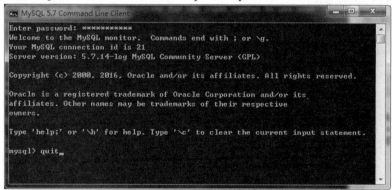

图 1-33　登录服务器并退出命令行

子任务 2　连接 MySQL 服务器

要连接 MySQL 服务器，必须要知道 MySQL 服务器的主机地址、端口号、数据库用户名和密码。如果没有这些信息，则应该向数据库管理员询问。

连接 MySQL 服务器

1. 使用命令行客户端登录 MySQL 服务器

MySQL 管理系统提供命令行客户端管理工具用于数据库的管理与维护，客户端程序名称为 MySQL。连接数据库的命令如下：

    MySQL -h host   -P port   -u username -ppassword

相关参数说明如下：

-h host：服务器主机名，一般用 IP 地址，如果是连接本机，则可以省略，也可以用 -h 127.0.0.1 或者 -h localhost 替代。

-P port：P 是大写，指服务器端口，如果是默认端口 3306，则可以省略，否则应当明确指定。

-u username：用户名。

-ppassword：p 是小写，指密码。注意 "-p" 和密码之间不能有空格，否则需要重新输入密码。

具体操作如下：

(1) 在 "开始" 菜单中找到并打开 cmd 命令行程序，执行 "cd C:\Program Files\MySQL\MySQL Server 5.7\bin\"，将当前路径切换到 MySQL 安装文件夹\bin\下面，结果如图 1-34 所示。

图 1-34　切换路径

注意：Windows 下可以将 MySQL 执行文件目录加入到环境变量 path 中以方便使用。

(2) 连接到服务器。执行下列语句连接到服务器：

    MySql   -u root -p

连接进入 MySQL 服务器，运行结果如图 1-35 所示。

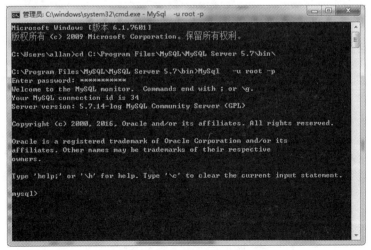

图 1-35　连接服务器

(3) 断开服务器。在 MySQL 命令行提示符下输入"\q"或"quit"退出服务器。

(4) 使用更多的参数连接服务器。执行下列语句进入服务器：

MySQL   -P 3306 -u root -p

MySQL   -h 127.0.0.1 -P 3306 -u root -p

MySQL   -h 127.0.0.1 -P 3306 -u root -p123456

MySQL   -h localhost -P 3306 -u root -p123456

(5) 直接以 root 身份登录服务器。

选择"开始"→"程序"→"MySQL"→"MySQL Server 5.7"→"MySQL 5.7 Command Line Client"命令，直接以 root 身份登录服务器。

2. 使用 Navicat 登录 MySQL

MySQL 管理系统自身没有提供图形化管理工具，但是第三方提供的图形化管理和维护工具很多。常见的图形化管理工具有 Navicat、Workbench、phpmyadmin 等。Navicat 是一款优秀的图形化数据库管理软件，可管理 MySQL、MariaDB、Oracle、SQLite、PostgreSQL 及 Microsoft SQL Server 等各种数据库。Workbench 是 MySQL 官网提供的图形化管理工具，phpmyadmin 是一款免费的软件工具，采用 php 编写，用于在线处理 MySQL 管理。

Navicat 连接数据库过程如下：

(1) 下载并安装好 Navicat，Navicat 的安装非常简单，在此不再赘述；

(2) 安装好后进入 Navicat，选择"文件"→"新建连接"→"MySQL"命令，或直接单击左上方的"连接"按钮，选择连接类型为"MySQL"，系统弹出新建连接对话框，如图 1-36 所示。

图 1-36 "新建连接"对话框

连接名称可以取任意名称，一般采用主机名 + 数据库服务名的命名方式。依次填入主机地址、端口号、用户名和用户密码，如图 1-37 所示。

图 1-37　"编辑连接"对话框

单击"确定"按钮后，该连接显示在屏幕左上方，双击连接名称，Navicat 会连接到数据库服务器，并显示数据库服务器上的数据库，如图 1-38 所示。

图 1-38　建立连接

子任务3　初次感受 MySQL

1. 浏览 MySQL 数据库对象

使用 Navicat 连接到 MySQL 服务器，依次浏览数据库对象，详细　　浏览 MySQL 数据文件
浏览 sakila 数据库中的表、视图，如图 1-39 所示。

图 1-39　"表"界面

2. 浏览 MySQL 程序文件

进入 "C:\Program Files (x86)\MySQL" 文件夹，浏览文件夹内容，查看 MySQL 各类程序文件(见图 1-40、图 1-41、图 1-42)，并指出各种文件的用途。

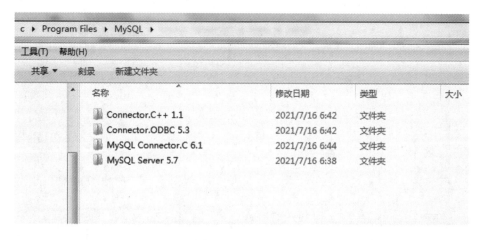

图 1-40　文件夹 1

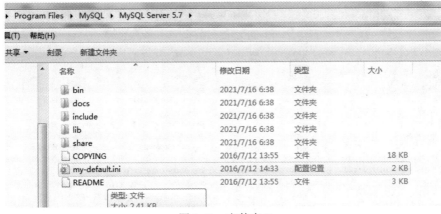

图 1-41 文件夹 2

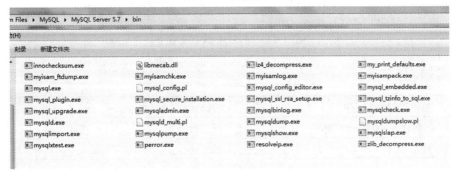

图 1-42 文件夹 3

3. 浏览 MySQL 数据文件

MySQL 数据文件通常存放在"C:\ProgramData\MySQL\MySQL Server 5.7\Data"文件夹中，浏览文件夹并查看文件有多少种类型，指出各种类型文件的用途，如图 1-43、图 1-44 所示。

名称	修改日期	类型	大小
mysql	2021/7/16 14:57	文件夹	
performance_schema	2021/7/16 14:57	文件夹	
sakila	2021/7/16 15:02	文件夹	
sys	2021/7/16 14:57	文件夹	
world	2021/7/16 15:02	文件夹	
auto.cnf	2021/7/16 14:57	CNF 文件	1 KB
HP-QWERTYU.err	2021/7/16 19:10	ERR 文件	5 KB
hp-qwertyu.pid	2021/7/16 14:57	PID 文件	1 KB
HP-QWERTYU-slow.log	2021/7/16 14:57	Heinote.logfile	1 KB
ib_buffer_pool	2021/7/16 14:57	文件	1 KB
ib_logfile0	2021/7/16 15:04	文件	49,152 KB
ib_logfile1	2021/7/16 14:57	文件	49,152 KB
ibdata1	2021/7/16 15:03	文件	12,288 KB
ibtmp1	2021/7/16 14:57	文件	12,288 KB

图 1-43 MySQL 数据文件 1

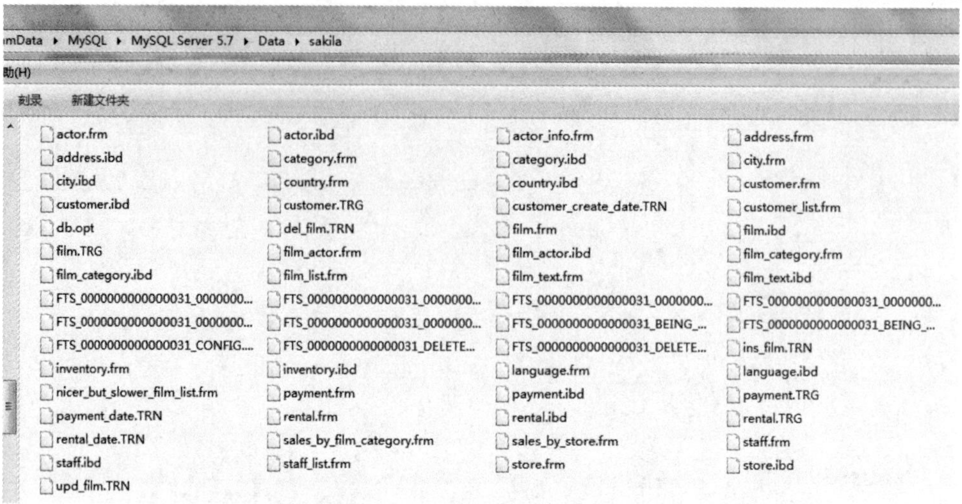

图 1-44   MySQL 数据文件 2

评价与考核

课程名称：数据库管理与应用		授课地点：	
学习任务 1：搭建 MySQL 运行环境		授课教师：	授课学时：
课程性质：理实一体		综合评分：	
知识掌握情况评分(35 分)			
序号	知识考核点	教师评价	配分	得分
1	数据库的发展历程		7	
2	数据库系统技术相关的基本概念		7	
3	数据模型		7	
4	数据库三级模式二级映射		7	
5	MySQL 的现状、特点、安装与配置		7	
工作任务完成情况评分(65 分)			
序号	能力操作考核点	教师评价	配分	得分
1	了解数据库的发展历程		10	
2	理解与数据库系统技术相关的基本概念		10	
3	理解数据模型		10	
4	熟悉数据库三级模式二级映射		20	
5	熟悉 MySQL 的现状、特点、安装与配置		15	
违纪扣分(20 分)			
序号	违纪考核点	教师评价	配分	得分
1	课上吃东西		5	
2	课上打游戏		5	
3	课上打电话		5	
4	其他扰乱课堂秩序的行为	5		

数据库与人生

数据库好比人的大脑系统，没有了数据库既没有了记忆系统，计算机也就不会如此迅猛地发展。数据库的应用已经深入到生活和工作的各个方面。比如，浏览网页，在线购物，玩网络游戏，上 qq 与微信，登录邮箱以及利用 ATM 机取款等，都会用到数据库。自从 2019 年底开始了新型冠状病毒疫情，扫码、数据采集以及后期的红绿码识别等防范措施更是体现出数据库无处不在。数据库的重要性可想而知。所以同学们一定要努力学好这门专业核心课程，热爱自己的专业，刻苦钻研、精益求精，努力培养严谨的专业作风，为摘取这个行业的桂冠打好坚实的基础。

溴是法国青年化学家波拉德(又译巴拉尔)在 1826 年发现的。

波拉德的新发现震惊了化学界，更震惊了另一位青年化学家 —— 德国人李比希。

原来，在 1825 年以前，李比希就做过类似的海藻提碘实验，也发现了同样的带刺激性气味的深褐色液体。如果他继续对这种物质进行研究，以他的学识肯定能验证出溴是一种新元素。但是，他没有像波拉德那样继续研究这种褐色的液体究竟是什么物质、有什么样的性质、与当时已经发现的元素有什么异同等，而是主观地断定它是氯和碘形成的化合物 —— 氯化碘后，便中止了实验，把它装在瓶子里，而且信心十足地写了一张标签"氯化碘"，贴在瓶子上，将其往角落里一放就弃之不问了。殊不知，这不是氯化碘，而是从未发现的新元素 —— 溴！

就这样，一位极富才华的化学家，一位后来被誉为"德国化学之父"的化学家，与重大发现失之交臂。

李比希从这一失误中吸取了深刻的教训。后来他在自己的专业方向一直保持着一丝不苟、精益求精、极其严谨的科研作风，最终成为了化学史上的巨人。

任务测试模拟试卷

选择题

1. 数据库管理系统提供的数据控制功能包括(　　)。

A. 数据的完整性

B. 恢复和并发控制

C. 数据的安全性

D. 以上所有各项

2. 下列关于数据的描述中，错误的是(　　)。

A. 数据是描述事物的符号记录

B. 数据和它的语义是不可分的

C. 数据指的就是数字

D. 数据是数据库中存储的基本对象

3. 下列关于关系模型的叙述中，正确的是(　　　)。

A. 关系模型用二维表表示实体及实体之间的联系

B. 关系模型用树结构表示实体及实体之间的联系

C. 关系模型用无向图结构表示实体及实体之间的联系

D. 主键是表中能够唯一标识元组的一个属性

4. 下列关于数据库系统三级模式结构的描述中，正确的是(　　　)。

A. 一个数据库可以有多个模式

B. 一个数据库可以有多个外模式

C. 一个数据库可以有多个内模式

D. 一个数据库可以有多个模式和外模式

5. 模式/内模式映像保证数据库系统中的数据能够具有较高的(　　　)。

A. 逻辑独立性

B. 物理独立性

C. 共享性

D. 结构化

6. 下列关于数据库的叙述中，错误的是(　　　)。

A. 数据库中只保存数据

B. 数据库中的数据具有较高的数据独立性

C. 数据库按照一定的数据模型组织数据

D. 数据库是大量有组织、可共享数据的集合

7. DBS 的中文含义是(　　　)。

A. 数据库系统

B. 数据库管理员

C. 数据库管理系统

D. 数据定义语言

8. 数据库系统的三级模式结构是(　　　)。

A. 模式，外模式，内模式

B. 外模式，子模式，内模式

C. 模式，逻辑模式，物理模式

D. 逻辑模式，物理模式，子模式

9. 下列关于 MySQL 的叙述中，正确的是(　　　)。

A. MySQL 能够运行于多种操作系统平台

B. MySQL 的编程语言是 PHP

C. MySQL 只适用于中小型应用系统

D. MySQL 具有数据库检索和界面设计的功能

10. MySQL 服务器使用 TCP/IP 网络的默认端口号是(　　　)。

A. 3306

B. 8088

C. 8080

D. 3124

11. 在数据库系统的三级模式结构中，一个数据库可以有多个(　　)。

A. 模式

B. 外模式

C. 内模式

D. 以上皆正确

12. 常见的数据库系统运行与应用结构包括(　　)。

A. C/S 和 B/S

B. B2B 和 B2C

C. C/S 和 P2P

D. B/S

项目二　　MySQL 数据类型

使用 MySQL 数据库存储数据时，数据的类型不同存储的方式就不同。MySQL 数据库提供了多种数据类型，包括数值类型、日期和时间类型、字符串类型等。

任务 2　熟悉 MySQL 数据类型

任务目标

(1) 了解 MySQL 数据类型分类；
(2) 熟悉 MySQL 数值类型；
(3) 熟悉 MySQL 日期和时间类型；
(4) 熟悉 MySQL 字符串类型；
(5) 熟悉如何正确选取数据类型。

任务准备

MySQL 数据类型
简介

1. MySQL 数据类型简介

数据类型(data_type)是指系统中所允许的数据的类型。数据类型确定了数据的解释方式，对应着 MySQL 在内存或磁盘上开辟存储空间的大小和存储的规则，以及访问、显示、更新数据的方式。MySQL 的数据类型可以分为五大类：数值类型、日期和时间类型、字符串类型、空间类型、Json 类型等。前三类为基本数据类型，后两类为复合数据类型。字符串类型又可分为文本字符串和二进制字符串。

我们知道，数字、文字、符号、图形、音视频等数据都是以二进制形式存储在内存中的，它们并没有本质上的区别。也就是说，内存中的数据有多种解释方式。例如，内存中 1 字节的内容为 00100000，那么这个字节表示什么意义呢？是数字 32 呢，还是表示空格字符，或者是视频中的某个像素？如果没有特别指明，我们就无从知道。因此，在内存中存取数据要明确三件事情：数据的存储位置、数据的长度以及数据的处理方式。所以在使用数据之前，需要指定数据的类型，确定数据的处理方式，以免产生歧义。

MySQL 是关系型数据库管理系统，数据库中的基本结构是二维表，二维表又由多个列(字段)组成。数据库中的每一列都要定义数据类型，用来确定列中可以存储什么数据以及该数据的存储规则。为每个列设置合适的数据类型对数据库的性能优化是十分重要的，使用不恰当的数据类型会严重影响程序的功能和性能。

通常情况下，由列内数据的内容确定该列的数据类型，如对于表 2-1 所示的会员表。

表 2-1　会　员　表

id	会员编号	会员昵称	生日	头像	会员简介	首充金额	创建时间
1	C0000001	星辰	1982.6.1	无		100.00	2018.8.1 12:12.00.253
2	U0000001	番茄	1984.2.14		乐观开朗	1000.00	2018.8.1 12:12.05.578

很容易整理出每个列的数据类型，如表 2-2 所示。

表 2-2　会员表的数据类型

字段名称	会员 id	会员编号	会员昵称	生日	头像	会员简介	首充金额	创建时间
字段值的表示方法	自动增长的整数数字	8 个字符	一到二十个汉字	用 yyyy-mm-dd 表示	不超过 1 M 大小的图片	500 字以内	金额，小数点后两位	时间戳
数据类型	int AUTO_INCREMENT	char(8)	varchar(20)	date	BLOB	Text	Decimal（12，2）	TIMESTAMP(3)

MySQL 是在定义表结构时确定列的数据类型。对该表的定义如下 SQL 语句所示，从第二行到第八行，每一行都定义表中的一个字段。字段定义格式为：<列名> 数据类型　其他描述，使用空格作为各部分的间隔字符，多个字段用逗号隔开。

```
CREATE TABLE '会员表'（
    '会员 id' int(4) UNSIGNED NOT NULL AUTO_INCREMENT，
    '会员编号' char(8)，
    '会员昵称' varchar(20)，
    '生日' date，
    '头像' blob，
    '会员简介' text，
    '首充金额' decimal(12, 2)，
    '创建时间' timestamp(3)，
    PRIMARY KEY ('会员 id')
)
```

MySQL 的数据类型和 SQL 标准中的数据类型基本相同，但为了实现自己的特征和特性，还是和 SQL 标准存在着细微的不同之处，具体行为特征受运行环境和系统变量"sql_mode"的控制。

2. 数值数据类型

MySQL 支持所有标准 SQL 数值数据类型,包括整数类型和小数类型，小数类型又分为浮点类型和定点类型。

整数类型包括 tinyint、smallint、mediumint、int、bigint，浮点类型包括 float 和 double，定点类型为 decimal。数据类型又可以分为严格数值数

数值数据类型

据类型(tinyint、smallint、mediumint、int、bigint 和 decimal)和近似数值数据类型(float、double)。

MySQL 数值常量可以分为整数、定点数和近似数，整数用数字表示，定点数用带小数点的数字表示，近似数用科学计数法表示，如 1、3、5、3.0、.5、−6.78、1.2E3、1.2E−3、−1.2E0 等。

1) 整数类型

MySQL 的整数类型包括 tinyint、smallint、mediumint、int、bigint。int 和 integer 是同义词。各整数类型的长度和范围如表 2-3 所示。

表 2-3　整数类型的长度和范围

类型	字节	范围(有符号)	范围(无符号)
TINYINT	1	−128～127	0～255
SMALLINT	2	−32 68～32 767	0～65 535
MEDIUMINT	3	−8 388 608～8 388 607	0～16 777 215
INT(INTEGER)	4	−2 147 483 648～2 147 483 647	0～4 294 967 295
BIGINT	8	−9 223 372 036 854 775 808～ 9 223 372 036 854 775 807	0～18 446 744 073 709 551 615

整数类型的定义形式如下：

类型 [(M)] [UNSIGNED|SIGNED] [ZEROFILL]

其中，[]表示可选。

在整数类型中，[(M)]指定显示宽度。显示宽度是指如果数值的位数小于 M，则在数值左侧用 '0' 或空格补齐，如果数值的位数大于等于 M，则显示数值本身。例如，定义一个列为 int(5)ZEROFILL，如果列的值为 3，则显示值为 00003，如果没有指定 ZEROFILL 参数，则用空格作为前导，如果这个数的位数多于 5，则显示这个数本身。如果不指定(M)，则系统为每一种类型指定默认的宽度值。

[UNSIGNED|SIGNED]参数表示是否为无符号数，缺省值是有符号的，所以通常省略 SIGNED。

[ZEROFILL]表示如果位数不足，则用前导 0 补足，否则用空格补足。如果使用了 ZEROFILL 参数，则系统会自动给这一列加上 UNSIGNED 属性；ZEROFILL 在表达式中和 Union 查询时不会生效。

BIT 数据类型也可以看成是特殊的整数。BIT 类型的定义形式为 BIT[(M)]，M 表示位数，可以从 1 到 64，如果为 1 位则 M 可以省略。bit 数据可以用二进制数如 b'00101' 字赋值，也可直接用其他数字如十进制 5 赋值。

BOOL(BOOLEAN)数据类型是 TINYINT(1)的同义词，0 表示 FALSE，非零表示 TRUE。例如 IF(2, 'true', 'false')返回的结果为真。

SERIAL 类型表示自动增长类型，它是 BIGINT UNSIGNED NOT NULL AUTO_INCREMENT UNIQUE 的别名。

2) 小数类型

MySQL 中的小数分为浮点数和定点数。浮点类型又分两种，分别是单精度浮点数(FLOAT)和双精度浮点数(DOUBLE)；定点类型只有一种，就是 DECIMAL。

(1) 定点类型。

定点类型定义形式如下：

　　DECIMAL[(M[，D])] [UNSIGNED] [ZEROFILL]

M 表示总长度(不包括负号和小数点)，D 表示小数部分的长度，M 的最大值为 65，D 的最大值为 30，且不大于 M；M 的默认值为 10，D 的默认值为 0。DECIMAL 的存储长度取决于(M，D)，它是按二进制的形式存储的。

DECIMAL 是精确数值数据，适用于货币数据等需要精确数值的场景。

DEC[(M[，D])] [UNSIGNED] [ZEROFILL]，NUMERIC[(M[，D])] [UNSIGNED] [ZEROFILL]，FIXED[(M[，D])] [UNSIGNED] [ZEROFILL]都是 DECIMAL 的同义词。

(2) 浮点类型。

浮点类型定义形式如下：

　　FLOAT[(M，D)] [UNSIGNED] [ZEROFILL]

　　FLOAT(p) [UNSIGNED] [ZEROFILL]

　　DOUBLE[(M，D)] [UNSIGNED] [ZEROFILL]

其中，M 称为精度，表示总共的位数；D 称为标度，表示小数的位数。浮点类型的取值范围为 M(1～255)和 D(1～30，且不能大于 M−2)，分别表示显示宽度和小数位数。

FLOAT 类型的大小为 4 字节，理论上的取值范围为−3.402 823 466E+38～−1.175 494 351E−38，0，1.1754 943 51E−38～3.402 823 466E+38，大致相当于 7 位数的 DECIMAL。实际取值范围取决于系统和硬件。

FLOAT(p)是为 ODBC 兼容性提供的语法。p 表示以位为单位的精度，如果 p 是从 0 到 24，则按 FLOAT 数据类型处理。如果 p 是从 25 到 53，则按 DOUBLE 数据类型处理。

DOUBLE 类型的大小为 8 字节，理论上的取值范围为−1.797 693 134 862 315 7E+308～−2.225 073 858 507 201 4E−308，0，2.225 073 858 507 201 4E−308～1.797 693 134 862 315 7E+308，大致相当于 15 位数的 DECIMAL。实际取值范围取决于系统和硬件。

DOUBLE PRECISION[(M，D)] [UNSIGNED] [ZEROFILL]，REAL[(M，D)] [UNSIGNED] [ZEROFILL]是 DOUBLE 的同义词。REAL 的类型受 REAL_AS_FLOAT 的值的影响，如果 REAL_AS_FLOAT=1，则 REAL 表示为 FLOAT。

FLOAT[(M，D)]、DOUBLE[(M，D)]为非标准语法。

MySQL 在存储值时执行四舍五入。例如，一个列被定义为 FLOAT(7，4)，如果将 999.000 09 插入这个列，则存储的结果为 999.0001。

浮点值受平台或实现依赖性的影响，比较大小时可能会出现问题。进行浮点数比较的正确方法是首先确定数字之间差异的可接受容差，然后与容差值进行比较。例如，如果我们同意浮点数在万分之一(0.0001)的精度内相同，则应视其为相同。

整数类型定义为 UNSIGNED(无符号)时，域值范围会发生变化，但浮点数定义为 UNSIGNED 时，列值上限范围不会变更，但不允许插入负值。

浮点数也可以为自动增长类型。自动增长类型的字段中，插入 0 和插入 NULL 的效果相同(NO_AUTO_VALUE_ON_ZERO=0 的情况下)，如果该列允许 NULL，则插入 NULL，否则插入 Max(value)+1。如果插入其他数值，则该数值被插入且从该数值开始新的自动增长序列。

3. 日期和时间数据类型

日期和时间数据类型用于表示时间值，有 DATE、TIME、DATETIME、TIMESTAMP 和 YEAR 等五种类型。

表 2-4 列出了 MySQL 中的日期与时间类型。

表 2-4　MySQL 中的日期与时间类型

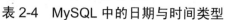
日期和时间数据类型

类型名称	日期格式	日期范围	存储需求
YEAR	YYYY	1901～2155	1 字节
TIME	HH:MM:SS	−838:59:59～838:59:59	3 字节
DATE	YYYY-MM-DD	1000-01-01～9999-12-3	3 字节
DATETIME	YYYY-MM-DD HH:MM:SS	1000-01-01 00:00:00～9999-12-31 23:59:59	8 字节
TIMESTAMP	YYYY-MM-DD HH:MM:SS	1980-01-01 00:00:01 UTC～2040-01-19 03:14:07 UTC	4 字节

1）DATE、DATETIME、TIMESTAMP

DATE 的定义形式是 DATE，表示日期。输入数据的格式是：YYYY-MM-DD。支持的范围是 '1000-01-01' 到 '9999-12-31'。

DATETIME 的定义形式是 DATETIME[(fsp)]，它是日期和时间的组合。支持的范围是 '1000-01-01 00:00:00.000000' 到 '9999-12-31 23:59:59.999999'。显示格式为'YYYY-MM-DD hh:mm:ss[.fraction]'。

fsp 的值为 0 到 6，表示小数秒的精度，最高支持到微秒，为 0 表示不包含小数部分，缺省值为 0。

TIMESTAMP 的定义形式是 TIMESTAMP[(fsp)]，其含义为时间戳。TIMESTAMP 值存储为自纪元('1970-01-01 00:00:00'UTC)以来的秒数，范围是'1970-01-01 00:00:01.000000'UTC 到'2038-01-19 03:14:07.999999'UTC。注意 TIMESTAMP 不能为'1970-01-01 00:00:00'，因为 '1970-01-01 00:00:00'被保留用于表示'0000-00-00 00:00:00'。

fsp 的值为 0 到 6，表示小数秒的精度，最高支持到微秒，为 0 表示不包含小数部分，缺省值为 0。

TIMESTAMP 和 DATETIME 列可以自动初始化并更新为当前日期和时间(当前时间戳)。其定义形式如下：

```
CREATE TABLE t1 (
ts TIMESTAMP DEFAULT CURRENT_TIMESTAMP ON UPDATE CURRENT_TIMESTAMP,
dt DATETIME DEFAULT CURRENT_TIMESTAMP ON UPDATE CURRENT_TIMESTAMP
);
```

TIMESTAMP 和 DATETIME 的区别如下：

TIMESTAMP 列的取值范围小于 DATETIME 的取值范围。TIMESTAMP 列的取值范围为 '1970-01-01 00:00:01'UTC～'2038-01-19 03:14:07'UTC，DATETIME 列的取值范围是 '1000-01-01 00:00:00.000000' 到 '9999-12-31 23:59:59.999999'。

DATETIME 存储时使用 8 字节，TIMESTAMP 存储时使用 4 字节。

DATETIME 在存储日期数据时，按实际输入的格式存储，即输入什么就存储什么，与时区无关。

TIMESTAMP 值的存储是以 UTC(世界标准时间)格式保存的，存储时对当前时区进行转换，检索时再转换回当前时区。

2) TIME 和 YEAR

TIME 的定义形式是 TIME[(fsp)]，表示时间。范围为 '-838:59:59.000000' 到 '838:59:59.000000'，显示格式为 'hh:mm:ss[.fraction]'。TIME 记录的是一段时间，而不是某一时刻。

fsp 的值为 0 到 6，表示小数秒的精度，最高支持到微秒，为 0 表示不包含小数部分，缺省值为 0。

YEAR 的定义形式是 YEAR[(4)]，范围为 1901 到 2155。

3) 日期和时间数据类型的赋值

MySQL 允许"不严格"语法：任何标点符号都可以用作日期或时间部分之间的间隔符。例如，'2007-11-31'、'2007.11.31'、'2007/11/31'和'2007@11@31'是等价的，'2020-12-12 10:30:45'、'2020.12.12 10+30+35'、'2020/12/12 10*30*45' 和 '2020@12@12 10^30^45' 是等价的，这些值都可以正确地插入数据库。

DATE、DATETIME、TIMESTAMP 支持多种格式的输入，但其日期部分必须始终按年-月-日的顺序给出，即为"YYYY-MM-DD"格式，不能为"MM-DD-YYYY"或"DD-MM-YYYY"格式。

在给 DATE 类型的字段赋值时，可以使用字符串类型或者数字类型的数据插入，只要符合 DATE 的日期格式即可。例如，输入 '2015-12-31' 或者 '20151231'，插入数据库的日期为 2015-12-31。

当输入的数据年份是两位数字或字符时，年份值 00-69 变为 2000-2069，年份值 70-99 变为 1970-1999。例如，'200603' 的存储结果为 2020-06-03，'990603' 则为 1999-06-03。两位数的年份以后将不再支持，因此应尽可能使用四位数字表示年而不要使用两位数字表示年。

日期和时间之间的间隔还可以用"t"隔开。如 '2020.12.12t10+30+35'、'2020/12/12t10* 30*45'。

可以使用 CURRENT_DATE 或者 NOW()，插入当前系统日期。

TIME 值的标准格式为字符串 'D HH:MM:SS' 格式。TIME 值同样支持"非严格"的语法，如 'HH:MM:SS'、'HH:MM'、'D HH' 或 'SS'。这里的 D 表示日，可以取 0~34 之间的值。在插入数据库时，D 被转换为小时保存，格式为"D*24+HH"。

TIME 值也可以是没有间隔符的字符串'HHMMSS'格式或者 HHMMSS 格式的数值，但每部分必须是有意义的。例如，'101112' 被理解为 '10:11:12'，但是 '106112' 是不合法的(分钟部分大于 59)，在存储时将变为 00:00:00。

为 TIME 列分配简写值时应注意：如果没有冒号，MySQL 假定最右边的两位表示秒。例如，'1112' 和 1112 将解释为 00:11:12(11 分 12 秒)，'12' 和 12 被解释为 00:00:12。如果使用冒号则相反，也就是说，'11:12' 表示 11:12:00，而不是 00:11:12。

YEAR 值以 4 位字符串或者 4 位数字格式表示，范围为 '1901'~'2155'，输入格式为 'YYYY' 或者 YYYY。例如，输入'2010' 或 2010，插入数据库的值均为 2010。当输入的数据年份是两位字符时，与 DATE、DATETIME、TIMESTAMP 的规则相同，年份值 00-69 变为 2000-2069，年份值 70-99 变为 1970-1999。例如 '20' 的存储结果为 2020，'99' 则为 1999，但数字 00 和字符串 '00' 不同，数字 00 表示 0 值，字符串 '00' 为 2000。为了避免歧义，应尽量使用四位的年份格式。

如果输入数据错误，特定条件下，MySQL 会将值转换为"零"值。每种类型的"零"值的格式如表 2-5 所示。

表 2-5 "零"值的格式

数据类型	"零"值
DATE	'0000-00-00'
TIME	'00:00:00'
DATETIME	'0000-00-00 00:00:00'
TIMESTAMP	'0000-00-00 00:00:00'
YEAR	0000

4. 字符串数据类型

字符串数据类型有 CHAR、VARCHAR、BINARY、VARBINARY、BLOB、TEXT、ENUM 和 SET。字符串类型又可分为文本字符串(CHAR、VARCHAR 和 TEXT)和二进制字符串(BINARY、VARBINARY 和 BLOB)，二进制字符串也称为字节字符串，文本字符串用来存储字符串数据，二进制字符串用来存储图片和声音等二进制数据。

字符串数据类型

表 2-6 列出了 MySQL 中的字符串数据类型和存储需求，括号中的 M 表示可以为其指定长度，L 为实际长度。对于字符串列，以字符为单位计算长度。对于二进制字符串列，以字节为单位计算长度。

表 2-6 MySQL 的字符串类型

类型名称	说 明	存储需求
CHAR(M)	固定长度非二进制字符串	$M \times w$ 字节，$0 \leqslant M \leqslant 255$，w 为字符宽度
BINARY(M)	固定长度二进制字符串	M 字节，$1 \leqslant M \leqslant 255$
VARCHAR(M)	变长非二进制字符串	$L \times w + 1$ 字节，$0 \leqslant L \leqslant 255$ $L \times w + 2$ 字节，$L > 255$ w 为字符宽度。行的总长度不能大于 65 535 字节
VARBINARY (M)	可变长度二进制字符串	$L + 1$ 字节，$0 \leqslant L \leqslant 255$ $L + 2$ 字节，$L > 255$ 行的总长度不能大于 65 535 字节
TINYTEXT	非常小的非二进制字符串(纯文本)	$L + 1$ 字节，$L < 2^{28}$
TINYBLOB (M)	非常小的 BLOB	$L + 1$ 字节，$L < 2^{28}$
TEXT	小的非二进制字符串(纯文本)	$L + 2$ 字节，$L < 2^{16}$
BLOB (M)	小 BLOB	$L + 2$ 字节，$L < 2^{16}$
MEDIUMTEXT	中等的非二进制字符串(纯文本)	$L + 3$ 字节，$L < 2^{24}$
MEDIUMBLOB (M)	中等 BLOB	$L + 3$ 字节，$L < 2^{24}$
LONGTEXT	大的非二进制字符串(纯文本)	$L + 4$ 字节，$L < 2^{32}$
LONGBLOB (M)	非常大的 BLOB	$L + 4$ 字节，$L < 2^{32}$

1) CHAR、VARCHAR 和 TEXT 类型

CHAR(M)为固定长度字符串，M 指定字符串的长度，M 的范围是 0～255。如果输入的字符串长度大于 M，则进行左截断；如果输入的字符串长度小于 M，保存时在右侧填充空格以达到指定的长度，当检索 CHAR 值时，尾部的空格将被删除。

例如，用 CHAR(4)定义了一个固定长度为 4 的字符串列。当仅存入字符 'a' 时，实际存储的值为 'a   '，当检索到 'a   ' 时，尾部空格被删除，返回 'a'。

VARCHAR 类型是变长类型，M 表示最大长度，M 的范围是 0～65 535。如果 M≤255，VARCHAR 存储时增加 1 字节记录字符串的实际长度，其占用的空间为 L+1；如果 M≥255，VARCHAR 存储时增加 2 字节记录字符串的实际长度，其占用的空间为 L+2。VARCHAR 在进行值保存和检索时尾部的空格仍保留。

例如，一个 VARCHAR(20)列能保存一个最大长度为 20 个字符的字符串，对于长度为 L 的字符串，实际存储需要的字符串的长度为 L+1。例如字符 'abcde'，L 是 5，而存储要求 6 字节。

下面将不同的字符串保存到 CHAR(4)和 VARCHAR(4)列，说明 CHAR 和 VARCHAR 之间的差别，如表 2-7 所示。

表 2-7 CHAR(4)和 VARCHAR(4)列对比

插入值	CHAR(4)	存储需求	插入值	VARCHAR(4)	存储需求
''	' '	4 字节	''	''	1 字节
'ab'	'ab '	4 字节	'ab'	'ab'	3 字节
'abc'	'abc '	4 字节	'abc'	'abc'	4 字节
'abcd'	'abcd'	4 字节	'abcd'	'abcd'	5 字节
'abcdef'	'abcd'	4 字节	'abcdef'	'abcd'	5 字节

从表 2-7 的对比结果可以看到，CHAR(4)定义了固定长度为 4 的列，无论存入的数据长度为多少，占用的空间均为 4 字节。VARCHAR(4)定义的列所占的字节数为实际长度加 1。

TEXT 用来存储文本型内容，如文章内容、评论等。TEXT 类型分为 4 种：TINYTEXT、TEXT、MEDIUMTEXT 和 LONGTEXT。不同的 TEXT 类型的存储空间和数据长度不同。

TINYTEXT 表示长度为 255 个字符的 TEXT 列。

TEXT 表示长度为 65 535 个字符的 TEXT 列。

MEDIUMTEXT 表示长度为 16 777 215 个字符的 TEXT 列。

LONGTEXT 表示长度为 4 294 967 295 或 4 吉个字符的 TEXT 列。

可以为字符串列单独指定字符集和排序规则，一种字符集可以有多个排序规则，在定义列时只能指定一种。

2) BINARY、VARBINARY 和 BLOB 类型

BINARY、VARBINARY 和 BLOB 类型包含二进制字符串。

BINARY(M)类型是固定长度的二进制字符串，指定长度后，如果不足最大长度，则在右边填充"\0"补齐。例如，指定列数据类型为 BINARY(3)，当插入 'a' 时，存储的内容实

际为"\a0\0"，当插入 'ab' 时，实际存储的内容为"ab\0"，无论存储的内容是否达到指定的长度，存储空间均为指定的值 M。因为是使用"\0"补齐，BINARY 的尾部空格不被删除。

VARBINARY(M)类型是可变长度，指定长度 M 之后，实际长度可以在 0 到 M 之间。例如，指定列数据类型为 VARBINARY(20)，如果插入的值长度只有 10，则实际存储空间为 10 加 1，实际占用的空间为字符串的实际长度加 1。

BLOB 通常存储二进制对象，用来存储可变数量的数据。BLOB 类型分为 4 种，分别为 TINYBLOB、BLOB、MEDIUMBLOB 和 LONGBLOB，它们可容纳值的最大长度不同。

TINYBLOB 的最大长度为 255 字节。

BLOB 的最大长度为 65 535 字节。

MEDIUMBLOB 的最大长度为 16 777 215 字节。

LONGBLOB 的最大长度为 4 294 967 295 或 4 吉字节。

BLOB 和 TEXT 的区别为：BLOB 列存储的是二进制字符串，排序和比较基于列值字节的数值；TEXT 列存储的是字符字符串，根据字符集对列值进行排序和比较。

3) 转义字符

在 MySQL 中，除了常见的字符之外，我们还会遇到一些特殊的字符，如换行符、回车符等。这些符号无法用字符来表示，因此需要使用某些特殊的字符来表示特殊的含义，这些字符就是转义字符。

转义字符一般以反斜杠符号"\"开头，用来说明后面的字符不是字符本身的含义，而是表示其他的含义。转义字符区分大小写，例如：'\b' 解释为退格，但 '\B' 解释为 'B'。MySQL 中常见的转义字符如表 2-8 所示。

表 2-8　MySQL 的转义字符

转义字符	转义后的字符	转义字符	转义后的字符
\"	双引号(")	\r	回车符
\'	单引号(')	\t	制表符
\\	反斜线(\)	\0	ASCII 0(NUL)
\n	换行符	\b	退格符

字符串的内容包含单引号'时，可以用单引号或反斜杠"\"来转义，如 'a''b' 或 'a\'b'。字符串的内容包含双引号"时，可以用双引号或反斜杠"\"来转义，例如 "a""b"或 "a\"b"。

一个字符串用双引号引用时，该字符串中的单引号不需要转义，例如："a'b"。同理，一个字符串用单引号引用时，该字符串中的双引号不需要转义，例如 'a"b'。

如果想要把二进制数据插入到一个 BLOB 列，下列字符必须使用反斜杠转义：

NUL：ASCII　0。可以使用"\0"表示。

\：ASCII　92，反斜线。可以使用"\\"表示。

'：ASCII　39，单引号。可以使用"\'"表示。

"：ASCII　34，双引号。可以使用"\""表示。

4) ENUM 类型

ENUM 是一个字符串对象，存储的值为表创建时列规定中枚举的值。其定义形式如下：

　　<字段名>　ENUM('值 1'，'值 2'，…，'值 n')

例如，某会员表中的会员级别有"青铜会员""白银会员""铂金会员"等，则可建立 ENUM 类型的字段，字段定义如下：

'会员级别'　ENUM('青铜会员'，'白银会员'，'铂金会员')

ENUM 值在内部用整数表示，每个枚举值均有一个索引值；列表值所允许的成员值从 1 开始编号，MySQL 存储的就是索引编号，枚举最多可以有 65 535 个元素。ENUM 值依照列索引顺序排列，并且自动添加 NULL 和空字符串，其索引编号为 NULL 和 0，如表 2-9 所示。

表 2-9　会　员　级　别

值	索引
NULL	NULL
"	0
青铜会员	1
白银会员	2
铂金会员	3

在取值时，只能在指定的枚举列表中获取，而且一次只能取一个值。如果创建的成员中有空格，尾部的空格将自动被删除。

ENUM 列总有一个默认值。如果将 ENUM 列声明为 NULL，NULL 值则为该列的一个有效值，并且默认值为 NULL；如果将 ENUM 列声明为 NOT NULL，则其默认值为允许的值列表的第 1 个元素。

5) SET 类型

SET 是一个字符串的对象，可以有零或多个值，SET 列最多可以有 64 个成员，值为表创建时规定的一列值。定义形式如下：

SET('值 1'，'值 2'，…，'值 n')

与 ENUM 类型相同，SET 值在内部用整数表示，列表中每个值都有一个索引编号，创建表时 SET 成员值的尾部空格将自动被删除。

例如，会员标签字段有"1、善良 2、低调 3、真挚 4、处事洒脱 5、短发 6、阳光 7、文艺 8、可爱 9、犹豫不决 10、正义正直 11、睿智 12、孤独 13、伤感"等，则字段的定义如下：

'会员标签' set('善良'，'低调'，'真挚'，'处事洒脱'，…)

与 ENUM 类型不同的是，SET 是集合行为，可存储多个值，各值之间用逗号隔开，如 (1，4，6)(1，2，5)等。在录入时，如果插入 SET 字段中的列值有重复，则自动删除重复的值；插入 SET 字段的值按照定义的顺序存入，且与存入的顺序无关；如果输入了错误的值，默认情况下将忽略这些值，并给出警告。

5. MySQL 数据类型的选择

对于数据库来说，要注意每一列选用的数据类型要尽可能小且尽可能简单，这样不仅可以使表的存储空间变小，还可以优化数据库的性能。因为短的列比长的列的处理速度更快：读取较短的值时所需的磁盘 IO 更少，并且可以把更多的键值放入缓冲区里。

MySQL 数据
类型的选择

一般来说，在选择数据类型时，首先要考虑这个列存放的值的类型，用数值类型列存储数字、用字符类型列存储字符串、用时间类型列存储日期和时间。在这个前提下，还需要根据存储引擎的特征，综合考虑存储、查询和整体性能等方面的问题，以及未来可能的扩展等，使用最精确的数据类型优化存储和提高数据库性能。

1) 数值类型

对于数值类型列，如果要存储的数字是整数，则使用整数类型；如果要存储的数字是小数，则可以选用浮点类型；如果是货币类需要进行精确位计算，则采用 DECIMAL。

整数类型的要考虑域值范围，尽可能刚好满足。如果取值范围是 0～1000，那么可以选择 SMALLINT；如果取值范围超过了 200 万，可以选择 MEDIUMINT 类型。

UNSIGNED 可以扩大整数的最大值。如果列的取值范围是 1～9 999 999 之间的整数，则选择 MEDIUMINT UNSIGNED 类型。

如果无法获知值的范围，可以选择一种最"大"的数据类型，使用 INT、BIGINT 以满足最坏情况的需要。

FLOAT 和 DOUBLE 类型都存在四舍五入的误差问题，因此对于需要进行精确位计算的数值，如税率、货币等不太适合。这时需要选择 DECIMAL 类型，DECIMAL 的优点在于不存在舍入误差，计算是精确的。

2) 字符串类型

对于字符串类型，需要考虑字符串的最大可能长度，如果需要存储的字符串短于 256 个字符，那么可以使用 CHAR、VARCHAR 或 TINYTEXT，如果需要存储更长的字符串，则可以选用 VARCHAR 或更长的 TEXT 类型。

CHAR 是固定长度，它的处理速度比 VARCHAR 的速度要快，缺点是浪费存储空间，所以对存储空间的要求不高。在速度上有要求的可以使用 CHAR 类型，反之可以使用 VARCHAR 类型。

对于 MyISAM 存储引擎，最好使用 CHAR 数据列代替 VARCHAR 数据列，这样可以使整个表静态化，从而使数据检索更快，即用空间换时间。

对于 InnoDB 存储引擎，最好都用 VARCHAR 数据列，因为 InnoDB 数据表的存储格式不分固定长度和可变长度，因此使用 CHAR 不一定比使用 VARCHAR 更好，但由于 VARCHAR 是按照实际的长度存储的，比较节省空间，所以从磁盘 I/O 和数据存储总量方面来说，使用 VARCHAR 类型优于 CHAR 类型。

字符串类型是通用的数据类型，任何内容都可以保存在字符串中，数字和日期都可以表示成字符串形式。一般情况下，数值类型的性能优于字符串类型的，因此在数值类型和字符串类型都可以的情况下优先选择数值类型。

对于学号、电话号码、信用卡卡号等最好使用字符串。这些数字实际上都不是用来计算的，使用字符可以避免丢失开头的'0'。

BLOB 是二进制字符串，TEXT 是非二进制字符串，两者均可存放大容量的信息。BLOB 主要存储图片、音频信息等，而 TEXT 主要存储纯文本文件。

3) 日期和时间类型

MySQL 提供的日期和时间的数据类型比较丰富。如果只记录时间，可以使用 TIME 类型。如果只记录日期，可以使用 TIME 类型。如果需要同时记录日期和时间，可以使用 DATETIME 类型，如果需要记录时间戳，可以使用 TIMESTAMP。

　　TIMESTAMP 列的取值范围小于 DATETIME 的取值范围，TIMESTAMP 在空间上比 DATETIME 更有效。一般使用 DATETIME 存储日期，使用 TIMESTAMP 记录时间戳。

　　MySQL 没有为时间部分提供可选的日期类型，DATE 没有时间部分，DATETIME 则必须有时间部分。如果时间部分是可选的，那么可以使用 DATE 列来记录日期，再用一个单独的 TIME 列来记录时间，并设置 TIME 列允许 NULL 来实现。

　　4) ENUM 和 SET

　　如果某个字符串列的值是某种固定集合，那么可以考虑使用数据类型 ENUM 或 SET。

　　ENUM 列只能存储单值。在需要从多个值中选取一个时，适合使用 ENUM。例如会员等级，一个用户只能有一个等级，因此适用 ENUM 类型。

　　SET 列可以存储多值。在需要取多个值时，适合使用 SET 类型。比如，一个人有多个兴趣爱好，因此要存储一个人的兴趣爱好，最好使用 SET 类型。

任务实施

子任务 1　熟悉 MySQL 的数值类型

熟悉 MySQL 的
数值类型

1. 使用数字表示 bool 型数据

使用数字表达 bool 型数据时，0 是 FALSE，其他非 0 值均为 TRUE。操作步骤如下：

（1）使用命令行客户端登录 MySQL 服务器。选择开始菜单"开始"→"程序→"MySQL"→"MySQL Server 5.7"→"MySQL 5.7 Command Line Client"，输入密码登录服务器。

（2）执行 SQL 语句：

　　select if(0, 'true', 'false')

select 是 SQL 中的查询语句，可以从 0 个或多个表中检索数据。select 语句没有 from 子句时(本例这种情况)用来计算表达式的值。IF(expr1，expr2，expr3)是 MySQL 的内置函数，其含义是计算表达式 expr1 的值，如果 expr1 是 TRUE，则返回 expr2，否则返回 expr3。执行结果如下：

```
mysql> select if(0, 'true', 'false');--0 为 False
+------------------------+
| if(0, 'true', 'false') |
+------------------------+
| false                  |
+------------------------+
1 row in set (0.00 sec)
```

（3）执行 SQL 语句：

　　select if(1, 'true', 'false')

执行结果如下：

```
mysql> select if(1, 'true', 'false');--1 为 TRUE
```

```
+----------------------+
| if(1，'true'，'false') |
+----------------------+
| true                 |
+----------------------+
1 row in set (0.00 sec)
```

(4) 执行 SQL 语句：

```
select if(2，'true'，'false')
```

执行结果如下：

```
mysql> select if(2，'true'，'false');--非 0 值为 TRUE
+----------------------+
| if(2，'true'，'false') |
+----------------------+
| true                 |
+----------------------+
1 row in set (0.00 sec)
```

(5) 执行 SQL 语句：

```
select if(0=FALSE，'true'，'false')
```

在 SQL 中，"="为逻辑测试值，判断两边是否相等，赋值表达式用":="。执行结果如下：

```
mysql> select if(0=FALSE，'true'，'false');--0 和 FALSE 相等
+--------------------------------+
| if(0=FALSE，'true'，'false') |
+--------------------------------+
| true                           |
+--------------------------------+
1 row in set (0.00 sec)
```

(6) 执行 SQL 语句：

```
select if(1=TRUE，'true'，'false')，if(2=TRUE，'true'，'false')
```

在 SQL 中，"="为逻辑测试值，判断两边是否相等，赋值表达式用":="。执行结果如下：

```
mysql> select if(1=TRUE，'true'，'false')，if(2=TRUE，'true'，'false');
--TRUE 是 1 的别名，1=TRUE 为真，2=TRUE 为假
+------------------------------+------------------------------+
| if(1=TRUE，'true'，'false') | if(2=TRUE，'true'，'false') |
+------------------------------+------------------------------+
| true                         | false                        |
+------------------------------+------------------------------+
1 row in set (0.00 sec)
```

2. 定点和浮点数计算

(1) 计算表达式：

1E0，.2E0，.3E0，(.1e0 + .2E0)

执行结果如下：

```
mysql> SELECT .1E0 , .2E0 , .3E0, (.1e0 + .2E0);
+------+------+------+----------------------------+
| .1E0 | .2E0 | .3E0 | (.1e0 + .2E0)              |
+------+------+------+----------------------------+
|  0.1 |  0.2 |  0.3 | 0.30000000000000004        |
+------+------+------+----------------------------+
1 row in set (0.00 sec)
```

(2) 计算表达式：

(.1 + .2)，(.1E0 + .2E0)，(.1 + .2E0)

执行结果如下：

```
mysql> SELECT (.1 + .2) ,  (.1E0 + .2E0) , (.1 + .2E0), (.1E0 + .2);
+----------+---------------------+---------------------+---------------------+
| (.1 + .2)| (.1E0 + .2E0)       | (.1 + .2E0)         | (.1E0 + .2)         |
+----------+---------------------+---------------------+---------------------+
|      0.3 | 0.30000000000000004 | 0.30000000000000004 | 0.30000000000000004 |
+----------+---------------------+---------------------+---------------------+
1 row in set (0.00 sec)
```

(3) 计算表达式：

(.1 + .2) = .3，(.1E0 + .2E0) = .3E0 (浮点数简单地比较大小，结果不准确)

执行结果如下：

```
mysql> SELECT   (.1 + .2) = .3,   (.1E0 + .2E0) = .3E0;
+----------------+----------------------------+
| (.1 + .2) = .3 | (.1E0 + .2E0) = .3E0       |
+----------------+----------------------------+
|       1        |             0              |
+----------------+----------------------------+
1 row in set (0.00 sec)
```

(4) 计算表达式：

abs((.1E0 + .2E0)- .3E0)<0.00001(进行浮点数比较的正确方法是首先确定数字之间差异的可接受容差，然后与容差值进行比较，其中 abs()是系统绝对值函数)

执行结果如下：

```
mysql> select abs( (.1E0 + .2E0)- .3E0)<0.00001;
+--------------------------------------+
| abs( (.1E0 + .2E0)- .3E0)<0.00001 |
+--------------------------------------+
```

```
|                                1        |
+-----------------------------------------+
```

1 row in set (0.00 sec)

(5) 设 sakila 库有以下存储过程 p，它向 DECIMAL 类型变量 d 和 float 类型变量 f 累加 1000 次 0.0001：

```
CREATE   PROCEDURE   p ()
BEGIN
    DECLARE i INT DEFAULT 0;
    DECLARE d DECIMAL(10，4) DEFAULT 0;
    DECLARE f FLOAT DEFAULT 0;
    WHILE i < 10000 DO
      SET d = d + .0001;
      SET f = f + .0001E0;
      SET i = i + 1;
    END WHILE;
    SELECT d，  f;
END;
```

运行结果如下：

```
mysql> use sakila; -- 切换到 sakila 数据库
mysql> call p; -- 执行存储过程 p
+----------+-----------+
| d        | f         |
+----------+-----------+
| 1.0000   | 1.00005 |
+-----------+----------+
1 row in set (0.07 sec)
Query OK，0 rows affected (0.07 sec)
```

子任务 2　熟悉 MySQL 的日期和时间类型

1. 使用日期和时间类型字段

设某会员表中有关日期时间的字段定义如表 2-10 所示，在 MySQL 中创建该表并录入部分记录。

熟悉 MySQL 的日期和时间类型

表 2-10　日期和时间字段

id	会员生日	游戏时长	注册时间	最后修改时间
int：自动增长	date：可以为空	Time：默认值为 0	Datetime：记录会员注册的日期，not NULL	TIMESTAMP：自动初始化和自动更新为当前时间

(1) 使用命令行客户端登录 MySQL 服务器。选择开始菜单"开始->程序 ->MySQL->MySQL Server 5.7->MySQL 5.7 Command Line Client"，输入密码登录服务器。

(2) 执行语句"use sakila"，打开数据库 sakila：

```
mysql> use sakila;
Database changed
```

(3) 执行建表 SQL 语句，设表名为会员表_DateTime：

```
mysql> CREATE TABLE 'sakila'.'会员表_DateTime'  (
    ->  'id' int(0) UNSIGNED NOT NULL AUTO_INCREMENT，
    ->  '会员生日' date NULL DEFAULT NULL，
    ->  '游戏时长' time(0) NULL DEFAULT 0，
    ->  '注册时间' datetime(0) NOT NULL，
    ->   '最后修改时间' timestamp NOT NULL DEFAULT CURRENT_TIMESTAMP ON UPDATE CURRENT_TIMESTAMP，
    ->  PRIMARY KEY ('id')
    -> );
Query OK，　0 rows affected (0.04 sec)
```

(4) 查看会员表_DateTime：

```
mysql> show tables like '会%';
+-----------------------------+
| Tables_in_sakila (会%)   |
+-----------------------------+
| 会员表_datetime         |
+-----------------------------+
2 rows in set (0.00 sec)
```

(5) 插入数据：

```
mysql> INSERT INTO '会员表_datetime' VALUES (1，'1990-07-27'，'00:00:00'，'2021-07-27 00:04:24'，'2021-07-27 00:04:30');
Query OK，　1 row affected (0.03 sec)
mysql> INSERT INTO '会员表_datetime'(会员生日，游戏时长，注册时间) VALUES ('2007-09-12'，'10:00:00'，'2021-07-27 00:04:24');
Query OK，　1 row affected (0.08 sec)
```

(6) 查看数据，第一条插入语句指定了 id 和最后修改时间的值，因此显示结果应当相同，第二条插入语句未指定 id 和最后修改时间的值，由于设置了自动初始化字段值，查询结果会不同：

```
mysql> select * from  会总表 _datetime;
+----+------------------+--------------------+-------------------------+------------------------
|id| 会员生日      | 游戏时长     | 注册时间             | 最后修改时间      |
+----+------------------+--------------------+-------------------------+------------------------
|  1 | 1990-07-27   | 00:00:00      | 2021-07-27 00:04:24 | 2021-07-27 00:04:30 |
```

```
|    3 | 2007-09-12      | 10:00:00          | 2021-07-27 00:04:24 | 2021-07-27 00:13:08 |
+----+------------------+-------------------+---------------------+---------------------
2 rows in set (0.00 sec)
```

2. 日期和时间类型计算

(1) datetime, timestamp 向 date 类型进行隐式转换时会根据秒后的小数位四舍五入。例如，'1999-12-31 23:59:59.499' 的结果是 '1999-12-31'，而 '1999-12-31 23:59:59.500' 则是 '2000-01-01'，但如果是显式转换则是直接舍弃时间部分。

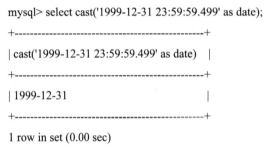

```
mysql> select cast('1999-12-31 23:59:59.499' as date);
+----------------------------------------+
| cast('1999-12-31 23:59:59.499' as date) |
+----------------------------------------+
| 1999-12-31                              |
+----------------------------------------+
1 row in set (0.00 sec)
```

(2) 将日期和时间类型转换为数字类型。这里展示了直接加 0 的结果，如果日期和时间类型不包含小数，则将它直接转换为整数，否则转换为 decimal 类型，再进行加零运算。

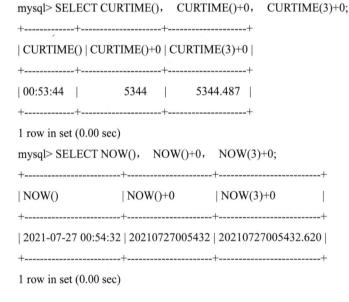

```
mysql> SELECT CURTIME(),  CURTIME()+0,  CURTIME(3)+0;
+-----------+-------------+--------------+
| CURTIME() | CURTIME()+0 | CURTIME(3)+0 |
+-----------+-------------+--------------+
| 00:53:44  |        5344 |     5344.487 |
+-----------+-------------+--------------+
1 row in set (0.00 sec)
mysql> SELECT NOW(),  NOW()+0,  NOW(3)+0;
+---------------------+----------------+-------------------+
| NOW()               | NOW()+0        | NOW(3)+0          |
+---------------------+----------------+-------------------+
| 2021-07-27 00:54:32 | 20210727005432 | 20210727005432.620 |
+---------------------+----------------+-------------------+
1 row in set (0.00 sec)
```

子任务 3　熟悉 MySQL 的字符串类型

1. CHAR、VARCHAR 对比

CHAR 类型的字段在存储过程中会在尾部添加空格达到指定长度，但是在读取记录时丢掉尾部空格，不区分这些空格是手动输入的还是系统自动添加的；VARCHAR 则会保留手动输入的空格。验证过程如下：

熟悉 MySQL 的字
符串类型

（1）使用命令行客户端登录 MySQL 服务器。选择开始菜单"开始"→"程序"→"MySQL"→"MySQL Server 5.7"→"MySQL 5.7 Command Line Client"命令，输入密码登录服务器。

（2）创建表 vc，表中包含 2 列，v 列的数据类型为 VARCHAR(4)，c 列的数据类型为 CHAR(4)。

> mysql> use sakila; -- 切换数据库 sakila
>
> Database changed
>
> mysql> CREATE TABLE vc (v VARCHAR(4)， c CHAR(4));
>
> Query OK， 0 rows affected (0.06 sec)

（3）两列都插入值 'ab '。

> mysql> INSERT INTO vc VALUES ('ab '， 'ab ');
>
> Query OK， 1 row affected (0.04 sec)

（4）查看结果，VARCHAR 类型尾部的空格保留，CHAR 类型尾部的空格被丢弃。

> mysql> SELECT CONCAT('('， v， ')')， CONCAT('('， c， ')') FROM vc;

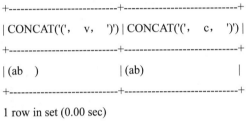

```
+---------------------------+---------------------------+
| CONCAT('('， v， ')') | CONCAT('('， c， ')') |
+---------------------------+---------------------------+
| (ab )                     | (ab)                      |
+---------------------------+---------------------------+
```

> 1 row in set (0.00 sec)

2. 字符串比较时尾部空格处理

（1）准备实验表。

> mysql> CREATE TABLE names (myname CHAR(10))
>
> Query OK， 0 rows affected (0.06 sec)
>
> mysql> INSERT INTO names VALUES ('Jones');
>
> Query OK， 1 row affected (0.00 sec)

（2）查看结果。

> mysql> SELECT myname = 'Jones'， myname = 'Jones ' FROM names;
>
> -- 'Jones ' 在比较时忽略掉尾部空格，成为 'Jones'，所以 myname = 'Jones '

```
+--------------------+------------------------+
| myname = 'Jones' | myname = 'Jones ' |
+--------------------+------------------------+
|                1 |                    1 |
+--------------------+------------------------+
```

> 1 row in set (0.00 sec)
>
> mysql> SELECT myname LIKE 'Jones'， myname LIKE 'Jones ' FROM names;
>
> -- LIKE 不会忽略尾部空格，myname = 'Jones'，myname LIKE 'Jones '的结果为假。

```
+------------------------+------------------------------------+
| myname LIKE 'Jones'    | myname LIKE 'Jones    '            |
+------------------------+------------------------------------+
|                     1  |                                 0  |
+------------------------+------------------------------------+
```

1 row in set (0.00 sec)

3. 字符串长度计算

CHAR_LENGTH 以字符为单位返回字符串的长度，多字节字符算作单个字符。对于包含 2 个 3 字节字符的字符串，LENGTH()返回 6，而 CHAR_LENGTH()返回 2。

mysql> select length("我们 a")，CHAR_LENGTH("我们 a") ; -- 字符集 utf8 中汉字是 3 字节，字符集 gb2312 中汉字是 2 字节

```
+------------------------+------------------------------------+
| length("我们 a")       | CHAR_LENGTH("我们 a")              |
+------------------------+------------------------------------+
|                     7  |                                 3  |
+------------------------+------------------------------------+
```

1 row in set (0.00 sec)

子任务 4　如何选取数据类型

某个会员表的字段及其描述如表 2-11 所示。第三列、第四列是示例数据，请为每一列选择合适的数据类型，并使用图形化管理工具 Navicat 完成该表。

如何选取数据类型

表 2-11　会　员　表

字段名称	字 段 描 述	示例数据 1	示例数据 2	数据类型	其他说明
id	自动增长	1	2		
会员编号	8 位数字组成	00000001	00000002		
会员名称	最大 20 个字符	星辰	番茄		
身份证号	18 字节	42****01	52****21		
会员生日	会员生日可能与身份证不同，可以为空	1990.2.1	1989.12.3		
会员头像	会员头像，不超过 1 MB 大小的图片				
会员简介	会员简介，一段简单的文字介绍	无	热情大方……		
首充金额	第一次充值金额，用来分析会员特征	100.00	10000.00		
会员余额	卡上的余额值	0	998.00		
会员级别	青铜、黄金、铂金	青铜	铂金		

续表

字段名称	字 段 描 述	示例数据 1	示例数据 2	数据类型	其他说明
注册时间	会员注册时间	2015-6-30 16:25:00	2017-7-27 8:24:00		
会员标签	会员性格特征等，如善良、低调、处事洒脱……	善良、低调	善良、处事洒脱		
游戏时长	会员游戏总时长	100:12:00	600:45:20		
会员币	系统根据游戏时长赠送	0	1000		
最后修改时间	自动初始化和自动更新为当前时间，同时记录了会员最后活跃的时间	2020-06-23 00:04:30	2021-07-27 00:04:30		

评价与考核

课程名称：数据库管理与应用		授课地点：	
学习任务：熟悉 MySQL 数据类型		授课教师：	授课学时：
课程性质：理实一体		综合评分：	
知识掌握情况评分(35 分)			
序号	知识考核点	教师评价	配分	得分
1	MYSQL 数据类型分类		7	
2	MYSQL 数值类型		7	
3	MYSQL 日期与时间类型		7	
4	MYSQL 字符串类型		7	
5	数据类型的选取		7	
工作任务完成情况评分(65 分)			
序号	能力操作考核点	教师评价	配分	得分
1	了解 MYSQL 数据类型分类		10	
2	熟悉 MYSQL 数值类型		10	
3	熟悉 MYSQL 日期与时间类型		10	
4	熟悉 MYSQL 字符串类型		20	
5	熟悉如何选取数据类型		15	
违纪扣分(20 分)			
序号	违纪考核点	教师评价	配分	得分
1	课上吃东西		5	
2	课上打游戏		5	
3	课上打电话		5	
4	其他扰乱课堂秩序的行为	5		

数据库与人生

某开发人员发现后台某个查询经常超时，后来通过排查，把 SQL 语句打印出来，结果发现原来是其在查询日期时，在参数里不小心增加了一个单引号。其字段类型是日期，但参数是字符串，然而 MySQL 并没有报错。

后来将语句复制到 MySQL 的查询器中测试，发现这个 SQL 语句可以正常查出结果(改为其他日期可以查出相应的结果)，MySQL 并没有报错，但是查询时间较长，平均需要 40 多秒，导致后台报 time-out。

由于这个表数据量较大，之前做了索引，因此猜测其语句是没有使用索引的。把错误的单引号去掉重新查，发现结果几乎是秒出，然后得出结论，是参数中不小心增加的单引号导致参数类型变为字符串，不符合索引字段类型，从而没有使用索引。

上述案例因为小疏忽只是导致查询时间变长，但用于科学研究又将会怎么样呢？1967 年 8 月 23 日，苏联的联盟一号宇宙飞船在返回大气层时，突然发生了恶性事故——减速降落伞无法打开。苏联中央领导研究后决定：向全国实况转播这次事故。当电视台的播音员用沉重的语调宣布，宇宙飞船两个小时后将坠毁，观众将目睹宇航员弗拉迪米·科马洛夫殉难的消息后，举国上下顿时被震撼了，人们沉浸在巨大的悲痛之中。联盟一号发生的一切，就是因为地面检查时忽略了一个小数点……它警示着人们：对待人生不能有丝毫的马虎，发现问题要及时探究根源，找出正确的答案和解决方式。

同学们从现在开始，就要培养认真的学习习惯、严谨的科学作风，对待学习和以后的科研，以及生活都要一丝不苟。考虑问题要细心、周到、全面，发现问题要及早去伪存真，严谨缜密，找到正确的结论。

任务测试模拟试卷

一、选择题

1. 下列(　　)类型不是 MySQL 中常用的数据类型。

A. INT　　　B. VAR　　　C. TIME　　　D. CHAR

2. 日期与时间型数据类型(datetime)的长度是(　　)。

A. 2　　　B. 4　　　C. 8　　　D. 16

3. MySQL 的字符型系统数据类型主要包括(　　)。

A. int、money、char　　　B. char、varchar、text

C. datetime、binary、int　　　D. char、varchar、int

二、简答题

1. MySQL 中，常用数据类型有哪些？请举例说明。

2. 如何使用数值类型？举例说明。

3. 如何使用日期与时间类型？举例说明。

4. 如何使用字符串类型？举例说明。

5. 简述选择数据类型的基本原则。

项目三 创建与管理数据库及数据表

在 MySQL 数据库的学习中，数据库、数据表和数据的操作是每个初学者必须掌握的内容，同时也是学习后续课程的基础。为了让初学者能够快速体验与掌握数据库的基本操作，本项目将对这些基本操作进行详细讲解。

任务 3 创建和管理数据库

任务目标

(1) 掌握创建、修改和删除数据库的命令；

(2) 掌握 MySQL 部分运行环境的配置原理与配置方法。

任务准备

数据库是按照一定结构组织的数据集合，MySQL 数据库用文件夹、特定的文件作为存储数据库对象的容器。MySQL 数据库的管理主要包括创建数据库、选择当前操作的数据库、显示数据库结构以及删除数据库等操作。通过本项目的学习，掌握用命令语句的方式对数据库进行创建与维护。

在创建与管理数据库之前，首先来学习以下相关知识。

1. 字符集以及字符序

字符编码是信息交换的重要基础，将客观世界的事物信息化的过程首先就是信息编码化。字符(Character) 是人类语言最小的表意符号，例如"1""B"等。给定一系列字符，对每个字符赋予一个数值，用数值来代表对应的字符，这个数值就是字符的编码(Character Encoding)。给定一系列字符并赋予对应的编码后，所有这些"字符和编码对"组成的集合就是字符集(Character Set)。很多国家制定了本国字符的编码规则、标准。如由我国制定的字符集 gb2312 等。

MySQL 由瑞典 MySQL AB 公司开发，默认情况下 MySQL 使用的是 latin1 字符集。由此可能导致 MySQL 数据库不够支持中文字符串查询或者发生中文字符串乱码等问题。在使用 MySQL 时，这种问题可以通过设置字符集解决。

字符序(Collation)是指在同一字符集内字符之间的比较规则。一个字符集包含多种字符序，如汉字既可以按拼音排序，也可以按笔划多少来排序。每个字符序唯一对应一种字符集。MySQL 字符序的命名规则是：以字符序对应的字符集名称开头，以国家名居中(或以

general 居中)，以 ci、cs 或 bin 结尾(ci 表示大小写不敏感，cs 表示大小写敏感，bin 表示按二进制编码值比较)。

使用 MySQL 命令 "SHOW CHARACTER SET;" 即可查看当前 MySQL 服务实例支持的字符集、字符集默认的字符序以及字符集占用的最大字节长度等信息，如图 3-1 所示。

```
+----------+-----------------------------+--------------------+--------+
| big5     | Big5 Traditional Chinese    | big5_chinese_ci    |      2 |
| dec8     | DEC West European           | dec8_swedish_ci    |      1 |
| cp850    | DOS West European           | cp850_general_ci   |      1 |
| hp8      | HP West European            | hp8_english_ci     |      1 |
| koi8r    | KOI8-R Relcom Russian       | koi8r_general_ci   |      1 |
| latin1   | cp1252 West European        | latin1_swedish_ci  |      1 |
| latin2   | ISO 8859-2 Central European | latin2_general_ci  |      1 |
| swe7     | 7bit Swedish                | swe7_swedish_ci    |      1 |
| ascii    | US ASCII                    | ascii_general_ci   |      1 |
| ujis     | EUC-JP Japanese             | ujis_japanese_ci   |      3 |
| sjis     | Shift-JIS Japanese          | sjis_japanese_ci   |      2 |
| hebrew   | ISO 8859-8 Hebrew           | hebrew_general_ci  |      1 |
| tis620   | TIS620 Thai                 | tis620_thai_ci     |      1 |
| euckr    | EUC-KR Korean               | euckr_korean_ci    |      2 |
| koi8u    | KOI8-U Ukrainian            | koi8u_general_ci   |      1 |
| gb2312   | GB2312 Simplified Chinese   | gb2312_chinese_ci  |      2 |
| greek    | ISO 8859-7 Greek            | greek_general_ci   |      1 |
| cp1250   | Windows Central European    | cp1250_general_ci  |      1 |
| gbk      | GBK Simplified Chinese      | gbk_chinese_ci     |      2 |
| latin5   | ISO 8859-9 Turkish          | latin5_turkish_ci  |      1 |
| armscii8 | ARMSCII-8 Armenian          | armscii8_general_ci|      1 |
| utf8     | UTF-8 Unicode               | utf8_general_ci    |      3 |
| ucs2     | UCS-2 Unicode               | ucs2_general_ci    |      2 |
| cp866    | DOS Russian                 | cp866_general_ci   |      1 |
| keybcs2  | DOS Kamenicky Czech-Slovak  | keybcs2_general_ci |      1 |
| macce    | Mac Central European        | macce_general_ci   |      1 |
| macroman | Mac West European           | macroman_general_ci|      1 |
| cp852    | DOS Central European        | cp852_general_ci   |      1 |
| latin7   | ISO 8859-13 Baltic          | latin7_general_ci  |      1 |
| utf8mb4  | UTF-8 Unicode               | utf8mb4_general_ci |      4 |
| cp1251   | Windows Cyrillic            | cp1251_general_ci  |      1 |
| utf16    | UTF-16 Unicode              | utf16_general_ci   |      4 |
| utf16le  | UTF-16LE Unicode            | utf16le_general_ci |      4 |
| cp1256   | Windows Arabic              | cp1256_general_ci  |      1 |
| cp1257   | Windows Baltic              | cp1257_general_ci  |      1 |
| utf32    | UTF-32 Unicode              | utf32_general_ci   |      4 |
| binary   | Binary pseudo charset       | binary             |      1 |
| geostd8  | GEOSTD8 Georgian            | geostd8_general_ci |      1 |
| cp932    | SJIS for Windows Japanese   | cp932_japanese_ci  |      2 |
| eucjpms  | UJIS for Windows Japanese   | eucjpms_japanese_ci|      3 |
| gb18030  | China National Standard GB18030 | gb18030_chinese_ci |  4 |
+----------+-----------------------------+--------------------+--------+
41 rows in set (0.09 sec)
```

图 3-1　当前 MySQL 可支持的字符集

从图 3-1 中可以看出，当前 MySQL 可支持的字符集共有 41 种，包括以下几种常用的字符集：

(1) latin1：支持西欧字符、希腊字符等。

(2) gbk：支持中文简体字符。

(3) big5：支持中文繁体字符。

(4) utf8：几乎支持世界所有国家的字符。

使用 MySQL 命令"SHOW VARIABLES LIKE 'CHAR%';"可查看当前 MySQL 服务实例使用的字符集，如图 3-2 所示。

```
mysql> show variables like "char%";
+-------------------------+---------------------------------------------+
| Variable_name           | Value                                       |
+-------------------------+---------------------------------------------+
| character_set_client    | gbk                                         |
| character_set_connection| gbk                                         |
| character_set_database  | latin1                                      |
| character_set_filesystem| binary                                      |
| character_set_results   | gbk                                         |
| character_set_server    | latin1                                      |
| character_set_system    | utf8                                        |
| character_sets_dir      | c:\wamp\bin\mysql\mysql5.7.14\share\charsets\|
+-------------------------+---------------------------------------------+
8 rows in set, 1 warning (0.14 sec)
```

图 3-2　当前 MySQL 服务实例使用的字符集

由图 3-2 可知，当前 MySQL 服务实例使用的字符集主要从以下七种场景对字符编码进行设定：

(1) character_set_client：MySQL 客户机字符集。

(2) character_set_connection：数据通信链路字符集，当 MySQL 客户机向服务器发送请求时，请求数据以该字符集进行编码。

(3) character_set_database：数据库字符集。

(4) character_set_filesystem：MySQL 服务器文件系统字符集，该值是固定的 binary。

(5) character_set_results：结果集的字符集，MySQL 服务器向 MySQL 客户机返回执行结果时，执行结果以该字符集进行编码。

(6) character_set_server：MySQL 服务实例字符集。

(7) character_set_system：元数据(字段名、表名、数据库名等)的字符集，默认值为 utf8。

2. MySQL 字符集的设置

在安装 MySQL 的过程中，MySQL 的字符集有默认设置。要改变字符集的设置，有以下几种方式。

(1) 通过修改 my.ini 配置文件，可修改 MySQL 默认的字符集，即在 my.ini 文件中加入以下代码：

```
[client]
default-character-set=gb2312
```

即可将 CHARACTER_SET_CLIENT、CHARACTER_SET_CONNECTION 以及 CHARACTER_SET_RESULTS 的字符集设置为 GB2312，如图 3-3 所示。

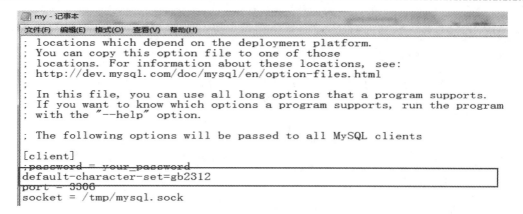

图 3-3　记事本打开的 my.ini 文件

(2) MySQL 提供一些 MySQL 命令，可以临时修改 MySQL 当前会话的字符集以及字符序。例如：

　　　SET CHARACTER_SET_CLIENT = GBK

可以将当前会话的 MySQL 客户机字符集临时设置为 GBK。

(3) 使用 MySQL 命令 "SET NAMES GBK;" 可以临时一次性地设置 CHARACTER_SET_CLIENT、CHARACTER_SET_CONNECTION 以及 CHARACTER_ SET _ RESULTS 的字符集为 GBK。

3. MySQL 存储引擎

数据库存储引擎是数据库底层软件组件，数据库管理系统(DBMS)使用存储引擎进行创建、查询、更新和删除数据的操作。不同的存储引擎通过选择合适的数据结构、提供不同的存储机制与索引技巧等，在实际应用中表现出不同的数据处理效能。使用不同的存储引擎，除了可以获得常用数据操作功能外，还可以获得某些特定功能。不同的数据库管理系统都支持多种不同的数据引擎。MySQL 的核心就是存储引擎。

MySQL 提供了多种不同的存储引擎，包括处理事务安全表的引擎和处理非事务安全表的引擎。在 MySQL 中，不需要在整个服务器中使用同一种存储引擎，针对具体的要求，可以对每一个表使用不同的存储引擎。MySQL 支持的存储引擎有 InnoDB、MyISAM、Memory、Merge、Archive、Federated、CSV、BLACKHOLE 等。可以使用 SHOW ENGINES 语句查看系统所支持的引擎类型，如图 3-4 所示。

```
mysql> show engines;

| Engine             | Support | Comment                                                        | Transactions | XA   | Savepoints |
| InnoDB             | YES     | Supports transactions, row-level locking, and foreign keys     | YES          | YES  | YES        |
| MRG_MYISAM         | YES     | Collection of identical MyISAM tables                          | NO           | NO   | NO         |
| MEMORY             | YES     | Hash based, stored in memory, useful for temporary tables      | NO           | NO   | NO         |
| BLACKHOLE          | YES     | /dev/null storage engine (anything you write to it disappears) | NO           | NO   | NO         |
| MyISAM             | DEFAULT | MyISAM storage engine                                          | NO           | NO   | NO         |
| CSV                | YES     | CSV storage engine                                            | NO           | NO   | NO         |
| ARCHIVE            | YES     | Archive storage engine                                        | NO           | NO   | NO         |
| PERFORMANCE_SCHEMA | YES     | Performance Schema                                            | NO           | NO   | NO         |
| FEDERATED          | NO      | Federated MySQL storage engine                                | NULL         | NULL | NULL       |

9 rows in set (0.00 sec)
```

图 3-4　查看当前系统所支持的引擎类型

根据图 3-4 所示，当前系统使用的引擎是 MyISAM。

1) InnoDB 存储引擎

InnoDB 是事务型数据库的首选引擎,既支持事务安全表(ACID),也支持行锁定和外键。MySQL 5.5.5 之后,InnoDB 作为默认存储引擎,InnoDB 的主要特性有:

(1) InnoDB 给 MySQL 提供了具有提交、回滚和崩溃恢复能力的事务安全(ACID 兼容)存储引擎。InnoDB 锁定在行级并且也在 SELECT 语句中提供一个类似 Oracle 的非锁定读,这些功能增加了多用户部署和性能。在 SQL 查询中,可以自由地将 InnoDB 类型的表与其他 MySQL 类型的表混合起来,甚至在同一个查询中也可以混合。

(2) InnoDB 是为处理巨大数据量的最大性能设计的,它的 CPU 效率可能是任何其他基于磁盘的关系数据库引擎所不能匹敌的。

(3) InnoDB 存储引擎完全与 MySQL 服务器整合,InnoDB 存储引擎在主内存中缓存数据和索引而维持它自己的缓冲池。InnoDB 将它的表和索引存在一个逻辑表空间中,表空间可以包含数个文件(或原始磁盘分区)。这与 MyISAM 表不同,比如在 MyISAM 表中每个表被存在分离的文件中。InnoDB 表可以是任何尺寸,即使在文件尺寸被限制为 2 GB 的操作系统上。

(4) InnoDB 支持外键完整性约束(FOREIGN KEY)。存储表中的数据时,每张表都按主键顺序存放,如果没有显示在表定义时指定主键,InnoDB 会为每一行生成一个 6 B 的 ROWID,并以此作为主键。

(5) InnoDB 被用在众多需要高性能的大型数据库站点上。InnoDB 不创建目录,使用 InnoDB 时,MySQL 将在 MySQL 数据目录下创建一个名为 ibdata1 的 18 MB 大小的自动扩展数据文件,以及两个名为 ib_logfile0 和 ib_logfile1 的 5 MB 大小的日志文件,如图 3-5 所示。

图 3-5　MySQL 数据文件夹

2) MyISAM 存储引擎

MyISAM 是基于 ISAM 的存储引擎，并对其进行扩展。它是在 Web、数据存储和其他应用环境下最常使用的存储引擎之一。MyISAM 拥有较高的插入、查询速度，但不支持事务。在 MySQL 5.5.5 之前的版本中，MyISAM 是默认存储引擎。MyISAM 的主要特性有：

(1) 大文件(达 63 位文件长度)在支持大文件的文件系统和操作系统上被支持。

(2) 当把删除、更新及插入操作混合使用时，动态尺寸的行产生更少的碎片。这要通过合并相邻被删除的块，以及若下一个块被删除，就扩展到下一个块来自动完成。

(3) 每个 MyISAM 表的最大索引数是 64，这可以通过重新编译来改变。每个索引最大的列数是 16。

(4) 最大的键长度是 1000 B，这也可以通过编译来改变。对于键长度超过 250 B 的情况，超过 1024 B 的键将被用上。

(5) BLOB 和 TEXT 列可以被索引。

(6) NULL 值被允许出现在索引的列中，这个值占每个键的 1 字节。

(7) 所有数字键值以高字节优先被存储，以允许一个更高的索引压缩。

(8) 每个表一个 AUTOINCREMENT 列的内部处理。MyISAM 为 INSERT 和 UPDATE 操作自动更新这一列，这使得 AUTO_INCREMENT 列更快(至少 10%)。在序列顶的值被删除之后就不能再利用。

(9) 可以把数据文件和索引文件放在不同的目录中。

(10) 每个字符列可以有不同的字符集。

(11) 有 VARCHAR 的表可以固定或动态记录长度。

(12) VARCHAR 和 CHAR 列可以多达 64 KB。

使用 MyISAM 引擎创建数据库，将生成 3 个文件。文件的名字以表的名字开始，扩展名指出文件类型：.frm 文件存储表定义，数据文件的扩展名为 MYD (MYData)，索引文件的扩展名是 MYI (MYIndex)。

3) 存储引擎选择

不同存储引擎都有各自的特点，以适应不同的需求。在实际工作中，选择一个合适的存储引擎是一个比较复杂的问题，每种存储引擎都有自己的优缺点。

InnoDB：支持事务处理，支持外键，支持崩溃修复能力和并发控制。如果对事务的完整性要求比较高(如银行)，要求实现并发控制(如售票)，那么选择 InnoDB 有很大的优势。如果需要频繁进行更新、删除操作的数据库，也可以选择 InnoDB，因为其支持事务的提交(commit) 和回滚(rollback)。

MyISAM：插入数据快，空间和内存使用率比较低。如果表主要用于插入新记录和读出记录，那么选择 MyISAM 能实现处理高效率。如果应用的完整性、并发性要求比较低，也可以使用。

注意：同一个数据库也可以使用多种存储引擎的表。如果一个表要求较高的事务处理功能，则可以选择 InnoDB。在这个数据库中可以将查询要求比较高的表选择 MyISAM 存储。如果该数据库需要一个用于查询的临时表，则可以选择 MEMORY 存储引擎。

4. MySQL 的常用命令

在成功登录 MySQL 的服务器后，就可以使用命令进行相关操作。如创建数据库、创建数据表等。为了让初学者掌握 MySQL 的相关命令，现列举 MySQL 中常用的命令，如表 3-1 所示。

表 3-1 MySQL 中常用的命令

命　令	简　写	具 体 含 义
?	\?	显示帮助信息
clear	\c	清除当前输入语句
connect	\r	连接到服务器，有可选参数
delimiter	\d	设置语句分隔符
exit	\q	退出 MySQL
go	\g	发送命令到 MySQL 服务器
help	\h	显示帮助信息
prompt	\R	改变 MySQL 服务器
quit	\q	退出 MySQL
status	\a	从服务器获取 MySQL 的状态信息
use	\u	切换当前数据库
charset	\C	切换到另一个字符集

表 3-1 所示的命令既可以使用一个完整的命令动词来表示，也可以通过"\字母"的方式来表示。在命令行方式下输入"help;"或者"\h"命令，此时就会显示 MySQL 的帮助信息，如图 3-6 所示。

```
mysql> help;

For information about MySQL products and services, visit:
   http://www.mysql.com/
For developer information, including the MySQL Reference Manual, visit:
   http://dev.mysql.com/
To buy MySQL Enterprise support, training, or other products, visit:
   https://shop.mysql.com/

List of all MySQL commands:
Note that all text commands must be first on line and end with ';'
?         (\?) Synonym for `help'.
clear     (\c) Clear the current input statement.
connect   (\r) Reconnect to the server. Optional arguments are db and host.
delimiter (\d) Set statement delimiter.
ego       (\G) Send command to mysql server, display result vertically.
exit      (\q) Exit mysql. Same as quit.
go        (\g) Send command to mysql server.
help      (\h) Display this help.
notee     (\t) Don't write into outfile.
print     (\p) Print current command.
prompt    (\R) Change your mysql prompt.
quit      (\q) Quit mysql.
rehash    (\#) Rebuild completion hash.
source    (\.) Execute an SQL script file. Takes a file name as an argument.
status    (\s) Get status information from the server.
tee       (\T) Set outfile [to_outfile]. Append everything into given outfile.
use       (\u) Use another database. Takes database name as argument.
charset   (\C) Switch to another charset. Might be needed for processing binlog with multi-byte charsets.
warnings  (\W) Show warnings after every statement.
nowarning (\w) Don't show warnings after every statement.
resetconnection(\x) Clean session context.

For server side help, type 'help contents'
```

图 3-6 MySQL 中"help"命令执行结果

5. SQL 的简单介绍

在 MySQL 的环境中，要对数据库进行操作，必然使用 SQL 语句。为了让初学者对 SQL 语句有初步认识，下面对 SQL 语句做简单介绍，在后续相关章节中再做详细讲解。

SQL(Structured Query Language，结构化查询语言)是一种特殊的编程语言，是数据库查询和程序设计语言，用于存取数据以及查询、更新和管理关系数据库系统，同时也是数据库脚本文件的扩展名。

结构化查询语言 SQL 常用的 4 个部分如下：

1) 数据查询语言(Data Query Language，DQL)

其语句也称为数据检索语句，用以从表中获得数据，确定数据怎样在应用程序中给出。保留字 SELECT 是 DQL(也是所有 SQL)用得最多的动词，其他 DQL 常用的保留字有 WHERE、ORDER BY、GROUP BY 和 HAVING。这些 DQL 保留字常与其他类型的 SQL 语句一起使用。

2) 数据操作语言(Data Manipulation Language，DML)

其语句包括动词 INSERT、UPDATE 和 DELETE，它们分别用于添加、修改和删除表中的行，也称为动作查询语言。

3) 数据控制语言(DCL)

其语句包括 GRANT 和 REVOKE 语句，它们分别用于授予或收回单个用户和用户组对数据库对象的访问权限。某些 RDBMS 可用 GRANT 或 REVOKE 控制对表的单个列的访问权限。

4) 数据定义语言(DDL)

其语句包括动词 CREATE 和 DROP，用于在数据库中创建新表或删除表(CREATE TABLE 或 DROP TABLE)或为表加入索引等。DDL 包括许多保留字，这些保留字与通过数据库目录中获得的数据有关。它也是查询动作的一部分。

任务实施

在 MySQL 服务器启动并登录后，为了对数据库对象进行相应的操作，我们既可以通过在命令行方式下输入命令完成相应的操作，也可以在对应的图形化工具中执行菜单命令完成。本书介绍的操作主要在命令行方式下完成。

子任务 1　创建并查看数据库

1. 前导知识

创建并查看数据库

(1) 在命令行中使用命令语句创建 MySQL 数据库的命令的语法格式是：

CREATE <DATABASE | SCHEMA>　[IF NOT EXISTS] <数据库名称>

[CREATE _ SPECIFICATION，…]；

(2) 修改数据库命令语句的语法格式是：

ALTER <DATABASE | SCHEMA>　<数据库名称>

[CREATE _ SPECIFICATION，…]；

(3) 删除数据库命令语句的语法格式是：

    DROP　＜DATABASE | SCHEMA＞　[IF NOT EXISTS] ＜数据库名称＞;

说明：

(1) 其中 CREATE _ SPECIFICATI0N 的可选项如下：

    [DEFAULT] CHARACTER SET ＜字符集＞| [DEFAULT] COLLATE ＜排序规则＞

(2) 由于 MySQL 的数据存储是以文件夹方式表示的，因此数据库的名称必须符合操作系统文件夹的命名规则，而在 MySQL 中是不区分字母大小写的，所有的标点符号都是英文输入状态下的，使用中文标点符号将不被识别。

(3) IF NOT EXISTS 为可选项，它的作用是判断即将新建的数据库名是否存在，若不存在则直接创建该数据库，若已存在同名的数据库则不创建任何数据库。如果在新建数据库时没有指定 IF NOT EXISTS，那么新建的数据库与已有数据库重名的话将会出现错误提示。同样地，删除数据库时其作用也一样。

(4) CREATE_ SPECIFICATION 用来指定数据库的特性，数据库的特性存储在数据库文件夹的 db. opt 文件中。其中 DEFAULT 指定默认值，CHARACTER SET 用来指定默认的字符集，COLLATE 用来指定默认的排序规则。

(5) 在应用修改数据库命令语句时，修改的是数据库的全局属性，用户必须要有对数据库进行修改的权限。如果语句中的数据库名称省略，则表示修改当前默认数据库。

(6) 删除数据库将会永久地删除该数据库中所有的数据，原来分配的空间也将会被收回，所以一定要确定无误后谨慎删除。

(7) 命令中括号"[ ]"中的内容为可选项，其余的是必需项；当有多个选项选其一时，使用符号"|"将多个选项分隔开来；可以有多个选项或参数时，列出一个或多个选项或参数，使用"…"表示省略了多个选项或参数。以上命令语句 CREATE DATABASE 是创建数据库的必需项，不能省略。

(8) 本书所有在 MySQL 中用到的 SQL 命令语句都是以";"作为结束标识的，以后就不再重述了。

2. 任务内容

(1) 创建一个名称为"tsgl"的数据库，并指定它的默认字符集为 gbk，排序规则为 gbk_chinese_ci。

(2) 查看数据库创建是否成功。

3. 实施步骤

(1) 启动 MySQL 服务器并登录。

(2) 在 MySQL 命令提示符后输入以下命令语句并按"Enter"键执行：

    CREATE DATABASE IF NOT EXISTS tsgl DEFAULT charset gbk COLLATE gbk_chinese_ci;

上述命令执行的结果如图 3-7 所示。

```
mysql> Create database if not exists tsgl default charset gbk collate gbk_chinese_ci;
Query OK, 1 row affected (0.08 sec)

mysql> _
```

图 3-7　创建数据库 tsgl

(3) 查看命令执行的结果。上述命令执行后，除了屏幕反馈的结果外，我们还可以通过输入命令"SHOW DATABASES;"查看执行结果，查看命令执行结果如图 3-8 所示。

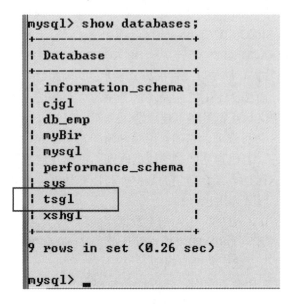

图 3-8　查看服务当前服务器中的数据库

当然，我们也可以打开 MySQL 的数据库文件夹查看创建数据库命令的执行结果。

子任务 2　管 理 数 据 库

管理数据库

1. 前导知识

在使用命令语句创建数据库后，新创建的数据库不会自动成为当前选择的数据库。同样地，在 MySQL 中不会按某种规则自动选择当前数据库，需要用 USE 命令语句来指定当前数据库，在命令行中使用命令语句选择当前数据库的语法格式是：

　　USE 数据库名称;

USE 命令语句在 MySQL 中用于指定某数据库为当前默认数据库，使后面的所有命令语句在选择其他数据库前都是应用于当前默认数据库的操作，直到退出数据库操作为止，如果再次进入数据库则又要重新选择当前默认数据库。

USE 命令语句也可以用于从一个数据库切换到另一个数据库。

为了便于对某数据库进行操作，最好使该数据库变为当前数据库，此时可以使用 USE 命令。

2. 任务内容

(1) 修改数据库 tsgl 的默认字符集为"utf8"，排序规则为"utf8_general_ci"。

(2) 删除一个名为"xsgl"的数据库。

(3) 备份数据库"tsgl"。

3．实施步骤

(1) 启动 MySQL 服务器并登录。

(2) 在 MySQL 命令提示符后输入以下语句，切换当前数据库为 TSGL，并查看数据库 TSGL 的基本信息：

　　　USE TSGL;

　　　SHOW CREATE DATABASE TSGL;

上述命令语句执行结果如图 3-9 所示。

```
mysql> use tsgl;
Database changed
mysql> show create database tsgl;
+----------+-----------------------------------------------------------------+
| Database | Create Database                                                 |
+----------+-----------------------------------------------------------------+
| tsgl     | CREATE DATABASE `tsgl` /*!40100 DEFAULT CHARACTER SET gbk */     |
+----------+-----------------------------------------------------------------+
1 row in set (0.07 sec)

mysql>
```

图 3-9　查看数据库 tsgl 的建库信息

(3) 在 MySQL 命令提示符后输入以下命令语句，修改当前数据库的默认字符集并再次查看当前数据库的建库信息：

　　　ALTER DATABASE tsgl DEFAULT CHARSET UTF8 COLLATE UTF8_GENERAL_CI;

　　　SHOW CREATE DATABASE tsgl;

上述命令语句的执行结果如图 3-10 所示。

```
mysql> ALTER DATABASE TSGL DEFAULT CHARSET UTF8 COLLATE UTF8_GENERAL_CI;
Query OK, 1 row affected (0.03 sec)

mysql> show create database tsgl;
+----------+-----------------------------------------------------------------+
| Database | Create Database                                                 |
+----------+-----------------------------------------------------------------+
| tsgl     | CREATE DATABASE `tsgl` /*!40100 DEFAULT CHARACTER SET utf8 */    |
+----------+-----------------------------------------------------------------+
1 row in set (0.00 sec)

mysql>
```

图 3-10　查看数据库 tsgl 的建库信息

由图 3-9 和图 3-10，我们发现数据库的默认字符集已发生变化，从"gbk"变为了"utf8"。

(4) 删除数据库 xsgl。

在 MySQL 命令提示符后输入以下命令语句，即可删除数据库"xsgl"。

　　　DROP DATABASE xsgl;

上述命令语句的执行结果如图 3-11 所示。

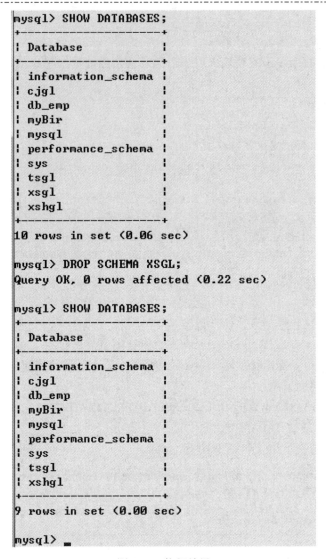

图 3-11　执行结果

(5) 备份数据库 tsgl。

在命令行操作方式下，备份数据库的操作有些麻烦，需要在 DOS 命令提示符状态下进行。其命令语句的语法格式如下：

　　　　MYSQLDUMP -U username -P password　--DATABASES　<database list>　　>备份文件名

说明：

-U username：用户名；

-P password：密码；

--DATABASES <database list>：需备份的数据库名列表，数据库名之间用空格分隔；如果只备份一个数据库，可省略"--DATABASES"，直接写数据库名即可，此时跟在数据库名后的其他信息一般为表名。

>备份文件名：此为管道输出，将数据转储到备份文件中，完成备份。备份文件的扩展

名为 sql。

备份数据库 tsgl 只需在 DOS 命令提示符后输入以下命令语句并按"Enter"键执行即可：

MYSQLDUMP -U root -P mydata　tsgl　>tsgl20210815.sql

说明：此命令语句是外部命令，如果当前路径不是此命令文件所在文件夹，则需要配置运行参数 PATH；备份文件存放的位置默认为当前路径。

评价与考核

课程名称：数据库管理与应用		授课地点：	
学习任务：创建和管理数据库		授课教师：	授课学时：
课程性质：理实一体		综合评分：	
知识掌握情况评分(35 分)			
序号	知识考核点	教师评价	配分	得分
1	数据库的概念		7	
2	数据库运行基础		7	
3	数据库运行环境		7	
4	MySQL 的常用命令		7	
5	SQL 基础知识		7	
工作任务完成情况评分(65 分)			
序号	能力操作考核点	教师评价	配分	得分
1	能使用命令查看当前环境		10	
2	能使用命令创建数据库		10	
3	能说出数据库各组成结构		10	
4	能配置数据库运行参数		20	
5	会删除与备份数据库		15	
违纪扣分(20 分)			
序号	违纪考核点	教师评价	配分	得分
1	课上吃东西		5	
2	课上打游戏		5	
3	课上打电话		5	
4	其他扰乱课堂秩序的行为		5	

任务4　数据库设计

任务目标

(1) 了解数据库设计的特点；

(2) 了解数据库设计方法；

(3) 熟悉数据库设计步骤；

(4) 熟悉实体-联系图；

(5) 熟悉规范化。

任务准备

初始创建的数据库只是一个抽象的、用于存放数据的容器，它并没有真正地存放数据，其中包括的数据表、视图、索引等对象需要在数据库设计完成之后再创建。数据库设计主要就是设计数据模式(在关系型数据模型中就是数据表)，数据库设计的好坏直接影响到整个系统的效率和质量。

1. 数据库设计的特点

数据库设计工作量大且相当复杂，它是一项基础工程，综合了多门学科的知识和技术，需要包括系统分析员、DBA、应用程序员和数据库的用户等各方面人员的参与。数据库设计和用户的业务需求紧密相关，是一项综合性技术。"三分技术，七分管理，十二分基础数据"是数据库建设的基本理念。

数据库设计有如下特点：

(1) 计算机的硬件、软件和管理界面要相结合。

(2) 数据库设计和应用设计要相结合。

2. 数据库设计方法简述

数据库设计方法中，比较著名的有新奥尔良法，该方法将数据库设计分为 4 个阶段进行：需求分析(分析用户需求)、概念结构设计(信息分析和定义)、逻辑结构设计(数据模式确定)和物理结构设计(物理数据库设计，包括存储模式等)。

这种基于 E-R 模型(后文中详细介绍)的数据库设计方法主要以 E-R 图(实体-联系图)为工具，通过视图的分析和集成来对数据库进行设计。

3. 数据库设计步骤

数据库用数据模型来抽象、表示、处理现实世界中的实物和事务。根据模型应用的不同目的，可将数据模型分成两个层次：概念模型和具体的数据模型。

概念模型是用户和数据库设计人员之间进行交流的工具，可用 E-R 图描述。

数据模型是由概念模型转化而来的，按照计算机系统的观点对数据建模，主要用数据模式(在关系型数据模型中就是二维表)进行描述。

按照规范设计的方法，一般将数据库设计分为六个步骤，在本书中主要介绍前面三个关键步骤。

(1) 需求分析阶段。本阶段的主要工作是：通过需求收集和分析，得到数据字典描述的数据需求，即要实现系统功能所需的数据支撑。因为功能的实现都是以数据为基础的，没有数据作为支撑，就无法实现相应的功能。

(2) 概念结构设计阶段。通过对用户需求进行综合、归纳与抽象，形成一个独立于DBMS的概念模型，一般用 E-R 图描述。

(3) 逻辑结构设计阶段。将概念结构转换为某个 DBMS 所支持的数据模型(如关系模型)，并对其进行优化。

4．实体-联系图

实体-联系图即 E-R 图。其中实体往往是对客观世界中静态事物的抽象，例如，在图书管理系统中，图书、借阅者等可以抽象为实体。在计算机世界中，通过收集实体的属性对实体进行描述。属性是描述对象特征的数据项，如用于描述图书的图书编号、图书名称、封面图片等数据项就是用于描述图书的属性。

联系则是在某些业务办理过程中，实体与实体之间产生的关联。在图书管理系统中，当借阅者到图书馆办理借书手续时，图书与借阅者之间便产生了关联。这种关联也可以通过某些形式进行描述，如用关系模式描述借阅者与图书之间的关联。

借阅者与图书之间的实体-联系图如图 3-12 所示。

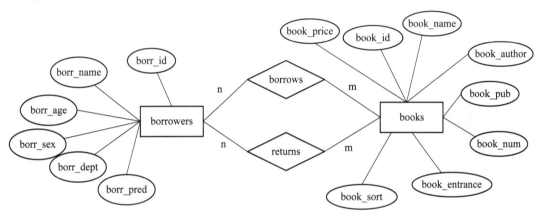

图 3-12　借阅者与图书之间的 E-R 图

在 E-R 图中，一般用矩形框表示实体，椭圆框表示属性，菱形表示联系，线上书写的符号 1、n、m 表示联系类型。联系类型有三种：一对一(1：n)、一对多(1：n)、多对多(n：m)。关于联系类型的相关知识，请大家参阅其他相关教材。

5．规范化

规范化理论是 E. F. Codd 首先提出来的。他认为，一个关系数据库的关系都应满足一定的规范，才能构造好的数据模式。

规范化表示从数据存储中移去数据冗余的过程。如果数据库设计达到了完全的规范化，则把所有的表通过关键字连接在一起时，不会出现任何数据的副本。由此可见，规范化避免了数据冗余，节省了空间，为数据的一致性提供了根本的保障，杜绝了数据不一致的现象，在一定范围内提高了效率。

规范化有许多层次，对关系最基本的要求是每个属性值必须是不可分割的数据单元，即表中不能再包含表。满足一定条件的关系模式，称为范式(Normal Form)。 范式就是某一种级别的关系模式的集合，称某一关系模式 R 为第 n 范式，就表示该关系的级别。一个低级范式的关系模式，通过分解(投影)的方法可转换成多个高一级范式的关系模式的集合，这种过程称为规范化。

(1) 第一范式(1NF)。如果一个关系 R 的每一个属性都是不可分的数据项，则称 R 是符合第一范式的，记做 R∈1NF。

　　这一限制是在关系的基本性质中提炼出来的，任何关系都必须遵守。若一个关系数据库中所有的关系都满足第一范式要求，则这个数据库称为满足第一范式的数据库。

　　例如，单位的职工评价信息关系：评价(职工编号，姓名，工作表现(工作态度，业绩)，综合评价，评价日期)。在这个关系中，工作表现是关系评价的一个属性，而这个属性又包括两个方面的信息，即工作态度和业绩，因此这个关系不满足第一范式的要求。将工作表现这个属性去掉，将工作态度和业绩作为评价的属性，即将上述关系变为评价(职工编号，姓名，工作态度，业绩，综合评价，评价日期)，这时的关系就满足第一范式的要求。

　　(2) 第二范式(2NF)。设关系 $R \in 1NF$，且它的每一非主属性完全依赖于主键，则称 R 是符合第二范式的，记作 $R \in 2NF$。

　　如果一个关系只满足第一范式，那么可能会带来数据冗余和操作异常，即插入异常、删除异常和修改异常。

　　例如，图书销售关系 TSXS (书号，书名，出版社，作者，单价，数量，折扣，日期，操作员账号，姓名，密码)中，每位操作员可以销售多种书，每种书可由多个操作员销售。

　　在该关系中，由于书号和操作员账号的属性没有决定因素，所以它们包含在候选键中，而若由这两个属性构成属性组，则能够函数决定所有其他属性，因此(书号，操作员账号)是关系的主键。在该关系中存在着非主属性对主键的部分依赖，其中书名、出版社、作者、单价、库存数量和折扣依赖于书号，姓名、密码依赖于操作员账号，所以该关系中必然存在数据冗余，在对该关系进行插入、删除和修改时，也会带来意外的麻烦。

　　通过关系分解的方法可以消除部分依赖，对应的图书销售关系 TSXS 可分解成以下几个关系：

　　　　图书(书号，书名，出版社，单价，折扣)

　　　　操作员(操作员账号，姓名，密码)

　　　　销售(书号，操作员账号，数量)

　　(3) 第三范式(3NF)。设关系 $R \in 2NF$，且它的每一非主属性不传递依赖于主键，则该关系是符合第三范式的，记作 $R \in 3NF$。

　　若关系 R 中不存在非主属性对主属性的函数依赖，就一定不存在部分函数依赖，因此，一个关系若达到了第三范式，自然也就达到了第二范式。一个符合第三范式的关系必须具有以下 3 个条件：

　　① 每个属性的值唯一，不具有多义性；

　　② 每个非主属性必须完全依赖于整个主键，而非主键的一部分；

　　③ 每个非主属性不能依赖于其他关系中的属性。

　　从以上可知，2NF 可从 INF 关系消除非主属性对主键的部分函数依赖后获得，3NF 关系可从 2NF 关系消除非主属性对主键的传递函数依赖后获得。

　　规范化的过程就是通过关系的投影分解逐步提高关系范式等级的过程。从第一范式到第三范式，其过程可以表示如下：

$$1NF \xrightarrow[\text{部分函数依赖}]{\text{消除非主属性对主键的}} 2NF \xrightarrow[\text{传递函数依赖}]{\text{消除非主属性对主键的}} 3NF$$

一般情况下，3NF 关系排除了非主属性对于主键的部分函数依赖和传递函数依赖，把能够分离的属性尽可能分解为单独的关系。满足 3NF 的关系已能够清除数据冗余和各种异常，因此规范化到 3NF 就满足一般的需要了。规范化程度更高的还有 BCNF、4NF、5NF，但不常用。

任务实施

下面以图书管理系统的数据库设计为例，让读者进一步了解和掌握数据库设计的步骤。

子任务 1　需求分析

简单地说，需求分析的任务就是通过分析用户的业务流程，得到系统功能需求以及实现这些功能的数据要求。这项工作需要用户与设计者密切合作，把自己的要求通过某种方式告诉设计者，设计者把这些要求进行归纳总结，然后得出一套最合适的解决方案。需求分析的过程就是收集、分析资料的过程，和用户交流贯穿了这一过程的始终。需求分析阶段是整个数据库设计过程的前提和基础。本阶段的工作最烦琐、最困难也最耗时，但同时也最关键，将决定着整个数据库设计的效率与质量。经验表明，由于设计要求的不正确或误解，直到系统实施阶段才能发现许多错误，这样纠正起来要付出很大代价。因此，必须高度重视系统的需求分析。

需求分析的任务是通过详细调查现实世界中要处理的对象(组织、部门或企业等)，通过调查、分析用户活动，充分了解原系统(手工系统或计算机系统)的工作概况，明确用户的各种需求，然后在此基础上确定新系统的功能。

通过与图书管理人员进行沟通，我们了解到图书管理系统至少应该实现图书的借阅和归还等基本功能，进一步进行分析并按照分类、聚集、概括等数据抽象过程，明确系统中应该收集的数据项、相关实体以实体联系等，为绘制 E-R 图做准备。

子任务 2　绘制 E-R 图

1. 数据抽象过程

(1) 分类。分类就是定义某一类概念模型为现实世界中一组对象的抽象，这些对象具有某些相同的特征和行为。在 E-R 图中，实体集就是通过这样的抽象得来的。例如，将学校中的"张三""李四""王五"等具有学生共同特征的人定义为一类，并将这些对象抽象为学生实体。

(2) 聚集。聚集就是定义某实体(也称对象)的组成部分，它抽象了对象内部结构和对象内部组成部分等语义。若干属性组成了实体型。例如，把"学生"实体集中的学号、姓名、年龄和系别等属性聚集为实体型学生。

(3) 概括。概括定义了实体之间的一种子集联系，它抽象了类型之间所属的语义。

2. 绘制部分 E-R 图

根据图书管理系统的需求，绘制借阅者与书籍两类实体的 E-R 图，见图3-12。

子任务 3　确定数据模式

确定数据模式是以 E-R 图为基础的，将 E-R 图转换为数据模型(一般为关系模型)就完成了数据库逻辑结构设计的任务，为创建数据表做好准备。

关系模型的逻辑结构是一组关系模式的集合，而 E-R 图则是由实体、实体的属性和实体之间的联系 3 个要素组成的，所以将 E-R 图转换为关系模型实际上就是要将实体、实体的属性和实体之间的联系转化为关系模式。这种转换一般遵循如下原则：

(1) 一个实体型转换为一个关系模式。实体的属性就是关系的属性，实体的键就是关系的键。

(2) 一个 m∶n 联系转换为一个关系模式。与该联系相连的各实体的键以及联系本身的属性均转换为关系的属性，而关系的键为各实体键的组合。

例如在"学生选修课程"的例子中，"选修"联系是一个 m∶n 联系，可以将它转换为如下关系模式(其中学号与课程号为关系的组合键)：

选修(学号，课程号，成绩)

(3) 一个 1∶n 联系可以转换为一个独立的关系模式，也可以与 n 端对应的关系模式合并。如果转换为一个独立的关系模式，则与该联系相连的各实体的键以及联系本身的属性均转换为关系的属性，而关系的键为 n 端实体的键。

另一种方法是将其关系模式合并，即将 1 端实体的键作为 n 端实体的一个属性(一般可作为外键)。这种方法可以减少系统中的关系个数，一般情况下更倾向于采用这种方法。

(4) 一个 1∶1 联系可以转换为一个独立的关系模式，也可以与任意 1 端对应的关系模式合并。如果转换为一个独立的关系模式，则与该联系相连的各实体的键以及联系本身的属性均转换为关系的属性，每个实体的键均是该关系的候选键。如果与某端对应的关系模式合并，则需要在该关系模式的属性中加入另一个关系模式的键和联系本身的属性。

(5) 3 个或 3 个以上实体间的一个多元联系可转换为一个关系模式，与该多元联系相连的各实体的键以及联系本身的属性均转换为关系的属性，而关系的键为各实体键的组合。

(6) 同一实体集的实体间的联系，即自联系，也可按上述 1∶1、1∶n 和 m∶n 三种情况分别处理。

(7) 具有相同键的关系模式可合并。为了减少系统中的关系个数，如果两个关系模式具有相同的主键，可以考虑将它们合并为一个关系模式。合并方法是将其中一个关系模式的全部属性加入到另一个关系模式中，然后去掉其中的同义属性(可能同名也可能不同名)，并适当调整属性的次序。

根据上述转换原则，可得到图书管理系统的数据模式(关系模式)，具体如表 3-2～表 3-8 所示。

表 3-2　borrowers 表：存储读者信息

字段名称	数据类型	是否为空	完整性约束	说明
borr_id	char	not null	PK	借阅证编号
borr_name	char	not null		借阅者姓名
borr_sex	char	not null		借阅者性别
borr_age	int	not null		借阅者年龄
borr_pro	varchar	not null		借阅者专业
borr_pred	int	not null/default=1		借阅者诚信级别

表 3-3　books 表：存储书籍信息

字段名称	数据类型	是否为空	完整性约束	说明
book_id	char	not null	PK	书籍编号
book_name	varchar	not null		书籍名称
book_price	float	not null		书籍价格
book_author	char	not null		书籍作者
book_pub	varchar	not null		书籍出版社
book_num	int	not null		书籍数量
sort_id	char	not null	Foreign Key	书籍分类
book_entrance	datatime	null		书籍登记日期

表 3-4　book_sort 表：存储书籍分类信息

字段名称	数据类型	是否为空	完整性约束	说明
sort_id	char	not null	PK	类型编号
sort_name	varchar	not null		类型名称

表 3-5　borrows 表：存储读者的借书信息

字段名称	数据类型	是否为空	完整性约束	说明
borr_id	char	not null	PK/多字段主键 Foreign Key	借阅证编号
book_id	char	not null	PK/多字段主键 Foreign Key	书籍编号
borrow_date	datatime	null	PK/多字段主键	借书时间
expect_return_date	datetime	null		借书时间+最长借期

表 3-6　returns 表：存储读者的归还信息

字段名称	数据类型	是否为空	完整性约束	说明
borr_id	char	not null	PK/多字段主键 Foreign Key	借阅证编号
book_id	char	not null	PK/多字段主键 Foreign Key	书籍编号
borrow_date	datetime	null	PK/多字段主键	借书时间
return_date	datetime	null		实际还书时间

表 3-7   forfeits 表：存储读者的罚单信息

字段名称	数据类型	是否为空	完整性约束	说明
borr_id	char	not null	PK/多字段主键 Foreign Key	借阅证编号
book_id	char	not null	PK/多字段主键 Foreign Key	书籍编号
borrow_date	datetime	null	PK/多字段主键	借书时间
over_date	int	null		超期天数
pena_amount	float	null		处罚金额

表 3-8   manager 表：存储管理员的信息

字段名称	数据类型	是否为空	完整性约束	说明
manager_id	char	not null	PK	管理员编号
manager_name	char	not null		管埋员姓名
manager_age	int	not null		管理员年龄
manager_phone	char	not null		管理员电话

评价与考核

课程名称：数据库管理与应用	授课地点：	
学习任务：数据库设计	授课教师：	授课学时：
课程性质：理实一体	综合评分：	

知识掌握情况评分(35 分)				
序号	知识考核点	教师评价	配分	得分
1	数据模型的概念		7	
2	抽象与信息化		8	
3	联系类型		5	
4	关系模型的概念		5	
5	主键的概念及规范化		10	

工作任务完成情况评分(65 分)				
序号	能力操作考核点	教师评价	配分	得分
1	能完成抽象过程和信息化		20	
2	能绘制 E-R 图		10	
3	能将 E-R 图转换为关系模型		10	
4	能确定各关系的主键		15	
5	能将关系进行规范化		10	

违纪扣分(20 分)				
序号	违纪考核点	教师评价	配分	得分
1	课上吃东西		5	
2	课上打游戏		5	
3	课上打电话		5	
4	其他扰乱课堂秩序的行为		5	

任务 5　创建与管理数据库表

任务目标

(1) 熟悉关系模型及约束类型；
(2) 学会创建、管理数据库表；
(3) 掌握修改数据库表结构的方法。

任务准备

1. 关系模式

1) 关系

在关系模型中，一个关系对应一张二维表。关系是一种规范化的二维表，二维表的每一列都有一个名字，也称列标签、字段名，所有列标签、字段名形成的结构也称为表结构；二维表的每一行数据用于描述一个对象，行也可称为记录、元组。二维表及传统的数据文件有类似之处，但也有区别。作为关系的二维表必须满足下列性质：

(1) 同一属性(列)中的分量是相同类型的数据，即取自同一个域。
(2) 属性(列)的顺序可以是任意的。
(3) 元组(行)的顺序可以是任意的。
(4) 任意两个元组(两行)不能完全相同。
(5) 属性必须有不同的名称，但不同的属性可以取自相同的域。
(6) 所有属性必须都是不可分解的，即表中不允许有子表。

2) 关系模式

关系模式是对关系的描述，是一个关系的具体结构，即关系模式是型。它通常被形式化定义为 R (U,D,DOM,F,I)。其中，R 是关系名；U 为该关系中所有属性的集合；D 为该关系所有定义域的集合；DOM 是属性向域映射的集合，它给出属性和域之间的对应关系；F 是该关系中各属性之间数据依赖的集合；I 为该关系中所定义的完整性规则的集合。

在数据库系统中定义一个关系模式时，主要是给出关系名和所有属性名，其他都是辅助特性。例如，属性的域被作为属性的类型和长度来定义，其中自然包含了属性向域的映射。属性之间数据依赖的分析主要是找出关系的主键属性，关系完整性规则的建立是为了保证数据库数据的正确性和一致性。

因此，一个关系模式可以简化表示为 R(A1, A2, …, An)，其中 R 为关系名，A1、A2、…、An 为各属性名。

2. 约束类型

MySQL 的约束是指对数据表中数据的一种约束行为，约束主要完成对数据的合理性检验，保证数据的完整性、一致性等。约束类型与完整性有一定的对应关系。如果有相互依赖数据，参照完整性可保证不会因为对数据的操作而引起数据的不一致、不完整，而参照完整性可以用外键与主键建立的操作规则实现。MySQL 的约束主要包括主键约束、外键约束、唯一约束、非空约束和默认值约束。

1) 主键约束(Primary Key)

关系数据库有一个非常重要的运行机制，即为关系设置主键，它是数据库物理模式的基石。主键是关系中每一行在其上的投影(也就是取值)均不同的某字段或某些字段的组合。主键在物理层面上只有两个用途：唯一地标识一行和作为一个可以被外键有效引用的对象。通过它可实现实体完整性，消除数据表的部分冗余数据。一个数据表只能有一个主键约束(可以是复合主键)，并且主键约束中的字段不能接受空值。由于主键约束可保证数据的唯一性，因此经常对标识字段定义这种约束。可以在创建数据表时定义主键约束，也可以修改现有数据表的主键约束。

2) 外键约束(Foreign Key)

外键约束保证了数据库中各个数据表中数据的一致性和正确性。将一个数据表的一个字段或字段组合与其他数据表的主键字段建立链接并设置相应的操作规则，此时，我们称这个字段或字段组合为外键。在两表建立的这个链接基础上，我们称设置为主键的一方为主约束表，简称为主表，设置为外键的表称为外键约束表，简称为从表。可以在定义数据表时直接创建外键约束，也可以对现有数据表中的某一个字段或字段组合添加外键约束。

3) 唯一约束(Unique)

一个数据表只能有一个主键，如果有多个字段或者多个字段组合需要实施数据唯一性，可以采用唯一约束。可以对一个数据表定义多个唯一约束，唯一约束允许为 Null 值，但每个唯一约束字段只允许存在一个 Null 值。

4) 非空约束(Not Null)

指定为 Not Null 的字段不能输入 Null 值，数据表中出现 Null 值通常表示值未知或未定义，Null 值不同于零、空格或者长度为零的字符串。在创建数据表时，默认情况下，如果在数据表中不指定非空约束，那么数据表中的所有字段都可以为空的。由于主键约束字段必须保证字段是不为空的，因此要设置主键约束的字段一定要设置非空约束。

5) 默认值约束(Default)

默认值约束是用来约束当数据表中的某个字段不输入值时，自动为其添加一个已经设置好的值。可以在创建数据表时为字段指定默认值，也可以在修改数据表时为字段指定默认值。Default 约束定义的默认值仅在执行 Insert 操作插入数据时生效，一个字段至多有一个默认值，其中包括 Null 值。默认值约束通常用在已经设置了非空约束的字段，这样能够防止数据表在输入数据时出现遗漏错误。

任务实施

子任务 1　创建数据表

1. 前导知识

数据表属于数据库，在创建数据表之前，应该使用语句"USE <数据库名>"指定操作是在哪个数据库中进行的，如果没有选择数据库，会抛出"NO DATABASE SELECTED"的错误提示。表的创建命令需要有表的名称、字段名称，定义每个字段(类型、长度等)。

创建数据表需要用到 CREATE TABLE 语句，其语法格式是：

```
CREATE TABLE   <表名称>(
<字段名 1>   <数据类型>   [字段级约束]   [默认值],
<字段名 2>   <数据类型>   [字段级约束]   [默认值],
              ⋮
<字段名 N>   <数据类型>   [字段级约束]   [默认值]
[,表级约束]) ;
```

要创建的表的名称,不区分大小写,不能使用 SQL 语言中的关键字,如 DROP、ALTER、INSERT 等。如果创建多个列,要用逗号隔开。创建表还可以通过复制其他表的结构完成,此处不对这项内容进行拓展,感兴趣的读者可以参阅其他书籍自主学习。

1) 定义主键约束

主键约束(Primary Key Constraint)要求主键列的数据(值)在此关系中是唯一的，并且不允许为空。主键分为两种类型：单字段主键和多字段联合主键。

在定义字段的同时指定一个字段为主键的语法格式是：

```
<字段名><数据类型> PRIMARY KEY [默认值]
```

在定义完所有字段之后指定一个字段为主键的语法格式是：

```
[CONSTRAINT<主键约束名>] PRIMARY KEY. <字段名>
```

在定义完所有字段之后指定多个字段组合主键的语法格式是：

```
[CONSTRAINT<主键约束名>] PRIMARY KEY (<字段名 1>, <字段名 2>, …, <字段名 N>)
```

当主键为多字段联合主键时，不可以直接在相应字段名后面声明主键约束。

2) 定义唯一约束

唯一约束与主键约束的主要区别如下：

(1) 一个数据表可以有多个唯一约束，但主键约束只能有一个；

(2) 主键的字段不允许为空值 (NULL)，唯一约束的字段允许有空值(NULL)，但只能有一个空值。

(3) 唯一约束通常设置在主键以外的字段上，一旦创建后系统会默认将其保存在索引中。

在定义完字段后直接指定唯一约束的语法格式是：

```
<字段名> .<数据类型>   UNIQUE
```

在定义完所有字段后再指定唯一约束的语法格式是：

```
[CONSTRAINT<唯一约束名> ] UNIQUE (<字段名 1>, <字段名 2>, …)
```

唯一约束可以在一个数据表中设置多个字段，也可以类似联合主键一样设置联合唯一约束。

3) 定义非空约束

对于使用了非空约束的字段，如果用户在添加数据时没有指定值，数据库系统会报错。

定义非空约束的语法格式是：

```
<字段名><数据类型> NOT NULL
```

4) 定义外键约束

外键用来在两个表的数据之间建立链接，它可以是一列或者多列。一个表可以有一个或多个外键。表的外键可以与另外一张表的主键建立参照关系，所以外键对应的是参照完整性。一个表的外键可以为空值，若不为空值，则每一个外键值必须等于另一个表中主键的某个值。

主表(父表)：对于两个具有关联关系的表而言，相关联字段中主键所在的那个表即是主表。

从表(子表)：对于两个具有关联关系的表而言，相关联字段中外键所在的那个表即是从表。

创建外键的要求如下：

(1) 外键字段的数据类型、字符集等必须与父表中的主键一致。

(2) 添加外键的数据表的存储引擎必须是 InnoDB，否则外键添加成功，也不具备外键约束作用。

(3) 一张表中不能出现同名外键。

(4) 当外键字段中有值后，再添加外键时，已有的值必须在父表主键中有，否则无法创建成功。

定义外键约束的语法格式是：

　　[CONSTRAINT <外键约束名>] FOREIGN KEY (字段名 1[，字段名 2，…])
　　REFERENCES 　<主表名> (主键字段名 1 [，主键字段名 2，…])

注意：主键和外键是把多个表组织为一个有效的关系数据库的黏合剂。主键和外键的设计对物理数据库的性能和可用性都有着决定性的影响。一旦将所设计的数据库用于生产环境，就很难对这些键进行修改，所以在开发阶段就设计好主键和外键是非常必要和值得的。

5) 定义默认值约束

定义默认值约束的语法格式是：

　　<字段名> < 数据类型> DEFAULT < 默认值>

在定义默认值约束时如果默认值为字符类型，则要用半角引号将字符括起来。

6) 定义字段值自增长

在数据库应用中，经常希望在每次插入新记录时，系统自动生成字段的主键值。可以通过为表主键添加 AUTO_INCREMENT 关键字来实现。默认情况下，在 MySQL 中 AUTO_INCREMENT 的初始值是 1，每新增一条记录，字段值自动加 1。一个表只能有一个字段使用 AUTO_INCREMENT，且该字段必须为主键的一部分。AUTO_INCREMENT 约束的字段可以是任何整数类型(如 TINYINT、SMALLINT、INT、BIGINT 等)。

定义字段值自增长的语法格式是：

　　<字段名> < 数据类型> AUTO_INCREMENT

2. 任务内容

按照表 3-2、表 3-3、表 3-5 所示的结构，创建 borrowers 表、books 表和 borrows 表。注意同时定义各种约束，以及当前字符集和存储引擎对定义约束的影响。

3．实施步骤

(1) 启动 MySQL 服务器并登录。

(2) 在 MySQL 命令提示符后输入以下命令语句并执行，执行的部分结果如图 3-13、图 3-14 所示。

图 3-13　创建 borrowers 表

① 创建 borrowers 表的命令：

```
CREATE TABLE borrowers(
borr_id char(12)    NOT NULL PRIMARY KEY,
borr_name char(8) NOT NULL,
borr_sex    char(2) NOT NULL,
borr_age int NOT NULL,
borr_dept varchar(20 NOT NULL,
borr_pred    int    NOT NULL DEFAULT 1);
```

```
mysql> create table borrows(
    -> borr_id   char(12)  not null,
    -> book_id   char(13) not null,
    -> borrow_date   datetime  not null,
    -> expect_return_date datetime not null,
    -> primary key(borr_id,book_id,borrow_date),
    -> constraint borr_borr foreign key(borr_id)  references borrowers(borr_id));
Query OK, 0 rows affected (0.08 sec)

mysql> show tables;
+------------------+
| Tables_in_tsgl |
+------------------+
| books          |
| borrowers      |
| borrows        |
+------------------+
3 rows in set (0.00 sec)

mysql> show create table borrows;
+----------+-----------------------------------------------------------------------
| Table    | Create Table
+----------+-----------------------------------------------------------------------
| borrows | CREATE TABLE `borrows` (
  `borr_id` char(12) NOT NULL,
  `book_id` char(13) NOT NULL,
  `borrow_date` datetime NOT NULL,
  `expect_return_date` datetime NOT NULL,
  PRIMARY KEY (`borr_id`,`book_id`,`borrow_date`)
) ENGINE=MyISAM DEFAULT CHARSET=utf8 |
+----------+-----------------------------------------------------------------------
1 row in set (0.00 sec)

mysql>
```

图 3-14　创建 borrows 表

② 创建 books 表的命令：

CREATE TABLE books(

book_id   char(13)   NOT NULL PRIMARY KEY,

book_name varchar(30) NOT NULL,

book_price   decimal(8,2)   NOT NULL,

book_author   char(12)   NOT NULL,

book_pub   varchar(30)   NOT NULL,

book_num   tinyint   NOT NULL,

book_sort   char(4)   NOT NULL,

book_entrance   datetime);

③ 创建 borrows 表的命令：

CREATE TABLE borrows(

borr_id   char(12)   NOT NULL,

book_id   char(13)   NOT NULL,

borrow_date   datetime   NOT NULL,

expect_return_date   datetime   NOT NULL,

PRIMARY KEY(borr_id,book_id,borrow_date),

CONSTRAINT borr_borr FOREIGN KEY(borr_id) REFERENCES borrowers(borr_id),

CONSTRAINT borr_book FOREIGN KEY(book_id) REFERENCES books(book_id));

说明：如图 3-14 所示，在 borrows 表上创建的外键约束并未成功。从图中框线所示部分我们可以清楚地看到，当前的存储引擎是 MyISAM，这种存储引擎并不支持外键。因而要建立外键约束，必须修改表的存储引擎为 InnoDB。修改数据表的存储引擎使用的命令如图 3-15 所示。

图 3-15　修改数据表的存储引擎使用的命令

在修改数据表的存储引擎后，再使用"ALTER TABLE"命令为 borrows 表创建外键，结果如图 3-16 所示。

图 3-16　新增 borrows 表的 borr_id 字段为外键

（3）创建表成功后，使用语句查看数据表结构。

使用语句创建好数据表之后，可以查看表结构的定义，以确认表的定义是否正确。在 MySQL 中，查看表结构可以使用 DESCRIBE/DESC 和 SHOW CREATE TABLE 语句。

① 查看表基本结构语句 DESCRIBE/DESC。

DESCRIBE/DESC 语句可以查看表的字段信息，其中包括字段名、字段数据类型、是否为主键、是否有默认值等，其语法格式是：

　　　DESCRIBE 表名;或者简写为: DESC 表名;

② 查看表详细结构语句 SHOW CREATE TABLE。

SHOW CREATE TABLE 语句可以用来显示创建表时的 CREATE TABLE 语句，其语法格式是：

　　　SHOW CREATE TABLE　<表名>;

使用 SHOW CREATE TABLE 语句不仅可以查看创建表时的详细语句，还可以查看存储引擎和字符编码。如果显示的结果非常混乱，可在语句命令后加上参数 "\G"，可使显示结果更加直观，易于查看。

使用命令语句查看数据表结构的效果如图 3-16 所示。在图 3-16 中，上半部分使用的命令没有加参数 "\G"，下半部分使用的命令加上了参数 "\G"。

子任务 2　管理数据表

1. 前导知识

管理数据表包括对数据表的结构和数据表的内容进行管理，也包括对整个数据表进行操作。此处我们重点关注如何删除数据表，如何往数据表中插入数据，如何更新和删除数据，后续章节再详细讲解对数据表结构的操作以及查询操作等。

1) 使用语句删除数据表

删除数据表就是将数据库中已经存在的表从数据库中删除。注意在删除表的同时，表的定义和表中所有的数据均会被删除。因此，在对数据表进行删除操作前，最好对表中的数据做个备份，以免造成无法挽回的后果。

使用 DROP TABLE 可以一次删除一个或多个没有被其他表关联的数据表，其语法格式是：

　　　DROP TABLE [IF EXISTS] 表 1，表 2，…，表 n;

可选参数 "IF EXISTS" 用于在删除前判断删除的表是否存在，加上该参数后，再删除表时，如果表不存在，SQL 语句可以顺利执行，但是会发出警告(WARNING)。

注意：数据表之间在存在外键关联的情况下，如果直接删除父表，结果会显示失败，其原因是直接删除将破坏表的参照完整性。如果必须要删除，可以先删除与它关联的子表，再删除父表，只是这样同时删除了两个表中的数据。但有些情况下可能要保留子表，这时如要单独删除父表，只需将关联的表的外键约束条件取消，然后就可以删除父表。

2) 数据插入

在使用数据库之前，数据库中必须要有数据才有意义。MySQL 中使用 INSERT 语句向数据库表中插入新的数据记录。可以插入的方式主要有：插入完整的记录，插入记录的一部分，插入多条记录以及插入另一个查询的结果。下面将介绍这些内容。

使用基本的 INSERT 语句插入数据要求指定表名称和插入到新记录中的值。其基本语法格式是：

  INSERT INTO <表名> [(字段 1, 字段 2, …, 字段 N)] VALUES (数据 1, 数据 2, …, 数据 N);

注意：使用该语句时字段列和数据值的数量必须相同。如果数据是字符型的，必须使用单引号或者双引号将其引起来。

INSERT 语句还可以将 SELECT 语句查询的结果插入到表中，其基本语法格式是：

  INSERT INTO 目标数据表名(输入字段列表);

  SELECT (查询字段列表) FROM 查询数据表名 WHERE (条件);

输入字段列表必须和查询字段列表中的字段个数相同，数据类型相同。WHERE(条件)指的是查询的条件。

3) 数据删除

从数据表中删除数据使用 DELETE 语句，DELETE 语句允许 WHERE 子句指定删除条件。DELETE 语句基本语法格式如下：

  DELETE FROM 表名 [WHERE 条件];

如果没有指定 WHERE 子句，MySQL 表中的所有记录将被删除;可以在 WHERE 子句中指定任何条件，也可以在单个表中一次性删除记录。

4) 数据更新

表中有数据之后，接下来可以对数据进行更新操作，MySQL 中使用 UPDATE 语句更新表中的记录，可以更新特定的行或者同时更新所有的行，其基本语法结构是：

  UPDATE 表名 SET 字段 1=值 1, 字段 2=值 2, …, 字段 N=值 N [WHERE 条件]

可以同时更新一个或多个字段,且在 WHERE 子句中指定任何条件,但要保证 UPDATE 以 WHERE 子句结束，通过 WHERE 子句指定被更新的记录所需要满足的条件。如果忽略 WHERE 子句，MySQL 将更新表中所有的行。

2. 任务内容

(1) 在数据库 tsgl 中创建数据表 bookstmp。

(2) 删除数据表 bookstmp。

(3) 分别向数据表 borrowers、books、book_sort、borrows 中插入数据。

(4) 删除 book_sort 表中的两条记录(两行)。

(5) 更新 books 表中相应记录的书名、书的价格等信息。

3. 实施步骤

(1) 在数据库 tsgl 中创建数据表 bookstmp。

启动 MySQL 服务器并登录，在 MySQL 命令提示符后依次输入以下命令语句并执行，执行结果如图 3-17 所示。

```
CREATE TABLE bookstmp SELECT * FROM books;
SHOW CREATE TABLE bookstmp\G
```

```
mysql> create table bookstmp select * from books;
Query OK, 15 rows affected (0.01 sec)
Records: 15  Duplicates: 0  Warnings: 0

mysql> show create table bookstmp\G
*************************** 1. row ***************************
       Table: bookstmp
Create Table: CREATE TABLE `bookstmp` (
  `book_id` char(13) NOT NULL,
  `book_name` varchar(30) NOT NULL,
  `book_price` decimal(8,2) NOT NULL,
  `book_author` char(12) NOT NULL,
  `book_pub` varchar(30) NOT NULL,
  `book_num` tinyint(4) NOT NULL,
  `book_sort` char(4) NOT NULL,
  `book_entrance` datetime NOT NULL
) ENGINE=MyISAM DEFAULT CHARSET=utf8
1 row in set (0.00 sec)

mysql>
```

图 3-17　创建数据表 bookstmp

(2) 删除数据表 bookstmp。

在 MySQL 命令提示符后输入以下命令语句并执行，执行结果如图 3-18 所示。

```
DROP TABLE bookstmp;
```

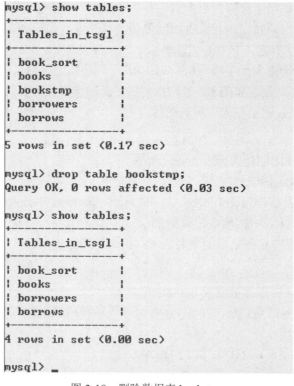

图 3-18　删除数据表 bookstmp

(3) 分别向数据表 borrowers、books、book_sort、borrows 中插入数据。

在 MySQL 命令提示符后依次输入以下命令语句并执行，执行结果如图 3-19 所示。

INSERT INTO borrows VALUES ("202093080023","9787300035949",20200306,20200506);

INSERT INTO borrows VALUES ("202093080023","9787302429159",20200306,20200506);

INSERT INTO borrows VALUES ("129772007032","9787302429159",20200306,20200506);

INSERT INTO borrows VALUES ("129772015001","9787570402076",20200306,20200506);

⋮

```
mysql> insert into borrows values("202093080023","9787300035949",20200306,20200506);
Query OK, 1 row affected (0.05 sec)

mysql> insert into borrows values("202093080023","9787302429159",20200306,20200506);
Query OK, 1 row affected (0.00 sec)

mysql> insert into borrows values("129772007032","9787302429159",20200306,20200506);
Query OK, 1 row affected (0.05 sec)

mysql> insert into borrows values("129772015001","9787570402076",20200306,20200506);
Query OK, 1 row affected (0.00 sec)

mysql> insert into borrows values("129772015010","9787570402090",20200306,20200506);
Query OK, 1 row affected (0.00 sec)
```

图 3-19　向数据表 borrows 中插入数据

(4) 删除 book_sort 表中的两条记录(两行)。

在 MySQL 命令提示符后输入以下命令语句并执行，即可删除 book_sort 表中的两条记录，结果如图 3-20 所示。

DELETE FROM book_sort WHERE sort_id="TT01" or sort_id="TT02";

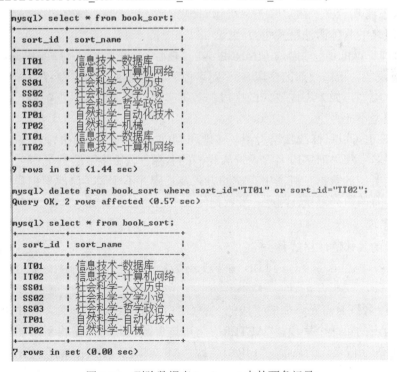

图 3-20　删除数据表 book_sort 中的两条记录

（5）更新 books 表中所有书的价格信息。

在 MySQL 命令提示符后输入以下命令语句并执行。

```
UPDATE books SET book_price=book_price*0.8;
```

子任务 3　修改数据表结构

1. 前导知识

修改表指的是修改数据库中已经存在的数据表的结构。MySQL 使用 ALTER TABLE 语句修改表。常用的修改表的操作有修改表名、修改字段数据类型或字段名、增加和删除字段、修改字段的排列位置、更改表的存储引擎、删除表的外键约束等。

1）修改表名

修改表名的具体语法格式是：

```
ALTER  TABLE  <旧表名>  RENAME  [TO] < 新表名>;
```

其中"TO"为可选参数，使用与否均不影响结果。

2）修改字段的数据类型

修改字段的数据类型就是把字段的数据类型转换成另一种数据类型，其具体的语法格式是：

```
ALTER  TABLE  <表名>  MODIFY  <字段名>  <数据类型>
```

其中"表名"指要修改数据类型的字段所在表的名称，"字段名"指需要修改的字段，"数据类型"指修改后字段的新数据类型。

3）修改字段名

修改字段名的具体语法格式是：

```
ALTER  TABLE  <表名>  CHANGE  <旧字段名>  <新字段名>  <新数据类型>;
```

其中，"旧字段名"指修改前的字段名；"新字段名"指修改后的字段名；"新数据类型"指修改后的数据类型，如果不需要修改字段的数据类型，可以将新数据类型设置成与原来一样，但数据类型不能为空。

CHANGE 也可以只修改数据类型，实现和 MODIFY 同样的效果，方法是将 SQL 语句中的"新字段名"和"旧字段名"设置为相同的名称，只改变"数据类型"。

由于不同类型的数据在机器中存储的方式及长度并不相同，修改数据类型可能会影响到数据表中已有的数据记录。因此，当数据库表中已经有数据时，不要轻易修改数据类型。

4）添加字段

添加字段的具体语法格式是：

```
ALTER  TABLE  <表名>  ADD (新字段名)(数据类型) [约束条件] [FIRST | AFTER 已存在字
段名];
```

其中，"新字段名"为需要添加的字段的名称；"FIRST"为可选参数，其作用是将新添加的字段设置为表的第一个字段；"AFTER"为可选参数，其作用是将新添加的字段添加到指定的"已存在字段名"的后面。"FIRST"或"AFTER 已存在字段名"用于指定新增字段在表中的位置，如果语句中没有这两个参数，则默认将新添加的字段设置为数据表的最后列。

5) 删除字段

删除字段是将数据表中的某个字段从表中移除，其具体语法格式是：

ALTER TABLE <表名> DROP <字段名>;

其中，"字段名"指需要从表中删除的字段的名称。

6) 修改字段的排列位置

对于一个数据表来说，在创建时，字段在表中的排列顺序就已经确定了。但表的结构并不是完全不可以改变的，可以通过 ALTER TABLE 来改变表中字段的相对位置，其具体语法格式是：

ALTER TABLE <表名> MODIFY <字段1> <数据类型> FIRST|AFTER <字段2>;

其中，"字段 1"指要修改位置的字段，"数据类型"指"字段 1"的数据类型，"FIRST"为可选参数，指将"字段 1"修改为表的第一个字段，"AFTER<字段 2>"指将"字段 1"插入到"字段 2"后面。

7) 修改表的存储引擎

修改表的存储引擎的语法格式是：

ALTER TABLE <表名> ENGINE=<更改后的存储引擎名>;

引擎的选择请参考项目三任务 3 的前导知识。

8) 修改表的各类约束

添加主键约束的语法格式是：

ALTER TABLE <表名> ADD PRIMARY KEY (字段名 1，字段名 2,…);

删除主键约束的语法格式是：

ALTER TABLE <表名> DROP PRIMARY KEY;

添加外键约束的语法格式是：

ALTER TABLE <表名> ADD CONSTRAINT <外键约束名> FOREIGN
     KEY (外键字段) REFERENCES 关联表名(关联字段);

删除外键约束的语法格式是：

ALTER TABLE <表名> DROP FOREIGN KEY <外键约束名> ;

添加唯一约束的语法格式是：

ALTER TABLE <表名> ADD CONSTRAINT <唯一约束名> UNIQUE (字段名);

删除唯一约束的语法格式是：

ALTER TABLE <表名> DROP INDEX < 唯一约束名> ;

2. 任务内容

(1) 在数据库 tsgl 中创建数据表 bookstmp。

(2) 为数据表 bookstmp 添加单字段主键。

(3) 为数据表 bookstmp 添加复合主键。

(4) 为数据表 bookstmp 添加备注字段。

(5) 改变字段 book_entrance 的数据类型。

(6) 将字段 book_num 改名为 book_number。

（7）给字段 book_entrance 添加默认值约束，并将默认值设为"20181210"。

（8）给表 bookstmp 增加新字段"book_xh"，并将此字段设置为自增字段。

3. 实施步骤

（1）在数据库 tsgl 中创建数据表 bookstmp：

在 MySQL 命令提示符后输入以下命令语句并执行：

```
CREATE TABLE bookstmp SELECT * FROM books;
```

（2）为数据表 bookstmp 添加单字段主键。

在 MySQL 命令提示符后输入以下命令语句并执行，结果如图 3-21 所示。

```
ALTER TABLE bookstmp ADD PRIMARY KEY(book_id);
```

```
mysql> show create table bookstmp\G
*************************** 1. row ***************************
       Table: bookstmp
Create Table: CREATE TABLE `bookstmp` (
  `book_id` char(13) NOT NULL,
  `book_name` varchar(30) NOT NULL,
  `book_price` decimal(8,2) NOT NULL,
  `book_author` char(12) NOT NULL,
  `book_pub` varchar(30) NOT NULL,
  `book_num` tinyint(4) NOT NULL,
  `book_sort` char(4) NOT NULL,
  `book_entrance` datetime NOT NULL
) ENGINE=MyISAM DEFAULT CHARSET=utf8
1 row in set (0.00 sec)

mysql> alter table bookstmp add primary key(book_id);
Query OK, 15 rows affected (0.29 sec)
Records: 15  Duplicates: 0  Warnings: 0

mysql> show create table bookstmp\G
*************************** 1. row ***************************
       Table: bookstmp
Create Table: CREATE TABLE `bookstmp` (
  `book_id` char(13) NOT NULL,
  `book_name` varchar(30) NOT NULL,
  `book_price` decimal(8,2) NOT NULL,
  `book_author` char(12) NOT NULL,
  `book_pub` varchar(30) NOT NULL,
  `book_num` tinyint(4) NOT NULL,
  `book_sort` char(4) NOT NULL,
  `book_entrance` datetime NOT NULL,
  PRIMARY KEY (`book_id`)
) ENGINE=MyISAM DEFAULT CHARSET=utf8
1 row in set (0.00 sec)
```

图 3-21　为数据表 bookstmp 添加单字段主键

（3）为数据表 bookstmp 添加复合主键。

在 MySQL 命令提示符后输入以下命令语句并执行，结果如图 3-22 所示。

```
ALTER TABLE bookstmp ADD PRIMARY KEY(book_id，book_sort);
```

```
mysql> alter table bookstmp add primary key(book_id,book_sort);
ERROR 1068 (42000): Multiple primary key defined
mysql> alter table bookstmp drop primary key;
Query OK, 15 rows affected (0.07 sec)
Records: 15  Duplicates: 0  Warnings: 0

mysql> alter table bookstmp add primary key(book_id,book_sort);
Query OK, 15 rows affected (0.10 sec)
Records: 15  Duplicates: 0  Warnings: 0

mysql> show create table bookstmp\G
*************************** 1. row ***************************
       Table: bookstmp
Create Table: CREATE TABLE `bookstmp` (
  `book_id` char(13) NOT NULL,
  `book_name` varchar(30) NOT NULL,
  `book_price` decimal(8,2) NOT NULL,
  `book_author` char(12) NOT NULL,
  `book_pub` varchar(30) NOT NULL,
  `book_num` tinyint(4) NOT NULL,
  `book_sort` char(4) NOT NULL,
  `book_entrance` datetime NOT NULL,
  PRIMARY KEY (`book_id`,`book_sort`)
) ENGINE=MyISAM DEFAULT CHARSET=utf8
1 row in set (0.01 sec)
```

图 3-22　为数据表 bookstmp 添加复合主键

注意：由于一个数据表只能有一个主键，如果数据表 bookstmp 中存在主键约束，则在没有删除已存在的主键约束之前，不能添加复合主键。

(4) 为数据表 bookstmp 添加备注字段。

在 MySQL 命令提示符后输入以下命令语句并执行，即可给数据表 bookstmp 添加备注字段，结果如图 3-23 所示。

ALTER TABLE bookstmp ADD beiju varchar(30) AFTER book_entrance;

```
mysql> alter table bookstmp add beiju varchar(30) after book_entrance;
Query OK, 15 rows affected (0.14 sec)
Records: 15  Duplicates: 0  Warnings: 0

mysql> show create table bookstmp\G
*************************** 1. row ***************************
       Table: bookstmp
Create Table: CREATE TABLE `bookstmp` (
  `book_id` char(13) NOT NULL,
  `book_name` varchar(30) NOT NULL,
  `book_price` decimal(8,2) NOT NULL,
  `book_author` char(12) NOT NULL,
  `book_pub` varchar(30) NOT NULL,
  `book_num` tinyint(4) NOT NULL,
  `book_sort` char(4) NOT NULL,
  `book_entrance` datetime NOT NULL,
  `beiju` varchar(30) DEFAULT NULL,
  PRIMARY KEY (`book_id`,`book_sort`)
) ENGINE=MyISAM DEFAULT CHARSET=utf8
1 row in set (0.00 sec)

mysql>
```

图 3-23　为数据表 bookstmp 添加备注字段

　　上述命令语句执行成功后，在数据表 bookstmp 中多了一个备注字段，字段名为 beiju，字段类型为 varchar(30)，如图 3-23 中的框线所示。

　　(5) 改变字段 book_entrance 的数据类型。

　　在 MySQL 命令提示符后输入以下命令语句并执行，结果如图 3-24 所示。

　　　　ALTER TABLE bookstmp MODIFY book_entrance date;

```
mysql> show create table bookstmp\G
*********************** 1. row ***********************
       Table: bookstmp
Create Table: CREATE TABLE `bookstmp` (
  `book_id` char(13) NOT NULL,
  `book_name` varchar(30) NOT NULL,
  `book_price` decimal(8,2) NOT NULL,
  `book_author` char(12) NOT NULL,
  `book_pub` varchar(30) NOT NULL,
  `book_num` tinyint(4) NOT NULL,
  `book_sort` char(4) NOT NULL,
  `book_entrance` datetime NOT NULL,
  `beiju` varchar(30) DEFAULT NULL,
  PRIMARY KEY (`book_id`,`book_sort`)
) ENGINE=MyISAM DEFAULT CHARSET=utf8
1 row in set (0.00 sec)

mysql> alter table bookstmp modify book_entrance date;
Query OK, 15 rows affected (0.11 sec)
Records: 15  Duplicates: 0  Warnings: 0

mysql> show create table bookstmp\G
*********************** 1. row ***********************
       Table: bookstmp
Create Table: CREATE TABLE `bookstmp` (
  `book_id` char(13) NOT NULL,
  `book_name` varchar(30) NOT NULL,
  `book_price` decimal(8,2) NOT NULL,
  `book_author` char(12) NOT NULL,
  `book_pub` varchar(30) NOT NULL,
  `book_num` tinyint(4) NOT NULL,
  `book_sort` char(4) NOT NULL,
  `book_entrance` date DEFAULT NULL,
  `beiju` varchar(30) DEFAULT NULL,
  PRIMARY KEY (`book_id`,`book_sort`)
) ENGINE=MyISAM DEFAULT CHARSET=utf8
1 row in set (0.02 sec)

mysql> _
```

图 3-24　改变字段 book_entrance 的数据类型

　　(6) 将字段 book_num 改名为 book_number。

　　在 MySQL 命令提示符后输入以下命令语句并执行，结果如图 3-25 所示。

　　　　ALTER TABLE bookstmp CHANGE book_num book_number tinyint(4) NOT NULL;

　　(7) 给字段 book_entrance 设置默认值约束，并将默认值设为"20181210"。

　　在 MySQL 命令提示符后输入以下命令语句并执行，结果如图 3-26 所示。

　　　　ALTER TABLE bookstmp CHANGE book_entrance book_entrance date DEFAULT 20181210;

```
mysql> show create table bookstmp\G
*********************** 1. row ***********************
       Table: bookstmp
Create Table: CREATE TABLE `bookstmp` (
  `book_id` char(13) NOT NULL,
  `book_name` varchar(30) NOT NULL,
  `book_price` decimal(8,2) NOT NULL,
  `book_author` char(12) NOT NULL,
  `book_pub` varchar(30) NOT NULL,
  `book_num` tinyint(4) NOT NULL,
  `book_sort` char(4) NOT NULL,
  `book_entrance` date DEFAULT NULL,
  `beiju` varchar(30) DEFAULT NULL,
  PRIMARY KEY (`book_id`,`book_sort`)
) ENGINE=MyISAM DEFAULT CHARSET=utf8
1 row in set (0.02 sec)

mysql> alter table bookstmp change book_num book_number tinyint(4) not null;
Query OK, 0 rows affected (0.02 sec)
Records: 0  Duplicates: 0  Warnings: 0

mysql> show create table bookstmp\G
*********************** 1. row ***********************
       Table: bookstmp
Create Table: CREATE TABLE `bookstmp` (
  `book_id` char(13) NOT NULL,
  `book_name` varchar(30) NOT NULL,
  `book_price` decimal(8,2) NOT NULL,
  `book_author` char(12) NOT NULL,
  `book_pub` varchar(30) NOT NULL,
  `book_number` tinyint(4) NOT NULL,
  `book_sort` char(4) NOT NULL,
  `book_entrance` date DEFAULT NULL,
  `beiju` varchar(30) DEFAULT NULL,
  PRIMARY KEY (`book_id`,`book_sort`)
) ENGINE=MyISAM DEFAULT CHARSET=utf8
1 row in set (0.00 sec)

mysql>
```

图 3-25 将字段 book_num 改名为 book_number

```
mysql> show create table bookstmp\G
*********************** 1. row ***********************
       Table: bookstmp
Create Table: CREATE TABLE `bookstmp` (
  `book_id` char(13) NOT NULL,
  `book_name` varchar(30) NOT NULL,
  `book_price` decimal(8,2) NOT NULL,
  `book_author` char(12) NOT NULL,
  `book_pub` varchar(30) NOT NULL,
  `book_number` tinyint(4) NOT NULL,
  `book_sort` char(4) NOT NULL,
  `book_entrance` date DEFAULT NULL,
  `beiju` varchar(30) DEFAULT NULL,
  PRIMARY KEY (`book_id`,`book_sort`)
) ENGINE=MyISAM DEFAULT CHARSET=utf8
1 row in set (0.00 sec)

mysql> alter table bookstmp change book_entrance book_entrance date default 20181210;
Query OK, 0 rows affected (0.02 sec)
Records: 0  Duplicates: 0  Warnings: 0

mysql> show create table bookstmp\G
*********************** 1. row ***********************
       Table: bookstmp
Create Table: CREATE TABLE `bookstmp` (
  `book_id` char(13) NOT NULL,
  `book_name` varchar(30) NOT NULL,
  `book_price` decimal(8,2) NOT NULL,
  `book_author` char(12) NOT NULL,
  `book_pub` varchar(30) NOT NULL,
  `book_number` tinyint(4) NOT NULL,
  `book_sort` char(4) NOT NULL,
  `book_entrance` date DEFAULT '2018-12-10',
  `beiju` varchar(30) DEFAULT NULL,
  PRIMARY KEY (`book_id`,`book_sort`)
) ENGINE=MyISAM DEFAULT CHARSET=utf8
1 row in set (0.03 sec)

mysql>
```

图 3-26 给字段 book_entrance 设置默认值约束

(8) 给表 bookstmp 增加新字段 "book_xh"，并将此字段设置为自增字段。

在 MySQL 命令提示符后输入以下命令语句并执行。

ALTER TABLE bookstmp ADD book_xh tinyint　NOT NULL　PRIMARY KEY auto_increment FIRST;

执行语句之前数据表 bookstmp 的结构如图 3-27 所示。

```
mysql> show create table bookstmp\G
*************************** 1. row ***************************
       Table: bookstmp
Create Table: CREATE TABLE `bookstmp` (
  `book_id` char(13) NOT NULL,
  `book_name` varchar(30) NOT NULL,
  `book_price` decimal(8,2) NOT NULL,
  `book_author` char(12) NOT NULL,
  `book_pub` varchar(30) NOT NULL,
  `book_number` tinyint(4) NOT NULL,
  `book_sort` char(4) NOT NULL,
  `book_entrance` date DEFAULT '2018-12-10',
  `beiju` varchar(30) DEFAULT NULL,
  PRIMARY KEY (`book_id`,`book_sort`)
) ENGINE=MyISAM DEFAULT CHARSET=utf8
1 row in set (0.03 sec)
```

图 3-27　数据表 bookstmp 的详细结构

执行语句之后数据表 bookstmp 的结构如图 3-28 所示。

```
mysql> alter table bookstmp add book_xh tinyint not null primary key auto_increment first;
Query OK, 15 rows affected (0.04 sec)
Records: 15  Duplicates: 0  Warnings: 0

mysql> show create table bookstmp\G
*************************** 1. row ***************************
       Table: bookstmp
Create Table: CREATE TABLE `bookstmp` (
  `book_xh` tinyint(4) NOT NULL AUTO_INCREMENT,
  `book_id` char(13) NOT NULL,
  `book_name` varchar(30) NOT NULL,
  `book_price` decimal(8,2) NOT NULL,
  `book_author` char(12) NOT NULL,
  `book_pub` varchar(30) NOT NULL,
  `book_number` tinyint(4) NOT NULL,
  `book_sort` char(4) NOT NULL,
  `book_entrance` date DEFAULT '2018-12-10',
  `beiju` varchar(30) DEFAULT NULL,
  PRIMARY KEY (`book_xh`)
) ENGINE=MyISAM AUTO_INCREMENT=16 DEFAULT CHARSET=utf8
1 row in set (0.00 sec)

mysql>
```

图 3-28　给表 bookstmp 添加自增字段

注意：一个数据表只能有一个自增字段，并且应将此字段设置为主键或主键的一部分。

评价与考核

课程名称：数据库管理与应用		授课地点：		
学习任务：创建与管理数据库表		授课教师：		授课学时：
课程性质：理实一体		综合评分：		
知识掌握情况评分(35分)				
序号	知识考核点	教师评价	配分	得分
1	关系模式的概念		7	
2	掌握各种约束类型		7	
3	掌握创建表的命令		7	
4	掌握修改表结构的命令		7	
5	掌握设置各类约束的命令		7	
工作任务完成情况评分(65分)				
序号	能力操作考核点	教师评价	配分	得分
1	能确定关系模式		5	
2	能够设置各种约束		15	
3	能够使用命令创建表		10	
4	能够用命令修改表结构		15	
5	能够正确分析与处理异常		20	
违纪扣分(20分)				
序号	违纪考核点	教师评价	配分	得分
1	课上吃东西		5	
2	课上打游戏		5	
3	课上打电话		5	
4	其他扰乱课堂秩序的行为		5	

数据库与人生

　　数据库的设计范式是数据库设计所需要满足的规范，满足这些规范的数据库是简洁的、结构明晰的，同时不会发生插入(insert)、删除(delete)和更新(update)操作异常。反之则乱七八糟，不仅给数据库的编程人员制造麻烦，而且可能存储了大量不需要的冗余信息。

　　"没有规矩，不成方圆"，不仅数据库设计如此，现实生活中，规则是社会有序运行的基础，是社会和谐的"底座"，是社会公平正义的重要保障，也是一个人立身处世的底线。规则受尊重，社会才有良序。同学们要养成遵守规则的好习惯，上网遵守上网的规则，在路上遵守交通规则，等等。人们要想实现预期的目标，就必须按其规则行事，否则就会遭到惩罚，给自己和社会带来麻烦和损失。

任务测试模拟试卷

一、单项选择题

1. 下列关于 E-R 图向关系模式转换的描述中，正确的是(　　)。

A. 一个多对多的联系可以与任意一端实体对应的关系合并

B. 三个实体间的一个联系可以转换为三个关系模式

C. 一个一对多的联系只能转换为一个独立的关系模式

D. 一个实体型通常转换为一个关系模式

2. 下列关于 SQL 的叙述中，正确的是(　　)。

A. SQL 是专供 MySQL 使用的结构化查询语言

B. SQL 是一种过程化的语言

C. SQL 是关系数据库的通用查询语言

D. SQL 只能以交互方式对数据库进行操作

3. 在 CREATE TABLE 语句中，用来指定外键的关键字是(　　)。

A. CONSTRAINT

B. PRIMARY KEY

C. FOREIGN KEY

D. CHECK

4. 指定一个数据库为当前数据库的 SQL 语句的语法格式是(　　)。

A. CREATE DATABASE db_name;

B. USE db_name;

C. SHOW DATABASES;

D. DROP DATABASE db_name;

5. 下列关于空值的描述中，正确的是(　　)。

A. 空值等同于数值 0

B. 空值等同于空字符串

C. 空值表示无值

D. 任意两个空值均相同

6. 在 MySQL 中，关键字 AUTO_INCREMENT 用于为列设置自增属性，能够设置该属性的数据类型是(　　)。

A. 字符串类型

B. 日期类型

C. 整型

D. 枚举类型

7. 下列关于 PRIMARY KEY 和 UNIQUE 的描述中，错误的是(　　)。

A. 两者都要求属性值唯一，故两者的作用完全一样

B. 每个表上只能定义一个 PRIMARY KEY 约束

C. 每个表上可以定义多个 UNIQUE 约束

D. 建立 UNIQUE 约束的属性列上，允许属性值为空

8. 下列不属于数据库设计阶段的工作是(　　　)。

A. 详细结构设计

B. 概念结构设计

C. 逻辑结构设计

D. 物理结构设计

9. 设有 E-R 图含有 A、B 两个实体，A、B 之间联系的类型是 m：n，则将该 E-R 图转换为关系模式时，关系模式的数量是(　　　)。

A. 3

B. 2

C. 1

D. 4

10. 设有借书信息表，结构如下：

借书信息(借书证号，借书人，住址，联系电话，图书号，书名，借书日期)

设每个借书人一本书只能借一次，则该表的主键是(　　　)。

A. 借书证号，图书号

B. 借书证号

C. 借书证号，借书人

D. 借书证号，图书号，借书日期

11. 下列关于 MySQL 数据库的叙述中，错误的是(　　　)。

A. 执行 ATLER DATABASE 语句更改参数时，不影响数据库中的现有对象

B. 执行 CREATE DATABASE 语句后，创建了一个数据库对象的容器

C. 执行 DROP DATABASE 语句后，数据库中的对象同时被删除

D. CREATE DATABASE 与 CREATE SCHEMA 的作用相同

12. 在使用 MySQL 进行数据库程序设计时，若需要支持事务处理应用，其存储引擎应该是(　　　)。

A. InnoDB

B. MyISAM

C. MEMORY

D. CSV

13. CHECK(score>=0 AND score<=100)，关于该表达式，下列叙述中错误的是(　　　)。

A. CHECK 是能够单独执行的 SQL 语句

B. 该表达式定义了对字段 score 的约束

C. score 的取值范围为 0～100(包含 0 和 100)

D. 更新表中数据时，检查 score 的值是否满足 CHECK 约束

14. 修改表中数据的命令是(　　　)。

A. UPDATE

B. ALTER TABLE

C. REPAIR TABLE

D. CHECK TABLE

15. 根据关系模式的完整性规则，以下关于主键的叙述中正确的是(　　)。

A. 主键不能包含两个字段

B. 主键不能作为另一个关系的外键

C. 主键不允许取空值

D. 主键可以取重复值

16. 1NF、2NF、3NF 之间的关系是(　　)。

A. 1NF$\subset$2NF$\subset$3NF

B. 3NF$\subset$2NF$\subset$1NF

C. 1NF$\subset$2NF$\subset$3NF

D. 3NF$\subset$2NF$\subset$1NF

17. 在 SQL 语言按功能的分类中，不包括(　　)。

A. DDL

B. DML

C. DCL

D. DLL

18. 在使用 ALTER TABLE 修改表结构时，关于 CHANGE 和 MODIFY 两子句的描述中，不正确的是(　　)。

A. CHANGE 后面需要写两次列名，而 MODIFY 后面只写一次

B. 两种方式都可用于修改某个列的数据类型

C. 都可以使用 FIRST 或 AFTER 来修改列的排列顺序

D. MODIFY 可用于修改某个列的名称

项目四 MySQL 查询

当数据库中有了数据之后，我们可以通过对数据进行修改和删除等操作来实现一些功能。在数据库中还有一个更重要的操作就是查询数据，查询数据是指从数据库中获取所需要的数据，用户可以根据自己对数据的需求来查询不同的数据。本项目将讲解如何从数据库中查询自己所需的数据。

本项目以 tsgl 数据库为例，学习与查询操作相关的理论知识以及如何书写查询语句完成查询任务。

任务6 掌握基本查询语句结构

任务目标

(1) 理解查询与关系运算；
(2) 理解查询语句的语法格式；
(3) 熟悉查询动作的分析与查询语句的书写方法。

任务准备

1. 查询与关系运算

MySQL 是关系型数据库管理系统，它用于存放数据的载体是关系，即二维表。查询的主要操作对象是数据表，查询数据与关系运算有非常紧密的联系。下面简单介绍三种关系运算。

1) 选择

选择(Selection)运算是指在关系中选择满足某种条件的元组。其中的条件是以逻辑表达式给出的，使得逻辑表达式的值为真的元组将被选取。这是从行的角度进行的运算，即水平方向抽取元组。经过选择运算得到的结果元组可以形成新的关系，其关系模式不变，但其中元组的数目小于等于原来关系中元组的个数，它是原关系的一个子集。

例如：从 books 表中查询清华大学出版社出版的书籍。

books 表的关系模式如下：books(book_id,book_name,book_price,book_author,book_pub, book_num,book_sort,book_entrance)。

现在查询的数据是清华大学出版社出版的书，即书(实体)的属性"book_pub"存储的信息为"清华大学出版社"。这时的逻辑表达式是：book_pub="清华大学出版社"。

2) 投影

投影(Projection)运算是指从关系中挑选出若干属性组成新的关系。这是从列的角度进行的运算，相当于对关系进行垂直分解。经过投影运算可以得到一个新关系，其关系模式所包含的属性个数往往比原关系少，或者属性的排列顺序不同。因此，投影运算提供了垂直调整关系的手段。如果新关系中包含重复元组，则要删除重复元组。

例如：从 books 表中查询所有书籍的 book_id, book_name,book_price,book_author 等四个方面的信息。

books 表的关系模式如下：books(book_id,book_name,book_price,book_author,book_pub,book_num,book_sort,book_entrance)。

现在查询的数据只是书籍的前四列信息，不查询其他列的信息。

3) 连接

连接(Join)运算是指从两个关系(R,S)的笛卡尔积中选取属性间满足一定条件的元组。连接运算中有两种最为重要也最为常用的连接：一种是等值连接(Equi-join)，另一种是自然连接(Natural Join)。

等值连接是指从关系 R 与 S 的笛卡尔积中选取关系 R 中的 A 属性值和关系 S 中的 B 属性值相等的那些元组。

自然连接是一种特殊的等值连接，它要求两个关系中进行比较的分量必须是相同的属性组，并且要在结果中把重复的属性去掉。其计算过程如下：

第一步，计算 R×S，即 R 与 S 的笛卡尔积。

第二步，设 R 和 S 的公共属性是 A1, …, Ak，挑选 R×S 中满足 R.A1=S.A1, …, R.Ak=S.Ak 的那些元组。

第三步，去掉 S.A1,…,S.Ak 的那些列。如果两个关系中没有公共属性，那么其自然连接就转化为笛卡尔积操作。

例如：计算连接运算时各个步骤产生的表，已知两个关系如表 4-1 和表 4-2 所示。其计算过程如下：

表 4-1　关系 R

学号	姓名	班级
1	张亮	计科 1701 班
4	王刚	电子 1801 班
7	李明	电子 1801 班

表 4-2　关系 S

班级	辅导员	联系电话
计科 1701 班	田志颖	13007188976
电子 1801 班	刘华强	18971167576

第一步，计算关系 R 与 S 的笛卡尔积，如表 4-3 所示。

表 4-3 关系 R 与 S 的笛卡尔积

R			S		
学号	姓名	班级	班级	辅导员	联系电话
1	张亮	计科 1701 班	计科 1701 班	田志颖	13007188976
1	张亮	计科 1701 班	电子 1801 班	刘华强	18971167576
4	王刚	电子 1801 班	计科 1701 班	田志颖	13007188976
4	王刚	电子 1801 班	电子 1801 班	刘华强	18971167576
7	李明	电子 1801 班	计科 1701 班	田志颖	13007188976
7	李明	电子 1801 班	电子 1801 班	刘华强	18971167576

第二步，执行选择即等值条件"R.班级=S.班级"后，得到的结果如表 4-4 所示。

表 4-4 执行选择后的结果

R			S		
学号	姓名	班级	班级	辅导员	联系电话
1	张亮	计科 1701 班	计科 1701 班	田志颖	13007188976
4	王刚	电子 1801 班	电子 1801 班	刘华强	18971167576
7	李明	电子 1801 班	电子 1801 班	刘华强	18971167576

第三步，删除重复的列"班级"，得到的结果如表 4-5 所示。

表 4-5 删除重复的列后的结果

学号	姓名	班级	辅导员	联系电话
1	张亮	计科 1701 班	田志颖	13007188976
4	王刚	电子 1801 班	刘华强	18971167576
7	李明	电子 1801 班	刘华强	18971167576

在查询的过程中，这三种关系运算的执行顺序为：先连接，再选择，最后投影。

2. 查询语句的语法格式

数据查询不应只是简单查询数据库中存储的数据，还应根据需要对数据进行筛选、分类汇总、排序，以及确定数据以什么样的格式显示等。MySQL 提供了功能强大、灵活的语句来实现这些操作。

MySQL 从数据表中查询数据的基本语句是 SELECT 语句，SELECT 语句是 SQL 语句中使用频度最高的语句。SELECT 语句的基本语法格式如下：

SELECT [DISTINCT] *| 字段名表达式 1, 字段名表达式 2,…, 字段名表达式 n

FROM 数据源

[WHERE 条件表达式 1]

[GROUP BY 分类依据 1[,分类依据 2[…,分类依据 n]] [HAVING 条件表达式 2]]

[ORDER BY 排序依据 1 [ASC|DESC] [,排序依据 2[ASC|DESC]…]

[LIMIT [OFFSET,] 记录数]

;

从这个基本语法格式看，SELECT 语句有些复杂。前面我们讲过，SELECT 语句是 SQL

语句中使用频度最高的语句，要掌握 SELECT 语句，必须从其结构入手，理解它的每一子句的含义。

(1) SELECT　[DISTINCT]　* | 字段名表达式 1，字段名表达式 2，…，字段名表达式 n：这是 SELECT 语句的第一部分，是必选部分，此部分表明从数据源中查询哪些字段，最终获得哪些信息，也就是查询结果，并以关系模式的方式呈现。也就是说，查询结果是一个关系。其中，通配符"*"表示所有字段，如果不是查询所有字段，则以字段名表达式的方式列出需要查询的信息。字段名表达式可以是字段名，也可以是包含字段名的表达式，如只查询 book_id 的前 7 个字符，则此处的字段名表达式为 substr(book_id,1,7)。多个字段名表达式之间用逗号隔开。

DISTINCT 是可选项，用于删除查询结果中重复的数据。

此部分是列向操作，对应于关系运算中的投影运算。

输入如下语句并执行：

    SELECT substr(book_id,1,7),book_name FROM books;

执行结果如图 4-1 所示。

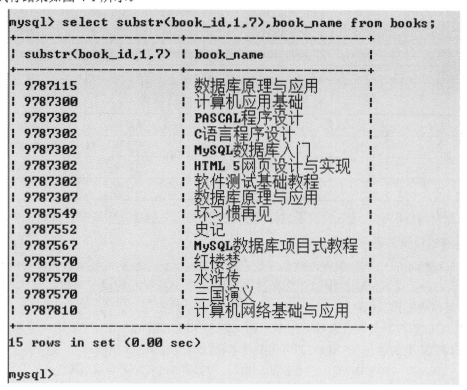

图 4-1　字段名表达式查询某字段的一部分

(2) FROM　数据源：此项为必选项(对于查询表而言)，用于指明查询数据的来源。数据源一般为数据表或视图。如果数据源有多个，则数据表名或视图名之间用逗号隔开。多个数据表或视图之间在此可进行连接运算。

(3) [WHERE　条件表达式 1]：可选项，如果选择该项，则只从数据源中挑选满足条件的元组。这一部分属于行向操作，其实就是关系运算中的选择。

（4）[GROUP BY 分类依据 1[,分类依据 2[…,分类依据 n]]　[HAVING 条件表达式 2]]：该子句也是可选项，如果使用此选项，则可以对查询结果进行分类汇总，分类依据可以是多个，多个分类依据用逗号隔开，分类依据可以是一个字段，也可以是字段的某一部分。此时，第一部分，即查询结果只能包含分类依据或聚合函数得到的统计项。此部分的"[HAVING 条件表达式 2]"是可选项，只能跟在"GROUP BY"的后面，不能单独出现。如果在"GROUP BY"的后面加上此项，则可在分类汇总后的结果中挑选满足条件的行。注意，此选择是在分类汇总完成后进行的，而 WHERE 子句的选择是在分类汇总之前完成的。

（5）[ORDER BY 排序依据 1 [ASC|DESC] [,排序依据 2[ASC|DESC]…]：该子句是可选项，如果使用此选项，则可以对查询结果进行排序，排序的依据可以是多项，用逗号隔开。"[ASC|DESC]"是可选项，ASC 表示升序，DESC 表示降序，默认为升序。

（6）[LIMIT [OFFSET,] 记录数]：此子句是可选项，使用此选项，只显示上述查询动作完成后最后显示出来的数据条数。如只显示前 3 行，则此选项应为 LIMIT 3。

注意：语法格式的最后一行是一个语句结束符"；"，所有逗号以及最后的分号都是英文标点符号。

3. 查询动作的分析与查询语句的编写

1）查询动作的分析

（1）要明确操作对象和查询结果，并找到两者之间的联系，也就是用一张表还是多张表才能完成查询任务，查询的结果需要汇总还是不需要汇总等。

（2）要明确查询结果是一个数据表(关系)，也就是一个记录的集合。一些特殊的集合要重视，即空集、只有一个元素的集合等。在后期对查询结果进行处理时，需要用元素与集合的关系来描述某些条件。

2）查询语句的书写

在将查询语句各子句与关系运算对应起来的前提条件下，进一步明确查询语句各子句的执行次序，对于查询语句的书写有很大的帮助。

请大家思考一下，如果查询语句 SELECT 的上述全部子句都出现，它们的执行次序应该是怎样的？

任务实施

对于单表进行简单查询，是学习查询语句的基础。下面通过完成简单任务，学习如何运用 SELECT 语句完成对单表的简单查询。

子任务 1　基本查询语句结构

1. 前导知识

基本查询语句只需包括两个子句，即 SELECT 和 FROM。其语法格式如下：

基本查询语句结构

```
SELECT   [DISTINCT]   * | 字段名表达式 1, 字段名表达式 2,…, 字段名表达式 n
FROM   数据表名；
```

如前所述，当查询数据表中所有列时，既可以使用通配符“*”，也可将表中所有的字段名都列出来。如果数据表比较复杂，字段名比较多，此时建议使用通配符代替所有的列名。

当只查询数据表中某些列时，不可使用通配符方式，只能一一列出每一个字段名。注意，字段名之间需用逗号隔开。

当需要去掉查询结果中的重复项时，需使用 DISDINCT 选项。注意，DISTINCT 选项并非只作用于紧跟其后的字段表达式，而是其后所有的字段表达式，因此只有此选项后所有字段表达式的数据均分别相等的两行才能称为重复项。

例如，已知数据表的数据如下：

book_pub	book_name
清华大学出版社	计算机应用基础
清华大学出版社	数据库原理与应用

则执行语句 SELECT DINSTINCT book_pub,book_name …后的结果如下：

book_pub	book_name
清华大学出版社	计算机应用基础
清华大学出版社	数据库原理与应用

因为这两行并非重复数据。

2．任务内容

(1) 查询 books 表中所有书籍的信息。

(2) 查询 books 表中的书是哪几家出版社的。

(3) 查询每本书的书名、价格、作者和相关出版社。

3．实施步骤

启动并登录 MySQL 服务器，在 MySQL 命令提示符后完成以下操作。注意本书的所有操作默认以“tsgl”数据库作为操作对象。

(1) 查询 books 表中所有书籍的信息。

通过分析，此查询的数据来源于数据表 books，且需要查询表中所有的列，因此输入以下命令语句并执行：

```
SELECT * FROM books;
```

执行结果如图 4-2 所示。

```
mysql> select * from books;
+---------------+------------------------+------------+-------------+--------------------+----------+-----------+---------------------+
| book_id       | book_name              | book_price | book_author | book_pub           | book_num | book_sort | book_entrance       |
+---------------+------------------------+------------+-------------+--------------------+----------+-----------+---------------------+
| 9787115139350 | 数据库原理与应用       |      33.00 | 于小川      | 人民邮电出版社     |        3 | IT01      | 2015-10-20 00:00:00 |
| 9787300035949 | 计算机应用基础         |      42.00 | 杨明福      | 机械工业出版社     |       10 | TP01      | 2020-10-01 00:00:00 |
| 9787302020043 | PASCAL程序设计         |      19.50 | 郑启华      | 清华大学出版社     |        6 | TP01      | 2019-10-01 00:00:00 |
| 9787302037914 | C语言程序设计          |      24.00 | 谭浩强      | 清华大学出版社     |        5 | TP01      | 2019-10-01 00:00:00 |
| 9787302387954 | MySQL数据库入门        |      40.00 | 传智播客    | 人民邮电出版社     |        8 | IT01      | 2016-10-20 00:00:00 |
| 9787302402886 | HTML 5网页设计与实现   |      39.80 | 徐琴        | 清华大学出版社     |        5 | IT02      | 2019-12-01 00:00:00 |
| 9787302429159 | 软件测试基础教程       |      39.00 | 曾文        | 清华大学出版社     |        2 | IT02      | 2019-12-01 00:00:00 |
| 9787307055674 | 数据库原理与应用       |      28.00 | 龙峥        | 武汉大学出版社     |        6 | IT01      | 2019-10-10 00:00:00 |
| 9787549341771 | 坏习惯再见             |      19.80 | 阳光        | 江西高校出版社     |        5 | SS03      | 2019-12-01 00:00:00 |
| 9787552264098 | 史记                   |      26.80 | 刘青文      | 北京教育出版社     |        8 | SS01      | 2018-05-01 00:00:00 |
| 9787567419162 | MySQL数据库项目式教程  |      39.50 | 叶欣        | 东北大学出版社     |        5 | IT01      | 2012-01-01 00:00:00 |
| 9787570402076 | 红楼梦                 |      29.80 | 曹雪芹      | 北京教育出版社     |       10 | SS02      | 2018-05-01 00:00:00 |
| 9787570402090 | 水浒传                 |      29.80 | 施耐庵      | 北京教育出版社     |       10 | SS02      | 2018-05-01 00:00:00 |
| 9787570402106 | 三国演义               |      29.80 | 罗贯中      | 北京教育出版社     |       10 | SS02      | 2018-05-01 00:00:00 |
| 9787810940392 | 计算机网络基础与应用   |      28.80 | 李旸        | 电子科技大学出版社 |        3 | IT02      | 2019-09-30 00:00:00 |
+---------------+------------------------+------------+-------------+--------------------+----------+-----------+---------------------+
15 rows in set (0.18 sec)
```

图 4-2　查询 books 表中所有书籍的信息

(2) 查询 books 表中的书是哪几家出版社的。

经过分析，此查询的数据来源于 books 表，且只用查询出版社这一列的信息。因此输入以下命令语句并执行：

　　SELECT book_pub FROM books;

执行结果如图 4-3 所示。

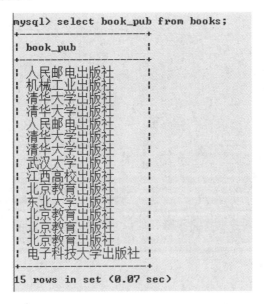

图 4-3　查询 books 表中的书是哪几家出版社的

从图 4-3 中我们可以看出，有些信息是重复的，没有必要多次出现在查询结果中，所以此处可以使用 DISTINCT 去掉重复数据。注意，在数据表中，重复数据是指相同的行，即只有两行中每列数据均相同，这两行才能称为重复数据。输入以下命令语句并执行：

　　SELECT DISTINCT book_pub FROM books;

执行结果如图 4-4 所示。

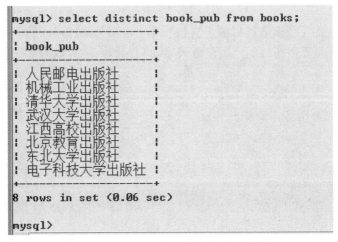

图 4-4　加入 DISTINCT 选项，去掉重复项

从此操作中我们可以看出，查询功能在对表进行检索时，是一行一行进行的，这一点

请大家关注。

(3) 查询每本书的书名、价格、作者和相关出版社。

通过分析，输入以下命令语句并执行：

　　　　SELECT book_name,book_price,book_author,book_pub FROM books;

执行结果如图 4-5 所示。

```
mysql> select book_name,book_price,book_author,book_pub from books;
+-----------------------+------------+-------------+---------------------+
| book_name             | book_price | book_author | book_pub            |
+-----------------------+------------+-------------+---------------------+
| 数据库原理与应用       |      33.00 | 于小川      | 人民邮电出版社      |
| 计算机应用基础         |      42.00 | 杨明福      | 机械工业出版社      |
| PASCAL程序设计         |      19.50 | 郑启华      | 清华大学出版社      |
| C语言程序设计          |      24.00 | 谭浩强      | 清华大学出版社      |
| MySQL数据库入门        |      40.00 | 传智播客    | 人民邮电出版社      |
| HTML 5网页设计与实现   |      39.80 | 徐琴        | 清华大学出版社      |
| 软件测试基础教程       |      39.00 | 曾文        | 清华大学出版社      |
| 数据库原理与应用       |      28.00 | 龙峰        | 武汉大学出版社      |
| 坏习惯再见             |      19.80 | 阳光        | 江西高校出版社      |
| 史记                   |      26.80 | 刘青文      | 北京教育出版社      |
| MySQL数据库项目式教程  |      39.50 | 叶欣        | 东北大学出版社      |
| 红楼梦                 |      29.80 | 曹雪芹      | 北京教育出版社      |
| 水浒传                 |      29.80 | 施耐庵      | 北京教育出版社      |
| 三国演义               |      29.80 | 罗贯中      | 北京教育出版社      |
| 计算机网络基础与应用   |      28.80 | 李旸        | 电子科技大学出版社  |
+-----------------------+------------+-------------+---------------------+
15 rows in set (0.07 sec)

mysql> _
```

图 4-5　查询每本书的书名、价格、作者和相关出版社

简单查询

子任务 2　简单查询

在学习了基本查询语句结构后，下面通过几个简单查询进一步学习 SELECT 子句的一些变化。

1. 前导知识

SELECT 子句的字段名表达式除了直接书写字段名外，还可以是一个表达式。如果字段名表达式太长或想要用另外的字段名替代当前列标签，则可以给字段表达式起别名。其语法格式如下：

　　　　SELECT 字段表达式 1 [[as] 别名 1],…,字段名表达式 n [[as] 别名 n]

　　　　FROM 数据表名 [[as] 别名];

2. 任务内容

(1) 查询 books 表中所有出版社的简称，即将"出版社"三个字从查询结果中去掉。如"清华大学出版社"只显示"清华大学"。

(2) 查询每位借阅者的姓氏信息(假设每个借阅者的姓氏只有一个字)。

3. 实施步骤

启动并登录 MySQL 服务器，在 MySQL 命令提示符后完成以下操作。

(1) 查询 books 表中所有出版社的简称，即将"出版社"三个字从查询结果中去掉。如

"清华大学出版社"只显示"清华大学"。

通过分析，输入以下命令语句并执行：

SELECT substr(book_pub,1,locate("出版社",book_id)-1) FROM books;

执行结果如图 4-6 所示。

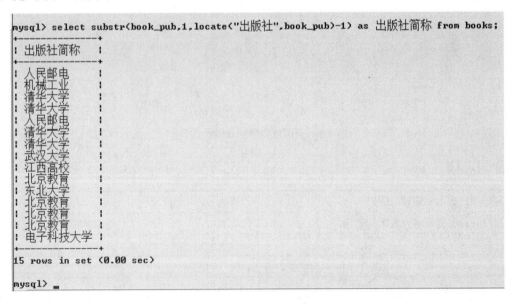

图 4-6　查询 books 表中所有出版社的简称

从查询结果可以看出，此字段表达式很长，可给它起个别名，以简化列标签。将上述语句修改并重新执行后的结果如图 4-7 所示。

图 4-7　给字段表达式起别名

说明：在此语句中，字段表达式看起来有些复杂。"substr(book_pub,1,locate("出版社", book_id)-1)"是运用两个函数 substr、locate 的嵌套来截取 book_pub 中的部分字符。此处简单介绍一下这两个函数。

　　函数 substr 原型：substr(string，start，n)，此函数的基本功能是从"string"中截取从"start"开始的长度为"n"的子串；函数 locate 原型：locate(substring,string)，此函数的基本功能是在字符串"string"中定位子串"substring"出现的起始位置。如：locate("出版社", "清华大学出版社")的返回值为 5；substr("清华大学出版社",1, locate("出版社","清华大学出版社")-1)的返回值就是"清华大学"。此类函数的详细介绍请参阅其他章节或其他相关书籍。

　　(2) 查询每位借阅者的姓氏信息(假设每个借阅者的姓氏只有一个字)。

　　经过分析，此查询的数据源是数据表 borrowers，查询结果只是此表中"borr_name"列的一部分。输入以下命令语句并执行：

　　　　SELECT substr(borr_name,1,1) as 姓 FROM borrowers;

　　执行结果如图 4-8 所示。

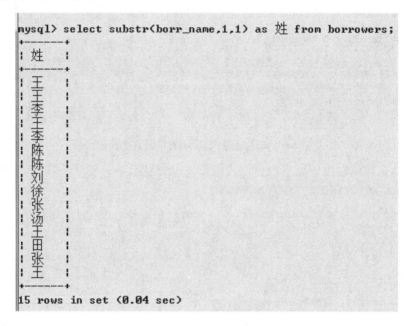

图 4-8　查询每位借阅者的姓氏信息

评价与考核

课程名称：数据库管理与应用		授课地点：		
学习任务：掌握基本查询语句结构		授课教师：		授课学时：
课程性质：理实一体		综合评分：		
知识掌握情况评分(35 分)				
序号	知识考核点	教师评价	配分	得分
1	查询的概念与作用		5	
2	查询与关系运算的关系		5	
3	查询语句的语法格式		10	

序号	知识考核点	教师评价	配分	得分
4	查询动作的分析		10	
5	查询语句的书写		5	
工作任务完成情况评分(65 分)				
序号	能力操作考核点	教师评价	配分	得分
1	能对查询动作进行分析与分解		30	
2	能正确书写简单查询语句		15	
3	能使用查询语句完成查询功能		20	
违纪扣分(20 分)				
序号	违纪考核点	教师评价	配分	得分
1	课上吃东西		5	
2	课上打游戏		5	
3	课上打电话		5	
4	其他扰乱课堂秩序的行为		5	

任务 7 条件查询

任务目标

(1) 了解条件表达式;
(2) 熟悉常量、变量、运算符的使用;
(3) 熟悉单条件查询过滤;
(4) 熟悉多条件查询过滤;
(5) 熟悉模糊查询过滤。

任务准备

数据库中包含大量的数据,很多时候我们只需使用其中的部分数据,此时就需要使用条件挑选出符合要求的数据。SELECT 语句中的指定查询条件可去掉不符合查询条件的记录,留下我们需要的记录。本任务将针对 SELECT 语句中使用的查询条件进行详细的讲解。

1. 条件表达式

条件表达式是指用运算符连接起来的常量、变量、函数等各种运算对象所形成的符号串。在 SELECT 语句中,使用最多的条件表达式有两类,即关系运算表达式、逻辑运算表达式。

1) 常量

如果符号携带的信息在程序运行过程中不会发生变化,则称此符号为常量。常量根据数据类型的不同而不同，如字符串型常量"出版社"，需要用双引号或单引号作为界符，将数据放在界符的中间；日期型常量 20201010，表示 2020 年 10 月 10 日。

2) 变量

如果符号携带的信息在程序运行过程中会发生变化，则称这样的符号为变量。在数据库中，最常见的变量是字段。如字段 book_name 就是变量，因为在 books 表中检索不同行时，符号"book_name"所携带的信息是会发生变化的。

3) 运算符

在 MySQL 中，运算符有很多，用在查询中的运算符主要有算术运算符、关系运算符等，如表 4-6 所示。

表 4-6　MySQL 查询语句中常用的运算符

优先级	运　算　符
1	* (乘)、/ (DIV,除)、% (MOD,取余)
2	+ (加)、- (减)
3	= (相等比较)、<=> (完全相等比较)、<、<=、>、>=、!= (不等于)、<> (不等于) IN、IS　NULL、IS NOT NULL、LIKE
4	BETWEEN …AND …
5	NOT(逻辑非)
6	AND(逻辑与)
7	OR(逻辑或)

对部分运算符的功能解释如下。

(1) 取余运算：获取两个整数相除的余数。如 5 % 3，这是一个算术表达式，它的返回值为 2；此表达式也可写作：5 mod 3。

(2) IN/NOT IN：判断某元素是否在集合中，此处的集合可以直接给出，如(1,2,3)，表示有 3 个元素的集合；也可以是查询结果(查询语句)，这时就是查询嵌套，此内容在后续章节中详细讲解。如表达式"1 in (1,2,3)"，其返回值为 TRUE；表达式"1 not in (1,2,3)"，其返回值为 FALSE。

(3) IS NULL/IS NOT NULL：判断某一值是否为空值，如果变量 address 携带的信息为 NULL，则表达式"address IS NULL"的返回值为 TRUE，而表达式"address IS　NOT NULL"的返回值为 FALSE。

(4) BETWEEN … AND …：用于判断某一值是否在某一区间之内。例如表达式"50 between 40 and 60"的返回值为 TRUE，而表达式"50 not between 40 and 60"的返回值则为 FALSE。

说明：在 MySQL 中用 1 表示 TRUE，0 表示 FALSE。

4) 函数

MySQL 中提供了丰富的函数，通过这些函数可以简化用户对数据的处理过程。MySQL 中的函数包括数学函数、字符串函数、日期和时间函数等。由于函数数量较多，不可能一一进行讲解，下面通过 3 张表对其中一些使用频率较高的函数的功能进行简单说明，如表 4-7～表 4-9 所示。

表 4-7　数学函数

函数名称	函 数 功 能
ABS(x)	返回 x 的绝对值
SQRT(x)	返回 x 的非负 2 次方根
MOD(x,y)	返回 x 被 y 除后的余数
CEILING(x)	返回不小于 x 的最小整数
FLOOR(x)	返回不大于 x 的最大整数
ROUND(x,y)	对 x 进行四舍五入操作，小数点后保留 y 位
SIGN(x)	返回 x 的符号，返回值为–1、0 或者 1

表 4-8　字符串函数

函数名称	函 数 功 能
LENGTH(str)	返回字符串 str 的字节长度
CONCAT(s1,s2,…)	返回一个或者多个字符串连接产生的新字符串
TRIM(str)	删除字符串 str 两侧的空格
REPLACE(str,s1,s2)	使用字符串 s2 替换 str 中所有的字符串 s1
SUBSTR(str,n,len)	返回字符串 str 的子串，起始位置为 n，长度为 len
LOCATE(s1,str)	返回子串 s1 在字符串 str 中的起始位置
REVERSE(str)	返回字符串反转(字符顺序颠倒)后的结果

表 4-9　日期和时间函数

函数名称	函 数 功 能
CURDATE()	获取系统当前日期
CURTIME()	获取系统当前时间
SYSDATE()	获取当前系统日期和时间
TIME_TO_SEC()	返回将时间转换成秒的结果
ADDDATE()	执行日期的加运算
SUBDATE()	执行日期的减运算
DATE_FORMAT()	格式化输出日期和时间值

任务实施

子任务 1　单条件查询过滤

1. 前导知识

单条件查询是指查询时 WHERE 子句中所写表达式只限定一个条件，如姓王的借阅者、电子工业出版社的书、三家出版社(清华大学出版社、电子工业出版社、机械工业出版社)的书等。

2. 任务内容

(1) 查询姓王的借阅者信息。

(2) 查询所有职能部门的借阅者信息。职能部门是指借阅者编号的前 5 位是“12977”。

(3) 查询所有男性借阅者的信息。

(4) 查询电子工业出版社出版的书。

(5) 查询由三家出版社(清华大学出版社、电子工业出版社、机械工业出版社)出版的书。

(6) 查询书价在 20 元至 30 元之间的书籍。

(7) 查询书名中只有三个汉字的书籍信息。

3. 实施步骤

(1) 查询姓王的借阅者信息。在 MySQL 命令提示符后输入以下命令语句并执行：

```
SELECT * FROM borrowers WHERE substr(borr_name,1,1)="王";
```

执行结果如图 4-9 所示。

```
mysql> select * from borrowers where substr(borr_name,1,1)=”王”;
ERROR 1054 (42S22): Unknown column '”王”' in 'where clause'
mysql> select * from borrowers where substr(borr_name,1,1)="王";
+--------------+-----------+----------+----------------+-----------+----------+
| borr_id      | borr_name | borr_sex | borr_dept      | borr_pred | borr_age |
+--------------+-----------+----------+----------------+-----------+----------+
| 129772007010 | 王月仙    | 女       | 图文信息中心   |         1 |       41 |
| 129772007032 | 王一鸣    | 男       | 图文信息中心   |         1 |       31 |
| 129772015010 | 王刚      | 男       | 财务处         |         1 |       35 |
| 202093074089 | 王悦      | 女       | 经济与管理学院 |         1 |       18 |
| 202093080789 | 王悦      | 女       | 护理与保健学院 |         1 |       18 |
+--------------+-----------+----------+----------------+-----------+----------+
5 rows in set (0.08 sec)
```

图 4-9　查询姓王的借阅者信息

注意：第一条命令语句执行出错的原因是标点符号应该用英文，而此处的标点符号用的是中文。

(2) 查询所有职能部门的借阅者信息。职能部门是指借阅者编号的前 5 位是“12977”。在 MySQL 命令提示符后输入以下命令语句并执行：

```
SELECT * FROM borrowers WHERE substr(borr_id,1,5)="12977";
```

执行结果如图 4-10 所示。

```
mysql> select * from borrowers where substr(borr_id,1,5)="12977";
+--------------+-----------+----------+--------------+-----------+----------+
| borr_id      | borr_name | borr_sex | borr_dept    | borr_pred | borr_age |
+--------------+-----------+----------+--------------+-----------+----------+
| 129772007010 | 王月仙    | 女       | 图文信息中心 |         1 |       41 |
| 129772007032 | 王一鸣    | 男       | 图文信息中心 |         1 |       31 |
| 129772015001 | 李建设    | 男       | 资产管理处   |         1 |       45 |
| 129772015010 | 王刚      | 男       | 财务处       |         1 |       35 |
+--------------+-----------+----------+--------------+-----------+----------+
4 rows in set (0.00 sec)

mysql>
```

图 4-10　查询所有职能部门的借阅者信息

(3) 查询所有男性借阅者的姓名、年龄和部门信息。在 MySQL 命令提示符后输入以下命令语句并执行：

```
SELECT borr_name,borr_age,borr_dept FROM borrowers WHERE borr_sex="男";
```

执行结果如图 4-11 所示。

```
mysql> select borr_name,borr_age,borr_dept from borrowers where borr_sex="男";
+-----------+----------+----------------+
| borr_name | borr_age | borr_dept      |
+-----------+----------+----------------+
| 王一鸣    |       31 | 图文信息中心   |
| 李建设    |       45 | 资产管理处     |
| 王刚      |       35 | 财务处         |
| 李清华    |       18 | 机械与电子学院 |
| 刘清华    |       18 | 经济与管理学院 |
| 徐欢      |       18 | 机械与电子学院 |
| 张士民    |       18 | 经济与管理学院 |
| 汤阳明    |       20 | 经济与管理学院 |
| 张强      |       18 | 护理与保健学院 |
+-----------+----------+----------------+
9 rows in set (0.03 sec)
```

图 4-11　查询所有男性借阅者的姓名、年龄和部门信息

(4) 查询清华大学出版社出版的书。在 MySQL 命令提示符后输入以下命令语句并执行：

SELECT * FROM books WHERE book_pub="清华大学出版社";

执行结果如图 4-12 所示。

```
mysql> select * from books where book_pub="清华大学出版社";
+---------------+--------------------+------------+-------------+----------------+----------+-----------+
| book_id       | book_name          | book_price | book_author | book_pub       | book_num | book_sort |
+---------------+--------------------+------------+-------------+----------------+----------+-----------+
| 9787302020043 | PASCAL程序设计     |      19.50 | 郑启华      | 清华大学出版社 |        6 | TP01      |
| 9787302037914 | C语言程序设计      |      24.00 | 谭浩强      | 清华大学出版社 |        5 | TP01      |
| 9787302402886 | HTML 5网页设计与实现 |    39.80 | 徐琴        | 清华大学出版社 |        5 | IT02      |
| 9787302429159 | 软件测试基础教程   |      39.00 | 曾文        | 清华大学出版社 |        2 | IT02      |
+---------------+--------------------+------------+-------------+----------------+----------+-----------+
4 rows in set (0.11 sec)
```

图 4-12　查询清华大学出版社出版的书

(5) 查询由三家出版社(清华大学出版社、电子工业出版社、机械工业出版社)出版的书的信息，包括书号、书名、书价、作者、出版社等。在 MySQL 命令提示符后输入以下命令语句并执行：

SELECT book_id,book_name,book_price,book_author,book_pub

FROM books

WHERE book_pub in("清华大学出版社","电子工业出版社","机械工业出版社");

执行结果如图 4-13 所示。

```
mysql> select book_id,book_name,book_price,book_author,book_pub
    -> from books
    -> where book_pub in("清华大学出版社","电子工业出版社","机械工业出版社");
+---------------+----------------------+------------+-------------+----------------+
| book_id       | book_name            | book_price | book_author | book_pub       |
+---------------+----------------------+------------+-------------+----------------+
| 9787300035949 | 计算机应用基础       |      42.00 | 杨明福      | 机械工业出版社 |
| 9787302020043 | PASCAL程序设计       |      19.50 | 郑启华      | 清华大学出版社 |
| 9787302037914 | C语言程序设计        |      24.00 | 谭浩强      | 清华大学出版社 |
| 9787302402886 | HTML 5网页设计与实现 |      39.80 | 徐琴        | 清华大学出版社 |
| 9787302429159 | 软件测试基础教程     |      39.00 | 曾文        | 清华大学出版社 |
+---------------+----------------------+------------+-------------+----------------+
5 rows in set (0.00 sec)
```

图 4-13　查询三家出版社的书籍信息

(6) 查询书价在 20 元至 30 元之间的书的信息，包括书号、书名、书价、作者、出版社等。在 MySQL 命令提示符后输入以下命令语句并执行：

SELECT book_id,book_name,book_price,book_author,book_pub

FROM books

WHERE book_price between 20 and 30;

执行结果如图 4-14 所示。

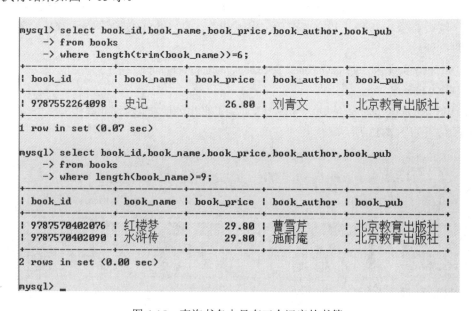

图 4-14　查询书价在 20 元至 30 元之间的书

(7) 查询书名中只有三个汉字的书籍信息(书号、书名、书价、作者、出版社)。在 MySQL 命令提示符后输入以下命令语句并执行：

SELECT book_id,book_name,book_price,book_author,book_pub

FROM books

WHERE length(book_name)=3;

执行结果如图 4-15 示。

图 4-15　查询书名中只有三个汉字的书籍

从上述结果我们可以看出，汉字所占字节与汉字的编码有关。在当前流行的 MySQL 版本中，如果在 latin1 字符集下，一个中文汉字占 2 字节，是 2 个字符；如果在 utf8 字符集下，一个中文汉字占 3 字节，是 1 个字符；如果在 gbk 字符集下，一个中文汉字占 2 字节，是 1 个字符。

子任务 2 多条件查询过滤

多条件查询过滤

1. 前导知识

多条件查询是指查询时 WHERE 子句中所写表达式包含多个限定条件，如清华大学出版社出版的、价格在 30 元至 40 元之间的书，电子工业出版社出版的、信息技术方面的书等。

2. 任务内容

(1) 查询姓王的、年龄在 20 岁以下的借阅者信息。

(2) 查询所有职能部门的、女性借阅者信息。

(3) 查询所有姓王的男性借阅者的信息。

(4) 查询清华大学出版社出版的、由谭浩强编写的书。

(5) 查询由三家出版社(清华大学出版社、电子工业出版社、机械工业出版社)出版的书。

(6) 查询由清华大学出版社出版的、书名中有"数据库"字样的书。

3. 实施步骤

(1) 查询姓王、年龄在 20 岁以下的借阅者信息。在 MySQL 命令提示符后输入以下命令语句并执行：

SELECT * FROM borrowers

WHERE substr(borr_name,1,1)= "王" and borr_age<20;

执行结果如图 4-16 所示。

```
mysql> select * from borrowers
    -> where substr(borr_name,1,1)="王" and borr_age<20;
+--------------+-----------+-----------+--------------------+-----------+-----------+
| borr_id      | borr_name | borr_sex  | borr_dept          | borr_pred | borr_age  |
+--------------+-----------+-----------+--------------------+-----------+-----------+
| 202093074089 | 王悦      | 女        | 经济与管理学院     |         1 |        18 |
| 202093080789 | 王悦      | 女        | 护理与保健学院     |         1 |        18 |
+--------------+-----------+-----------+--------------------+-----------+-----------+
2 rows in set (0.07 sec)

mysql>
```

图 4-16 查询姓王、年龄在 20 岁以下的借阅者信息

(2) 查询所有职能部门的女性借阅者信息。职能部门是指编号前 5 位是"12977"。在 MySQL 命令提示符后输入以下命令语句并执行：

SELECT * FROM borrowers

WHERE substr(borr_name,1,5)= "12977" and borr_sex="女";

执行结果如图 4-17 所示。

```
mysql> select * from borrowers
    -> where substr(borr_id,1,5)="12977" and borr_sex="女";
+--------------+-----------+----------+--------------+-----------+----------+
| borr_id      | borr_name | borr_sex | borr_dept    | borr_pred | borr_age |
+--------------+-----------+----------+--------------+-----------+----------+
| 129772007010 | 王月仙    | 女       | 图文信息中心 |         1 |       41 |
+--------------+-----------+----------+--------------+-----------+----------+
1 row in set (0.00 sec)

mysql>
```

图 4-17　查询所有职能部门的女性借阅者信息

(3) 查询所有姓王的男性借阅者的信息。在 MySQL 命令提示符后输入以下命令语句并执行：

SELECT * FROM borrowers

WHERE substr(borr_name,1,1)= "王" and borr_sex="男";

执行结果如图 4-18 所示。

```
mysql> select * from borrowers
    -> where substr(borr_name,1,1)="王" and borr_sex="男";
+--------------+-----------+----------+--------------+-----------+----------+
| borr_id      | borr_name | borr_sex | borr_dept    | borr_pred | borr_age |
+--------------+-----------+----------+--------------+-----------+----------+
| 129772007032 | 王一鸣    | 男       | 图文信息中心 |         1 |       31 |
| 129772015010 | 王刚      | 男       | 财务处       |         1 |       35 |
+--------------+-----------+----------+--------------+-----------+----------+
2 rows in set (0.00 sec)

mysql>
```

图 4-18　查询所有姓王的男性借阅者的信息

(4) 查询清华大学出版社出版的、由谭浩强编写的书籍信息，包括书号、书名、书价、作者、出版社。在 MySQL 命令提示符后输入以下命令语句并执行：

SELECT book_id,book_name,book_price,book_author,book_pub

FROM books

WHERE book_pub ="清华大学出版社" and book_author="谭浩强";

执行结果如图 4-19 所示。

```
mysql> select book_id,book_name,book_price,book_author,book_pub
    -> from books
    -> where book_pub ="清华大学出版社" and book_author="谭浩强";
+---------------+------------+------------+-------------+----------------+
| book_id       | book_name  | book_price | book_author | book_pub       |
+---------------+------------+------------+-------------+----------------+
| 9787302037914 | C语言程序设计 |      24.00 | 谭浩强      | 清华大学出版社 |
+---------------+------------+------------+-------------+----------------+
1 row in set (0.00 sec)

mysql>
```

图 4-19　查询清华大学出版社出版的、由谭浩强编写的书

(5) 查询由三家出版社(清华大学出版社、电子工业出版社、机械工业出版社)出版的书的信息，包括书号、书名、书价、书作者、出版社。在 MySQL 命令提示符后输入以下命令语句并执行：

```
SELECT book_id,book_name,book_price,book_author,book_pub
FROM books
WHERE book_pub="清华大学出版社"
or book_pub="电子工业出版社"
or book_pub="机械工业出版社";
```

执行结果如图 4-20 所示。

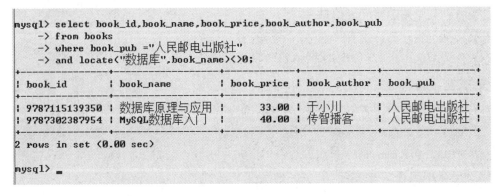

图 4-20 查询由三家出版社出版的书

(6) 查询由人民邮电出版社出版的、书名中有"数据库"字样的书籍信息，包括书号、书名、书价、书作者、出版社。在 MySQL 命令提示符后输入以下命令语句并执行：

```
SELECT book_id,book_name,book_price,book_author,book_pub
FROM books
WHERE book_pub="人民邮电出版社"
and locate("数据库",book_name)<>0;
```

执行结果如图 4-21 所示。

图 4-21 查询由人民邮电出版社出版的、书名中有"数据库"字样的书

子任务3　模糊查询过滤

1．前导知识　　　　　　　　　　　　　　　　　　　　　　模糊查询过滤

　　模糊条件查询是对于字段取值所给的限定条件中不是很明确的、用常量无法直接表达的信息。如姓王的借阅者(也就是只知道借阅者叫王某某)、姓名中有"月"字的借阅者、出版社名称中有"电子"字样的书等。在这种情况下，简单的比较操作在这里已经行不通，需要使用通配符进行匹配查找，为了完成这种功能，MySQL 中提供了 LIKE 这种运算符。LIKE 运算符可判断两个字符串是否相匹配，其中一个字符串需要使用通配符。这个使用通配符的字符串可称为匹配字符串，也可称为匹配模式。使用 LIKE 运算的 SELECT 语句其语法格式如下：

　　　　SELECT　[DISTINCT]　*｜字段名表达式 1，字段名表达式 2,…，字段名表达式 n

　　　　FROM　数据表名；

　　　　WHERE　字段名 [NOT] LIKE "匹配字符串"；

其中，"匹配字符串"指定用来匹配的字符串，其值可以是一个普通字符串，也可是包含有通配符的字符串。MySQL 语句中支持多种通配符，可以和 LIKE 一起使用的通配符有"%"和"_"。

　　(1) 百分号通配符(%)：可以匹配任意长度的字符，甚至包括零字符；可以在搜索模式中的任意位置使用通配符，也可以使用多个通配符。

　　(2) 下画线通配符(_)：该通配符的用法和"%"相同，区别是"%"可以匹配多个字符，而"_"只能匹配任意单个字符，如果要匹配多个字符，则需要使用相同个数的"_"。

　　注意：如果匹配字符串本身就包含有这两种通配符，就需要在匹配字符串中使用右斜线"\"对百分号和下画线进行转义，例如，"\%"用于匹配百分号，"_"则用于匹配下画线。

2．任务内容

(1) 查询姓王的借阅者信息。

(2) 查询某学院的借阅者信息。

(3) 查询出版社名称中有"大学"字样的书。

(4) 查询书名中只有三个汉字的书籍信息。

3．实施步骤

(1) 查询姓王的借阅者信息。在 MySQL 命令提示符后输入以下命令语句并执行：

　　　　SELECT * FROM borrowers

　　　　WHERE borr_name like "王%"；

执行结果如图 4-22 所示。

```
mysql> select * from borrowers
    -> where borr_name like "王%";
+--------------+-----------+-----------+-----------------+-----------+----------+
| borr_id      | borr_name | borr_sex  | borr_dept       | borr_pred | borr_age |
+--------------+-----------+-----------+-----------------+-----------+----------+
| 129772007010 | 王月仙     | 女        | 图文信息中心      | 1         | 41       |
| 129772007032 | 王一鸣     | 男        | 图文信息中心      | 1         | 31       |
| 129772015010 | 王刚       | 男        | 财务处           | 1         | 35       |
| 202093074089 | 王悦       | 女        | 经济与管理学院    | 1         | 18       |
| 202093080789 | 王悦       | 女        | 护理与保健学院    | 1         | 18       |
+--------------+-----------+-----------+-----------------+-----------+----------+
5 rows in set (0.00 sec)

mysql>
```

图 4-22　查询姓王的借阅者信息

(2) 查询某学院的借阅者信息。在 MySQL 命令提示符后输入以下命令语句并执行：

SELECT * FROM borrowers

WHERE borr_dept like "%学院"

执行结果如图 4-23 所示。

```
mysql> select * from borrowers
    -> where borr_dept like "%学院";
+--------------+-----------+-----------+-----------------+-----------+----------+
| borr_id      | borr_name | borr_sex  | borr_dept       | borr_pred | borr_age |
+--------------+-----------+-----------+-----------------+-----------+----------+
| 201593010890 | 李清华     | 男        | 机械与电子学院    | 1         | 18       |
| 201593071784 | 陈丽君     | 女        | 经济与管理学院    | 1         | 19       |
| 201593071785 | 陈倩格     | 女        | 经济与管理学院    | 1         | 19       |
| 201593074847 | 刘清华     | 男        | 经济与管理学院    | 1         | 18       |
| 201693010890 | 徐欢       | 男        | 机械与电子学院    | 1         | 18       |
| 202093071025 | 张士民     | 男        | 经济与管理学院    | 1         | 18       |
| 202093074025 | 汤阳明     | 男        | 经济与管理学院    | 1         | 20       |
| 202093074089 | 王悦       | 女        | 经济与管理学院    | 1         | 18       |
| 202093080023 | 田慧心     | 女        | 护理与保健学院    | 1         | 17       |
| 202093080025 | 张强       | 男        | 护理与保健学院    | 1         | 18       |
| 202093080789 | 王悦       | 女        | 护理与保健学院    | 1         | 18       |
+--------------+-----------+-----------+-----------------+-----------+----------+
11 rows in set (0.00 sec)
```

图 4-23　查询某学院的借阅者信息

(3) 查询出版社名称中有"大学"字样的书。在 MySQL 命令提示符后输入以下命令语句并执行：

SELECT * FROM books

WHERE book_pub like "%大学%";

执行结果如图 4-24 所示。

```
mysql> select * from books where book_pub like "%大学%";
+---------------+----------------------+------------+-------------+-------------------+
| book_id       | book_name            | book_price | book_author | book_pub          |
+---------------+----------------------+------------+-------------+-------------------+
| 9787302020043 | PASCAL程序设计         | 19.50      | 郑启华       | 清华大学出版社      |
| 9787302037914 | C语言程序设计           | 24.00      | 谭浩强       | 清华大学出版社      |
| 9787302402886 | HTML 5网页设计与实现     | 39.80      | 徐琴         | 清华大学出版社      |
| 9787302429159 | 软件测试基础教程         | 39.00      | 曾文         | 清华大学出版社      |
| 9787307055674 | 数据库原理与应用         | 28.00      | 龙峰         | 武汉大学出版社      |
| 9787567419162 | MySQL数据库项目式教程    | 39.50      | 叶欣         | 东北大学出版社      |
| 9787810940392 | 计算机网络基础与应用      | 28.80      | 李旸         | 电子科技大学出版社   |
+---------------+----------------------+------------+-------------+-------------------+
7 rows in set (0.00 sec)

mysql>
```

图 4-24　查询出版社名称中有"大学"字样的书

(4) 查询书名中只有三个汉字的书籍信息。在 MySQL 命令提示符后输入以下命令语句并执行：

```
SELECT * FROM books
WHERE book_name like "＿＿＿";
```

执行结果如图 4-25 所示。

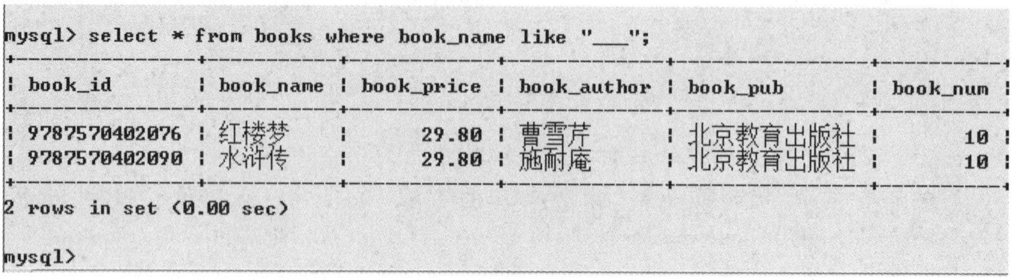

```
mysql> select * from books where book_name like "___";
+---------------+-----------+------------+-------------+------------------+----------+
| book_id       | book_name | book_price | book_author | book_pub         | book_num |
+---------------+-----------+------------+-------------+------------------+----------+
| 9787570402076 | 红楼梦    |      29.80 | 曹雪芹      | 北京教育出版社   |       10 |
| 9787570402090 | 水浒传    |      29.80 | 施耐庵      | 北京教育出版社   |       10 |
+---------------+-----------+------------+-------------+------------------+----------+
2 rows in set (0.00 sec)

mysql>
```

图 4-25　查询书名中只有二个汉字的书籍信息

评价与考核

课程名称：数据库管理与应用		授课地点：		
学习任务：条件查询		授课教师：		授课学时：
课程性质：理实一体		综合评分：		
知识掌握情况评分(35 分)				
序号	知识考核点	教师评价	配分	得分
1	数据表扫描的特征		5	
2	条件表达式的概念		5	
3	各类运算符的运算规律		5	
4	根据需求书写条件表达式		20	
工作任务完成情况评分(65 分)				
序号	能力操作考核点	教师评价	配分	得分
1	能对查询动作进行分析与分解		15	
2	能将限制转换成条件表达式		20	
3	能设置条件完成条件查询		15	
4	能使用模糊查询过滤结果		15	
违纪扣分(20 分)				
序号	违纪考核点	教师评价	配分	得分
1	课上吃东西		5	
2	课上打游戏		5	
3	课上打电话		5	
4	其他扰乱课堂秩序的行为		5	

任务 8　带聚合函数的查询

任务目标

(1) 熟悉聚合函数；

(2) 熟悉分组查询；

(3) 熟悉使用聚合函数的 SELECT 语句的常见格式；

(4) 熟悉带聚合函数的查询方法；

(5) 熟练掌握 AVG()函数、COUNT()函数、MAX()/MIN()函数、SUM()函数。

任务准备

在前面的学习中我们了解到，有时候查询结果并非数据表中的原始数据，而是对原始数据进行统计后的结果。要想对原始数据进行统计，需要运用聚合函数对列向数据进行汇总，很多时候还需要使用子句 "GROUP BY" 对数据进行分组后再进行统计。下面就相关知识进行讲解。

1. 聚合函数

MySQL 提供一些查询功能，可以对获取的数据进行汇总并报告。要想实现这些功能，必须使用聚合函数。聚合函数的功能有：对数据表中记录的行数进行计数、计算某个字段列下数据的总和，以及计算表中某个字段下的最大值、最小值或者平均值等。聚合函数的名称和作用如表 4-10 所示。

表 4-10　SQL 聚合函数

函　　数	作　　用
AVG(Field Express)	返回某列的平均值
COUNT(Field Express)	返回某列的行数
MAX(Field Express)	返回某列的最大值
MIN(Field Express)	返回某列的最小值
SUM(Field Express)	返回某列的和

说明：Field Express 一般是字段名，有时也可以是一个字段表达式。

2. 分组查询

分组查询是指对数据按照某个或多个字段进行分组，MySQL 中使用 GROUP BY 子句对数据进行分组，基本语法形式如下：

[GROUP BY 字段名] [HAVING <条件表达式>]

字段名是进行分组时所依据的列名称，如果是多级分组，即分组的依据有多个，则多个列名称按层级顺序排列，用逗号隔开；"HAVING <条件表达式>" 指定满足表达式限定条件的结果将被显示。

1) 创建分组

分组是由 SELECT 语句的 GROUP BY 子句建立的。GROUP　BY 关键字通常和聚合函数一起使用，例如：MAX ()、MIN ()、COUNT ()、SUM ()、AVG()。若要返回某个借阅表中每个部门的人数，则在分组过程中要用 COUNT ()函数把数据分为多个逻辑组，并对每个组进行计数统计。

在使用 GROUP BY 子句时，需要了解以下重要的规定:

(1) GROUP BY 子句可以包含任意数目的列，因而可以对分组进行嵌套，即在上一级分组内再进行分组，这样统计出来的数据更细致。

(2) 如果在 GROUP BY 子句中嵌套了分组，数据将在最后指定的分组上进行汇总。换句话说，此时建立的分组更多、更细。在建立分组时，指定的所有列都会发挥作用，按照次序将整个数据表一次次进行划分，最后统计时，只对最后划分出来的小组进行统计。

例如，在 borrowers 表中统计每个部门的男性和女性的人数。在 MySQL 命令提示符后输入以下命令语句并执行：

```
SELECT borr_dept,borr_sex,count(*) as 人数
FROM borrowers
GROUP BY borr_dept,borr_sex;
```

执行结果如图 4-26 所示。

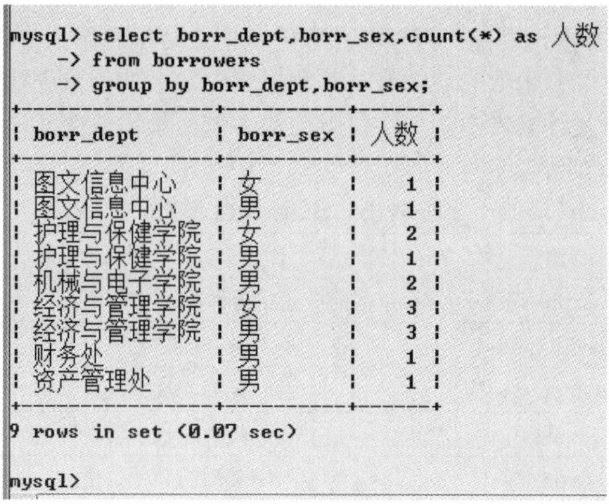

```
mysql> select borr_dept,borr_sex,count(*) as 人数
    -> from borrowers
    -> group by borr_dept,borr_sex;
+------------------+----------+------+
| borr_dept        | borr_sex | 人数 |
+------------------+----------+------+
| 图文信息中心     | 女       |    1 |
| 图文信息中心     | 男       |    1 |
| 护理与保健学院   | 女       |    2 |
| 护理与保健学院   | 男       |    1 |
| 机械与电子学院   | 男       |    2 |
| 经济与管理学院   | 女       |    3 |
| 经济与管理学院   | 男       |    3 |
| 财务处           | 男       |    1 |
| 资产管理处       | 男       |    1 |
+------------------+----------+------+
9 rows in set (0.07 sec)

mysql>
```

图 4-26　统计每个部门的男性和女性的人数

从图 4-26 中可以看出，现在有 6 个部门，由于有 3 个部门只有男性借阅者，因此最后统计出来的分组共有 9 个，而每个小组统计出来的数据是从两个维度统计出来的，即某部门的男性人数、某部门的女性人数。

(3) GROUP BY 子句中列出的每一列都必须是检索列或有效的表达式(不能是聚合函数)。如果在 SELECT 中使用表达式，则必须在 GROUP　BY 子句中指定相同的表达式。不能使用别名。大多数 SQL 实现不允许 GROUP BY 列带有长度可变的数据类型(如文本或备注型字段)。

(4) 除聚合函数外，SELECT 语句中的每一列都必须在 GROUP BY 子句中给出。

（5）如果分组列中包含具有 NULL 值的行，则 NULL 将作为一个分组返回；如果列中有多行 NULL 值，则将它们分为一组。

（6）GROUP BY 子句必须出现在 WHERE 子句之后、ORDER BY 子句之前。

2）过滤分组

GROUP BY 可以和 HAVING 一起限定显示记录所需满足的条件，只有满足条件的分组才会被显示。

HAVING 关键字与 WHERE 关键字都是用来过滤数据的，HAVING 支持所有 WHERE 操作符，两者有什么区别呢？其中重要的一点是，HAVING 在数据分组之后进行过滤来选择分组记录，而 WHERE 在分组之前用来选择记录，所以 WHERE 排除的记录不再包括在分组中。另外在 WHERE 子句之后不可使用聚合函数，而在 HAVING 子句后可使用聚合函数。

3）分组中使用 WITH ROLLUP

使用 WITH ROLLUP 关键字之后，在所有查询出的分组记录之后会增加一条记录，该记录计算查询出的所有记录的总和，即统计记录数量。

4）多字段分组

使用 GROUP BY 可以对多个字段进行分组，GROUP BY 关键字后面跟需要分组的字段，MySQL 根据多个字段的值来进行层次分组，分组层次从左到右，即先按第 1 个字段分组，然后在第 1 个字段值相同的记录中，再根据第 2 个字段的值进行分组……依次类推。

5）GROUP BY 和 ORDER BY 一起使用

某些情况下需要对分组进行排序，在前面的介绍中，ORDER BY 用来对查询的记录排序，如果和 GROUP BY 一起使用就可以完成对分组的排序。

注意：当使用 ROLLUP 时，不能同时使用 ORDER BY 子句进行结果排序，即 ROLL UP 和 ORDER BY 是互相排斥的。

3. 使用聚合函数的 SELECT 语句的常见格式

（1）SELECT 包含聚合函数的表达式：

　　　FROM 数据源；

在这种情况下，可以认为是将整个数据表分为一组。

（2）SELECT 分组依据包含聚合函数的表达式

　　　FROM 数据源 GROUP BY 分组依据；

或

　　　FROM 数据源 GROUP BY 分组依据 HAVING 包含聚合函数表达式；

任务实施

子任务 1　AVG()函数

AVG()函数

1. 前导知识

AVG()函数通过计算返回的行数和所有行数据的和，求得指定列数据的平均值。AVG() 可以用来返回所有列的平均值，也可以用来返回特定列的平均值。

注意：AVG ()只能用来确定特定数值列的平均值，而且列名必须作为函数参数给出。为了获得多个列的平均值，必须使用多个 AVG ()函数。AVG ()函数忽略列值为 NULL 的行。

2．任务内容

(1) 查询统计借阅者的年龄均值。

(2) 查询书单价的均值。

3．实施步骤

(1) 查询统计借阅者的年龄均值。在 MySQL 命令提示符后输入以下命令语句并执行：

SELECT avg(borr_age) FROM borrowers;

执行结果如图 4-27 所示。

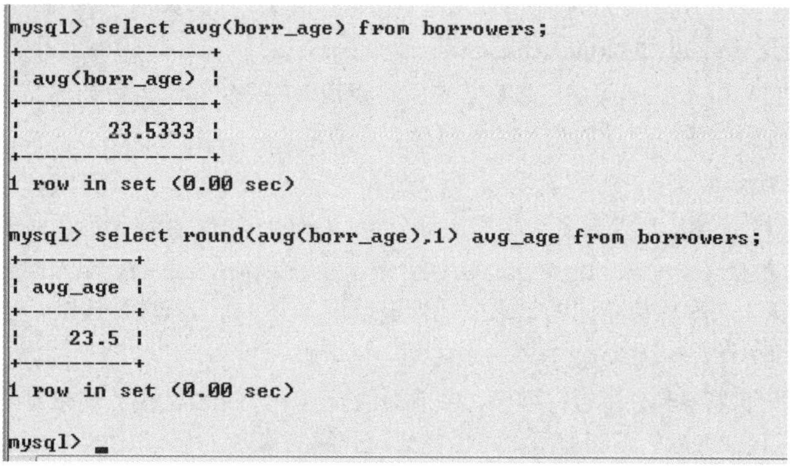

```
mysql> select avg(borr_age) from borrowers;
+---------------+
| avg(borr_age) |
+---------------+
|       23.5333 |
+---------------+
1 row in set (0.00 sec)

mysql> select round(avg(borr_age),1) avg_age from borrowers;
+---------+
| avg_age |
+---------+
|    23.5 |
+---------+
1 row in set (0.00 sec)

mysql>
```

图 4-27　查询统计借阅者的年龄均值

如图 4-26 所示，我们可以根据自己的需要，运用前面所学的知识，对查询结果进行处理，如对结果列用函数 round()进行四舍五入，给查询结果列起别名 avg_age。

(2) 查询书单价的均值。在 MySQL 命令提示符后输入以下命令语句并执行：

SELECT avg(book_price) 书价格均值 FROM books;

执行结果如图 4-28 所示。

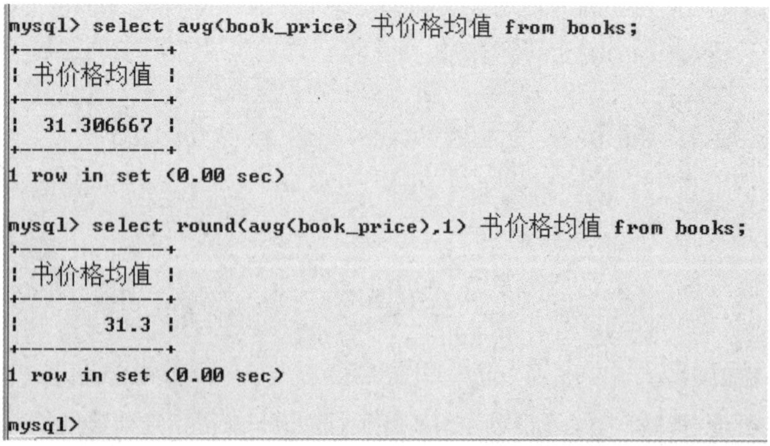

```
mysql> select avg(book_price) 书价格均值 from books;
+------------+
| 书价格均值 |
+------------+
|  31.306667 |
+------------+
1 row in set (0.00 sec)

mysql> select round(avg(book_price),1) 书价格均值 from books;
+------------+
| 书价格均值 |
+------------+
|       31.3 |
+------------+
1 row in set (0.00 sec)

mysql>
```

图 4-28　查询书单价的均值

注意：以上两个查询语句使用了聚合函数，但均未进行分组，此时，我们可以理解这种查询为不分组或只分一组。

子任务 2　COUNT()函数

1．前导知识

COUNT()函数

COUNT ()函数统计返回结果中记录行的总数，其使用方法有两种：

(1) COUNT (*)：计算返回结果中行的总数，无论某列有数值或者为空值。

(2) COUNT(字段名)：计算返回结果中指定列总的行数，计算时将忽略空值的行。

注意：指定列的值为空的行被 COUNT ()函数忽略，但是如果不指定列，而在 COUN() 函数中使用星号"*"，则所有记录都不忽略。

2．任务内容

(1) 查询统计每个部门的借阅者人数。

(2) 查询统计每个部门的男性和女性借阅者人数。

(3) 查询统计每个出版社在当前库中出版的书籍数。

3．实施步骤

(1) 查询统计每个部门的借阅者人数。在 MySQL 命令提示符后输入以下命令语句并执行：

```
SELECT borr_dept 部门,count(*)　人数  FROM borrowers
GROUP BY borr_dept;
```

执行结果如图 4-29 所示。

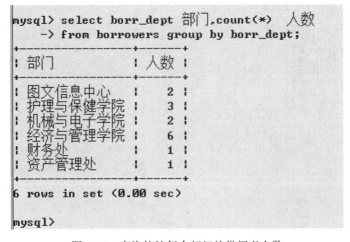

图 4-29　查询统计每个部门的借阅者人数

(2) 查询统计每个部门的男性和女性借阅者人数。在 MySQL 命令提示符后输入以下命令语句并执行：

```
SELECT borr_dept 部门,borr_sex 性别,count(*)　人数  FROM borrowers
GROUP BY borr_dept,borr_sex;
```

执行结果如图 4-30 所示。

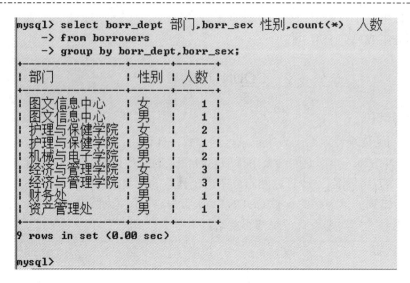

图 4-30　查询统计每个部门的男性和女性借阅者人数

（3）查询统计每个出版社在当前库中出版的书籍数。在 MySQL 命令提示符后输入以下命令语句并执行：

SELECT book_pub,count(*) FROM books GROUP BY book_pub;

执行结果如图 4-31 所示。

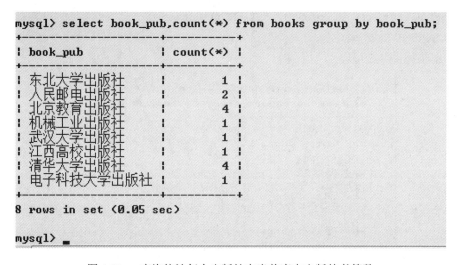

图 4-31　查询统计每个出版社在当前库中出版的书籍数

子任务 3　MAX()/MIN() 函数

1．前导知识

1）MAX()函数

MAX()/MIN()函数

MAX()函数返回指定列中的最大值。MAX()函数要求指定列名。

注意：MAX()函数除了可以找出最大的列值或日期值之外，还可以返回任意列中的最大值，包括返回字符类型的最大值。在对字符类型数据进行比较时，按照字符的 ASCII 码值大小进行比较，从 a 到 z，a 的 ASCII 码最小，z 的最大。在比较时，先比较第一个字母，如果相等，则继续比较下一个字符，直到两个字符不相等或者字符结束为止。例如"abc"与"abd"比较时，"abd"为最大值。

2）MIN ()函数

MIN ()函数返回指定列中的最小值。MIN()函数要求指定列名。MIN ()函数与 MAX ()函数类似，不仅适用于查找数值类型，也可应用于返回字符类型。

2．任务内容

(1) 查询最高书价。

(2) 查询借阅者的最小年龄。

3．实施步骤

(1) 查询最高书价。在 MySQL 命令提示符后输入以下命令语句并执行：

SELECT max(book_price) 最高价 FROM books;

执行结果如图 4-32 所示。

```
mysql> select max(book_price) 最高价 from books;
+--------+
| 最高价 |
+--------+
|  42.00 |
+--------+
1 row in set (0.08 sec)

mysql>
```

图 4-32　查询最高书价

(2) 查询借阅者的最小年龄。在 MySQL 命令提示符后输入以下命令语句并执行：

SELECT min(borr_age) FROM borrowers;

执行结果如图 4-33 所示。

```
mysql> select min(borr_age) from borrowers;
+---------------+
| min(borr_age) |
+---------------+
|            17 |
+---------------+
1 row in set (0.00 sec)

mysql>
```

图 4-33　查询借阅者的最小年龄

子任务 4 SUM() 函数

SUM()函数

1. 前导知识

SUM ()是一个求总和的函数，返回指定列值的总和(总计)。

注意：SUM()函数在计算时，忽略列值为 NULL 的行。

2. 任务内容

(1) 查询统计书库中每个出版社的书籍总册数。

(2) 查询入库书籍的总金额。

3. 实施步骤

(1) 查询统计书库中每个出版社的书籍总册数。在 MySQL 命令提示符后输入以下命令语句并执行：

```
SELECT book_pub,sum(*) 总册数  FROM books
GROUP BY book_pub;
```

执行结果如图 4-34 所示。

```
? group by book_pub;
+---------------------+---------+
| book_pub            | 总册数  |
+---------------------+---------+
| 东北大学出版社        |       5 |
| 人民邮电出版社        |      11 |
| 北京教育出版社        |      38 |
| 机械工业出版社        |      10 |
| 武汉大学出版社        |       6 |
| 江西高校出版社        |       5 |
| 清华大学出版社        |      18 |
| 电子科技大学出版社     |       3 |
+---------------------+---------+
8 rows in set (0.00 sec)

mysql>
```

图 4-34 查询统计书库中每个出版社的书籍总册数

(2) 查询入库书籍的总金额。在 MySQL 命令提示符后输入以下命令语句并执行：

```
SELECT sum(book_price*book_num) 总书款  FROM books;
```

执行结果如图 4-35 所示。

```
mysql> select sum(book_price*book_num) 总书款 from books;
+---------+
| 总书款  |
+---------+
| 3012.30 |
+---------+
1 row in set (0.07 sec)

mysql>
```

图 4-35 查询入库书籍的总金额

评价与考核

课程名称：数据库管理与应用		授课地点：	
学习任务：带聚合函数的查询		授课教师：	授课学时：
课程性质：理实一体		综合评分：	
知识掌握情况评分(35 分)			
序号	知识考核点	教师评价	配分	得分
1	聚合函数的概念与作用		5	
2	聚合函数与分组		5	
3	在查询语句中加入聚合函数		10	
4	根据需要使用聚合函数		15	
工作任务完成情况评分(65 分)			
序号	能力操作考核点	教师评价	配分	得分
1	能对查询动作进行分析与分解		15	
2	能书写包含聚合函数的命令		15	
3	能使用聚合函数完成查询		15	
4	能灵活运用聚合函数完成查询		20	
违纪扣分(20 分)			
序号	违纪考核点	教师评价	配分	得分
1	课上吃东西		5	
2	课上打游戏		5	
3	课上打电话		5	
4	其他扰乱课堂秩序的行为		5	

任务9　子　查　询

任务目标

(1) 了解子查询的定义；
(2) 理解子查询的作用；
(3) 熟悉子查询的分类；
(4) 熟练掌握各种子查询的操作。

任务准备

1. 子查询的定义

子查询是指一个查询语句嵌套在另一个查询语句内部的查询。子查询可以嵌套在

SELECT、INSERT INTO 等语句中。在执行查询语句时，首先执行子查询中的语句，然后将返回的结果作为外层查询语句的一部分；一般过滤条件放在 WHERE 子句或 HAVING 子句后，或作为数据源放在 FROM 子句后。

2. 子查询的作用

(1) 查询结果就是一个新关系，即多条记录的集合。因此子查询的结果往往可以作为外层查询过滤条件设置时条件表达式的一部分参与 IN、EXISTS、ANY、ALL 等运算，也可以作为关系表达式的一部分参与关系运算。

(2) 查询结果既然是一个新关系，也就可以作为外层查询的数据源使用，此时子查询跟在外层查询的 FROM 子句之后。

任务实施

子任务 1 了解子查询

1. 前导知识

对于子查询，我们可以对其进行 IN、EXISTS、ANY、ALL 等运算，这些运算可以理解为集合与元素之间的运算。IN 运算用于判断一个元素与集合之间是否存在属于与不属于的关系；EXISTS 运算可以判断一个集合是否为空集；ANY 运算要求集合中只要有一个元素使条件满足，则条件成立；ALL 运算要求集合中所有元素都能使条件成立，条件才成立。

例如，变量 score=90，当前集合为(60,70,80,90)，表达式与其运算结果如表 4-11 所示。

表 4-11　表达式与运算结果

表　达　式	结果	说　　　明
score in (60,70,80,90)	1	score=60 or score=70 or score=80 or score=90
score > any(60,70,80,90)	1	score>60 or score>70 or score>80 or score >90
score > all(60,70,80,90)	0	score>60 and score>70 and score>80 and score >90

在表 4-11 中，我们可以看出 in、any 和 all 运算其实就是将 score 与集合中的每个元素(单个值)进行比较，然后再按一定的逻辑进行运算的结果。如果子查询的结果本身是单值，即集合中只有一个元素，此时就可直接进行关系运算，即表达式可以写作：score 关系运算符 (select … from …)，此处的关系运算符可以是 ">" "=" "<=" 等。

2. 任务内容

(1) 查询年龄最大的几位借阅者的编号、姓名和部门。

(2) 查询所有在职能部门的女性借阅者信息。

(3) 查询书单价高于书均价的书籍信息。

3. 实施步骤

(1) 查询年龄最小的几位借阅者的编号、姓名和部门。

分析：此处年龄的最大值需要用查询才能获知，所以使用子查询。

在 MySQL 命令提示符后输入以下命令语句并执行：

SELECT borr_id,borr_name,borr_dept FROM borrowers

WHERE borr_age=(

SELECT max(borr_age) FROM borrowers);

执行结果如图 4-36 所示。

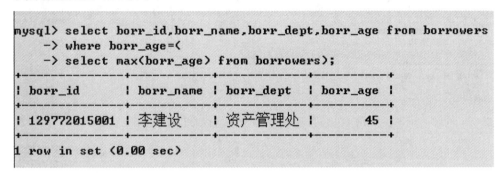

图 4-36 查询年龄最小的几位借阅者的编号、姓名和部门

(2) 查询所有在职能部门的女性借阅者信息。

分析：首先查出职能部门的借阅者信息，然后把职能部门的借阅者信息当作数据源进行第二次查询。

在 MySQL 命令提示符后输入以下命令语句并执行：

SELECT borr_id,borr_name,borr_dept,borr_age

FROM(SELECT * FROM borrowers WHERE substr(borr_id,1,5)="12977") as tmp

WHERE borr_sex="女";

执行结果如图 4-37 所示。

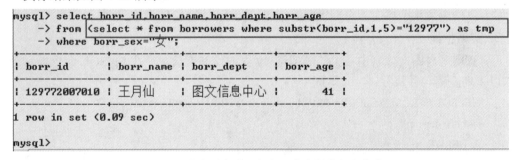

图 4-37 查询所有在职能部门的女性借阅者信息

注意：当子查询作为数据源时，一定要给子查询的查询结果起别名。

(3) 查询书单价高于书均价的书籍信息，列出书号、书名、作者、出版社、书单价。

分析：此处的书均价需要查询才能获知，所以此处可用到子查询。

在 MySQL 命令提示符后输入以下命令语句并执行：

SELECT book_id,book_name,book_author,book_pub，book_price

FROM books

WHERE book_price>(SELECT avg(book_price) FROM books);

执行结果如图 4-38 所示。

```
mysql> select book_id,book_name,book_author,book_pub,book_price
    -> from books
    -> where book_price>(select avg(book_price) from books);
+---------------+--------------------------+-------------+------------------+------------+
| book_id       | book_name                | book_author | book_pub         | book_price |
+---------------+--------------------------+-------------+------------------+------------+
| 9787115139350 | 数据库原理与应用          | 于小川      | 人民邮电出版社    |      33.00 |
| 9787300035949 | 计算机应用基础            | 杨明福      | 机械工业出版社    |      42.00 |
| 9787302387954 | MySQL数据库入门           | 传智播客    | 人民邮电出版社    |      40.00 |
| 9787302402886 | HTML 5网页设计与实现      | 徐琴        | 清华大学出版社    |      39.80 |
| 9787302429159 | 软件测试基础教程          | 曾文        | 清华大学出版社    |      39.00 |
| 9787567419162 | MySQL数据库项目式教程     | 叶欣        | 东北大学出版社    |      39.50 |
+---------------+--------------------------+-------------+------------------+------------+
6 rows in set (0.00 sec)

mysql>
```

图 4-38　查询书单价高于书均价的书籍信息

子任务 2　子查询分类

子查询分类

1. 前导知识

根据子查询出现在 SELECT 语句中的位置，我们可以将子查询分为三种类型，即 WHERE 型子查询、FROM 型子查询和 HAVING 型子查询。

2. 任务内容

(1) 查询来自图文信息中心、年龄超过 40 岁的借阅者信息。

(2) 查询来自经济与管理学院的女性借阅者信息。

(3) 查询书单价不高于书均价的书籍信息，列出书号、书名、书作者、出版社、书单价。

(4) 查询借阅量大于等于 3 本的借阅者信息(要求用 HAVING 型子查询)。

(5) 查询借阅量不低于 3 本的借阅者信息(要求用 HAVING 型子查询)。

3. 实施步骤

(1) 查询来自图文信息中心、年龄超过 40 岁的借阅者信息。在 MySQL 命令提示符后输入以下命令语句并执行：

SELECT * FROM (SELECT * FROM borrowers WHERE borr_dept="图文信息中心"

as borr_dept

WHERE borr_age>40;

执行结果如图 4-39 所示。

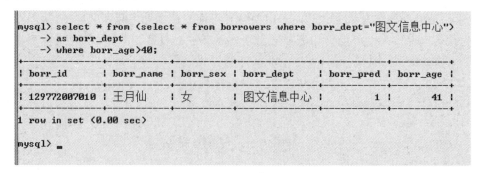

图 4-39　查询来自图文信息中心、年龄超过 40 岁的借阅者信息

(2) 查询来自经济与管理学院的女性借阅者信息。在 MySQL 命令提示符后输入以下命令语句并执行：

SELECT * FROM (SELECT * FROM borrowers WHERE borr_dept="经济与管理学院"

as borr_dept

WHERE borr_sex="女";

执行结果如图 4-40 所示。

```
mysql> select * from (select * from borrowers where borr_dept="经济与管理学院")
    -> as borr_dept
    -> where borr_sex="女";
+--------------+-------------+-----------+---------------------+-------------+-----------+
| borr_id      | borr_name   | borr_sex  | borr_dept           | borr_pred   | borr_age  |
+--------------+-------------+-----------+---------------------+-------------+-----------+
| 201593071784 | 陈丽君      | 女        | 经济与管理学院      |           1 |        19 |
| 201593071785 | 陈倩格      | 女        | 经济与管理学院      |           1 |        19 |
| 202093074089 | 王悦        | 女        | 经济与管理学院      |           1 |        18 |
+--------------+-------------+-----------+---------------------+-------------+-----------+
3 rows in set (0.00 sec)

mysql>
```

图 4-40　查询来自经济与管理学院的女性借阅者信息

(3) 查询书单价不高于书均价的书籍信息，列出书号、书名、书作者、出版社、书单价。在 MySQL 命令提示符后输入以下命令语句并执行：

SELECT book_id,book_name,book_author,book_pub,book_price

FROM books

WHERE book_price<=(SELECT avg(book_price) FROM books);

执行结果如图 4-41 所示。

```
+---------------+----------------------+-------------+----------------------+-------------+
| book_id       | book_name            | book_author | book_pub             | book_price  |
+---------------+----------------------+-------------+----------------------+-------------+
| 9787302020043 | PASCAL程序设计       | 郑启华      | 清华大学出版社       |       19.50 |
| 9787302037914 | C语言程序设计        | 谭浩强      | 清华大学出版社       |       24.00 |
| 9787307055674 | 数据库原理与应用     | 龙峥        | 武汉大学出版社       |       28.00 |
| 9787549341771 | 坏习惯再见           | 阳光        | 江西高校出版社       |       19.80 |
| 9787552264098 | 史记                 | 刘青文      | 北京教育出版社       |       26.80 |
| 9787570402076 | 红楼梦               | 曹雪芹      | 北京教育出版社       |       29.80 |
| 9787570402090 | 水浒传               | 施耐庵      | 北京教育出版社       |       29.80 |
| 9787570402106 | 三国演义             | 罗贯中      | 北京教育出版社       |       29.80 |
| 9787810940392 | 计算机网络基础与应用 | 李旸        | 电子科技大学出版社   |       28.80 |
+---------------+----------------------+-------------+----------------------+-------------+
9 rows in set (0.00 sec)
```

图 4-41　查询书单价不高于书均价的书籍信息

(4) 查询借阅量大于等于 3 本的借阅者信息(要求用 WHERE 型子查询)。在 MySQL 命令提示符后输入以下命令语句并执行：

SELECT * FROM borrowers WHERE borr_id in (

SELECT borr_id FROM borrows GROUP BY borr_id HAVING count(*)>=3);

执行结果如图 4-42 所示。

图 4-42　查询借阅量大于等于 3 本的借阅者信息

(5) 查询借阅量不低于 3 本的借阅者信息(要求用 HAVING 型子查询)。在 MySQL 命令提示符后输入以下命令语句并执行：

SELECT * FROM borrowers as a

GROUP BY borr_id

HAVING(SELECT count(*) FROM borrowers WHERE borr_id=a.borr_id)>=3;

执行结果如图 4-43 所示。

图 4-43　查询借阅量不低于 3 本的借阅者信息

说明：(1) 外层查询用主键作为分组依据相当于没有分组；

(2) 在外层查询中给借阅者信息表起别名，是为了方便将外层表当前行的信息传入内层查询(子查询)，即语句中的 borr_id=a.borr_id，此处的 a.borr_id 即为外层数据源当前行的信息。

评价与考核

课程名称：数据库管理与应用	授课地点：	
学习任务：子查询	授课教师：	授课学时：
课程性质：理实一体	综合评分：	

续表

	知识掌握情况评分(35 分)			
序号	知识考核点	教师评价	配分	得分
1	子查询的定义		5	
2	子查询的作用		10	
3	比较运算符在子查询中的应用		10	
4	在复杂查询中使用子查询		10	
	工作任务完成情况评分(65 分)			
序号	能力操作考核点	教师评价	配分	得分
1	能对查询动作进行分析与分解		20	
2	能正确理解子查询的任用		10	
3	能正确运用比较运算符		15	
4	能在复杂查询中使用子查询		20	
	违纪扣分(20 分)			
序号	违纪考核点	教师评价	配分	得分
1	课上吃东西		5	
2	课上打游戏		5	
3	课上打电话		5	
4	其他扰乱课堂秩序的行为		5	

任务 10　多表连接查询

任务目标

(1) 了解连接查询的定义;
(2) 理解连接的意义;
(3) 熟悉内连接查询;
(4) 熟悉外连接查询;
(5) 熟悉交叉连接查询。

任务准备

1. 连接查询的定义

所谓连接查询,是指将多张表的关系模式按照一定的方式整合成一个关系模式的过程,这个过程就是连接,再把这个新的关系模式当作数据源进行查询的操作则称为连接查询。

2. 连接的意义

由于关系模式中的规范化要求,通常将每个实体的所有信息存放在一个表中,因此,当查询的信息涉及实体与实体之间的联系时,必然要对多张表的内容进行查询,这时可以先将分散存放有各类信息的多张表连接起来形成一张包含所需全部信息新关系的表,然后再对此新关系进行查询，从而得到操作者想要的结果。

因此，连接的作用就是既支持数据规范化的要求，又满足信息查询的需求。前者属于数据存储的范畴，因为规范化降低了数据的冗余度，后者属于应用范畴。

任务实施

内连接查询

子任务 1　内连接查询

1. 前导知识

内连接又称简单连接或自然连接。内连接查询是一种常见的连接查询，它使用比较运算符对两个表中的数据进行比较，并列出与连接条件匹配的数据行，组成新的记录。也就是说在内连接查询中，只有满足条件的记录才能出现在查询结果中。

2. 任务内容

(1) 查询借阅者的姓名、所在部门，借阅图书的图书名称、借书日期、还书截止日期。

(2) 查询每本书的图书编号、图书名称、图书分类名称。

(3) 查询借书量在 3 本及以上的借阅者信息。

3. 实施步骤

(1) 查询借阅者的姓名、所在部门，借阅图书的图书名称、借书日期、还书截止日期。在 MySQL 命令提示符后输入以下命令语句并执行：

SELECT a.borr_name,a.borr_dept,b.book_name,c.borrow_date,c.expect_return_date

FROM borrowers a INNER JOIN borrows c ON a.borr_id=c.borr_id

INNER JOIN books b ON b.book_id=c.book_id;

执行结果如图 4-44 所示。

```
mysql> select a.borr_name,a.borr_dept,b.book_name,c.borrow_date,c.expect_return_date
    -> from borrowers a inner join borrows c on a.borr_id=c.borr_id
    -> inner join books b on b.book_id=c.book_id;
+-----------+----------------------+-----------------------+---------------------+---------------------+
| borr_name | borr_dept            | book_name             | borrow_date         | expect_return_date  |
+-----------+----------------------+-----------------------+---------------------+---------------------+
| 王月仙    | 图文信息中心         | 数据库原理与应用      | 2019-10-12 00:00:00 | 2019-12-12 00:00:00 |
| 王月仙    | 图文信息中心         | MySQL数据库入门       | 2019-10-12 00:00:00 | 2019-12-12 00:00:00 |
| 王月仙    | 图文信息中心         | 软件测试基础教程      | 2019-10-12 00:00:00 | 2019-12-12 00:00:00 |
| 王一鸣    | 图文信息中心         | 软件测试基础教程      | 2020-03-06 00:00:00 | 2020-05-06 00:00:00 |
| 李建设    | 资产管理处           | 红楼梦                | 2020-03-06 00:00:00 | 2020-05-06 00:00:00 |
| 王刚      | 财务处               | 水浒传                | 2020-03-06 00:00:00 | 2020-05-06 00:00:00 |
| 李清华    | 机械与电子学院       | HTML 5网页设计与实现  | 2020-11-02 00:00:00 | 2021-01-02 00:00:00 |
| 李清华    | 机械与电子学院       | 坏习惯再见            | 2020-11-02 00:00:00 | 2021-01-02 00:00:00 |
| 李清华    | 机械与电子学院       | 红楼梦                | 2020-11-02 00:00:00 | 2021-01-02 00:00:00 |
| 刘清华    | 经济与管理学院       | 软件测试基础教程      | 2020-03-06 00:00:00 | 2020-05-06 00:00:00 |
| 刘清华    | 经济与管理学院       | 坏习惯再见            | 2020-03-06 00:00:00 | 2020-05-06 00:00:00 |
| 刘清华    | 经济与管理学院       | 史记                  | 2020-03-06 00:00:00 | 2020-05-06 00:00:00 |
| 刘清华    | 经济与管理学院       | 红楼梦                | 2020-03-06 00:00:00 | 2020-05-06 00:00:00 |
| 徐欢      | 机械与电子学院       | HTML 5网页设计与实现  | 2020-06-02 00:00:00 | 2020-10-02 00:00:00 |
| 徐欢      | 机械与电子学院       | 史记                  | 2020-06-02 00:00:00 | 2020-10-02 00:00:00 |
| 徐欢      | 机械与电子学院       | MySQL数据库项目式教程 | 2020-06-02 00:00:00 | 2020-10-02 00:00:00 |
| 徐欢      | 机械与电子学院       | 红楼梦                | 2020-06-02 00:00:00 | 2020-10-02 00:00:00 |
| 田慧心    | 护理与保健学院       | 计算机应用基础        | 2020-03-06 00:00:00 | 2020-05-06 00:00:00 |
| 田慧心    | 护理与保健学院       | 软件测试基础教程      | 2020-03-06 00:00:00 | 2020-05-06 00:00:00 |
| 张强      | 护理与保健学院       | 计算机应用基础        | 2020-03-02 00:00:00 | 2020-05-02 00:00:00 |
| 张强      | 护理与保健学院       | 软件测试基础教程      | 2020-03-02 00:00:00 | 2020-05-02 00:00:00 |
| 王悦      | 护理与保健学院       | 计算机应用基础        | 2020-06-02 00:00:00 | 2020-10-02 00:00:00 |
+-----------+----------------------+-----------------------+---------------------+---------------------+
22 rows in set (0.02 sec)

mysql>
```

图 4-44　查询借阅者的姓名、所在部门，借阅图书的图书名称等

(2) 查询每本书的图书编号、图书名称、图书分类名称。在 MySQL 命令提示符后输入以下命令语句并执行：

SELECT book_id,book_name,sort_name

FROM books INNER JOIN boo_sort a

ON books.book_sort=a.sort_id;

执行结果如图 4-45 所示。

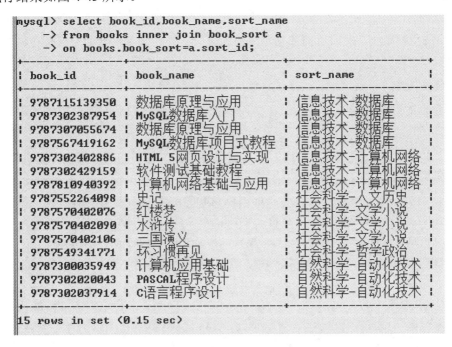

图 4-45　查询每本书的图书编号、图书名称、图书分类名称

(3) 查询借书量在 3 本及以上的借阅者信息。在 MySQL 命令提示符后输入以下命令语句并执行：

SELECT * FROM borrowers WHERE borr_id in (

SELECT borr_id FROM borrows GROUP BY borr_id HAVING count(*)>=3);

执行结果如图 4-46 所示。

```
mysql> select * from borrowers where borr_id in (
    -> select borr_id from borrows group by borr_id having count(*)>=3);
+--------------+-----------+-----------+-----------------+-----------+-----------+
| borr_id      | borr_name | borr_sex  | borr_dept       | borr_pred | borr_age  |
+--------------+-----------+-----------+-----------------+-----------+-----------+
| 129772007010 | 王月仙    | 女        | 图文信息中心    |         1 |        41 |
| 201593010890 | 李清华    | 男        | 机械与电子学院  |         1 |        18 |
| 201593074847 | 刘清华    | 男        | 经济与管理学院  |         1 |        18 |
| 201693010890 | 徐欢      | 男        | 机械与电子学院  |         1 |        18 |
+--------------+-----------+-----------+-----------------+-----------+-----------+
4 rows in set (0.19 sec)

mysql>
mysql>
mysql>
```

图 4-46　查询借书量在 3 本及以上的借阅者信息

子任务 2　外连接查询

外连接查询

1. 前导知识

内连接查询中，返回的结果只包含符合查询条件和连接条件的数据，然而有时还需要包含其他没有关联的数据，即返回查询结果中不仅包含符合条件的数据，而且还包括左表(左连接或左外连接)、右表(右连接或右外连接)或两个表(全外连接)中的所有数据，此时就需要使用外连接查询。外连接查询分为左连接查询和右连接查询。

2. 任务内容

(1) 查询所有的借阅者姓名、所在部门以及相关的借阅图书的图书名称、借书日期、还书截止日期。

(2) 查询每本书的图书编号、图书名称及所有的图书分类名称。

3. 实施步骤

(1) 查询所有的借阅者姓名、所在部门以及相关的借阅图书的图书名称、借书日期、还书截止日期。在 MySQL 命令提示符后输入以下命令语句并执行：

SELECT a.borr_name,a.borr_dept,b.book_name,c.borrow_date,c.expect_return_date

FROM borrowers a LEFT JOIN borrows c ON a.borr_id=c.borr_id

LEFT JOIN books b ON b.book_id=c.book_id;

执行结果如图 4-47 所示。

图 4-47　查询所有的借阅者姓名、所在部门以及相关的借阅图书的图书名称、借书日期、还书截止日期

我们注意到，由于此处进行的是外连接(左连接)查询，因此一本书也没有借的读者信息同样被查询出来了，只是此时这些借阅者在其他两张表中相对应的列的值为 NULL。

(2) 查询每本书的图书编号、图书名称及所有的图书分类名称。在 MySQL 命令提示符后输入以下命令语句并执行：

SELECT book_id,book_name,sort_name

FROM books

RIGHT JOIN   book_sort   a ON books.book_sort=a.sort_id;

执行结果如图 4-48 所示。

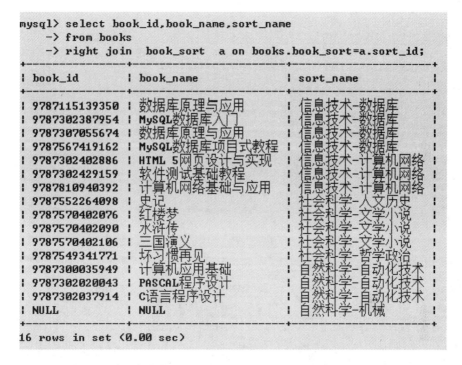

图 4-48 查询每本书的图书编号、图书名称及所有的图书分类名称

我们注意到，由于此处进行的是外连接(右连接)查询，因此一本书都没有入库的图书的分类信息也被查询出来了(即图中的自然科学-机械类)，只是此时这种图书的编号和名称两列的值为 NULL。

子任务 3   交叉连接查询

交叉连接查询

1. 前导知识

交叉连接返回的结果是被连接的两个表中所有数据行的笛卡尔积，也就是返回第一个表中符合查询条件的数据行数乘以第二个表中符合查询条件的数据行数。

2. 任务内容

(1) 使用交叉连接查询 books 表中的书号、书名、作者、出版社、书价、书籍分类和 book_sort 表的所有信息。

(2) 使用交叉连接查询清华大学出版社出版的图书的书号、书名、作者、出版社、书价、书籍分类和 book_sort 表的所有数据。

3．实施步骤

(1) 使用交叉连接查询 books 表中的书号、书名、作者、出版社、书价、书籍分类和 book_sort 表的所有信息。在 MySQL 命令提示符后输入以下命令语句并执行：

SELECT book_id,book_name,book_author,book_pub,book_price,book_sort,book_sort.*

FROM books CROSS JOIN book_sort;

执行结果如图 4-49 所示。

图 4-49　使用交叉连接查询 books 表的部分信息和 book_sort 表的所有信息

由图 4-49 可知，由于 books 表有 15 条记录，而 book_sort 表有 7 条记录，因此两表交叉连接的结果总计有 105 条，正是这两张表的记录的笛卡尔积。

(2) 使用交叉连接查询清华大学出版社出版的图书的书号、书名、作者、出版社、书价、书籍分类和 book_sort 表的所有数据。在 MySQL 命令提示符后输入以下命令语句并执行：

SELECT book_id,book_name,book_author,book_pub,book_price,book_sort,book_sort.*

FROM (select * FROM books WHERE book_pub="清华大学出版社")

CROSS JOIN book_sort;

执行结果如图 4-50 所示。

```
mysql> select book_id,book_name,book_author,book_pub,book_sort,book_sort.*
    -> from (select * from books where book_pub="清华大学出版社") across join book_sort;
+---------------+--------------------------+-------------+----------------+-----------+---------+------------------+
| book_id       | book_name                | book_author | book_pub       | book_sort | sort_id | sort_name        |
+---------------+--------------------------+-------------+----------------+-----------+---------+------------------+
| 9787302020043 | PASCAL程序设计            | 郑启华      | 清华大学出版社  | TP01      | IT01    | 信息技术-数据库   |
| 9787302037914 | C语言程序设计             | 谭浩强      | 清华大学出版社  | IT02      | IT01    | 信息技术-数据库   |
| 9787302402886 | HTML 5网页设计与实现      | 徐琴        | 清华大学出版社  | IT02      | IT01    | 信息技术-数据库   |
| 9787302429159 | 软件测试基础教程          | 曾文        | 清华大学出版社  | IT02      | IT01    | 信息技术-数据库   |
| 9787302020043 | PASCAL程序设计            | 郑启华      | 清华大学出版社  | TP01      | IT02    | 信息技术-计算机网络 |
| 9787302037914 | C语言程序设计             | 谭浩强      | 清华大学出版社  | IT02      | IT02    | 信息技术-计算机网络 |
| 9787302402886 | HTML 5网页设计与实现      | 徐琴        | 清华大学出版社  | IT02      | IT02    | 信息技术-计算机网络 |
| 9787302429159 | 软件测试基础教程          | 曾文        | 清华大学出版社  | IT02      | IT02    | 信息技术-计算机网络 |
| 9787302020043 | PASCAL程序设计            | 郑启华      | 清华大学出版社  | TP01      | SS01    | 社会科学-人文历史 |
| 9787302037914 | C语言程序设计             | 谭浩强      | 清华大学出版社  | IT02      | SS01    | 社会科学-人文历史 |
| 9787302402886 | HTML 5网页设计与实现      | 徐琴        | 清华大学出版社  | IT02      | SS01    | 社会科学-人文历史 |
| 9787302429159 | 软件测试基础教程          | 曾文        | 清华大学出版社  | IT02      | SS01    | 社会科学-人文历史 |
| 9787302020043 | PASCAL程序设计            | 郑启华      | 清华大学出版社  | TP01      | SS02    | 社会科学-文学小说 |
| 9787302037914 | C语言程序设计             | 谭浩强      | 清华大学出版社  | IT02      | SS02    | 社会科学-文学小说 |
| 9787302402886 | HTML 5网页设计与实现      | 徐琴        | 清华大学出版社  | IT02      | SS02    | 社会科学-文学小说 |
| 9787302429159 | 软件测试基础教程          | 曾文        | 清华大学出版社  | IT02      | SS02    | 社会科学-文学小说 |
| 9787302020043 | PASCAL程序设计            | 郑启华      | 清华大学出版社  | TP01      | SS03    | 社会科学-哲学政治 |
| 9787302037914 | C语言程序设计             | 谭浩强      | 清华大学出版社  | IT02      | SS03    | 社会科学-哲学政治 |
| 9787302402886 | HTML 5网页设计与实现      | 徐琴        | 清华大学出版社  | IT02      | SS03    | 社会科学-哲学政治 |
| 9787302429159 | 软件测试基础教程          | 曾文        | 清华大学出版社  | IT02      | SS03    | 社会科学-哲学政治 |
| 9787302020043 | PASCAL程序设计            | 郑启华      | 清华大学出版社  | TP01      | TP01    | 自然科学-自动化技术 |
| 9787302037914 | C语言程序设计             | 谭浩强      | 清华大学出版社  | IT02      | TP01    | 自然科学-自动化技术 |
| 9787302402886 | HTML 5网页设计与实现      | 徐琴        | 清华大学出版社  | IT02      | TP01    | 自然科学-自动化技术 |
| 9787302429159 | 软件测试基础教程          | 曾文        | 清华大学出版社  | IT02      | TP01    | 自然科学-自动化技术 |
| 9787302020043 | PASCAL程序设计            | 郑启华      | 清华大学出版社  | TP01      | TP02    | 自然科学-机械     |
| 9787302037914 | C语言程序设计             | 谭浩强      | 清华大学出版社  | IT02      | TP02    | 自然科学-机械     |
| 9787302402886 | HTML 5网页设计与实现      | 徐琴        | 清华大学出版社  | IT02      | TP02    | 自然科学-机械     |
| 9787302429159 | 软件测试基础教程          | 曾文        | 清华大学出版社  | IT02      | TP02    | 自然科学-机械     |
+---------------+--------------------------+-------------+----------------+-----------+---------+------------------+
28 rows in set (0.00 sec)
```

图 4-50 交叉连接查询清华大学出版社出版的图书信息和 book_sort 表的所有数据

评价与考核

课程名称：数据库管理与应用		授课地点：		
学习任务：多表连接查询		授课教师：		授课学时：
课程性质：理实一体		综合评分：		
知识掌握情况评分(35 分)				
序号	知识考核点	教师评价	配分	得分
1	连接查询的定义		5	
2	连接的定义		10	
3	多表连接的次序与过程		10	
4	使用多表连接查询完成复杂查询		10	
工作任务完成情况评分(65 分)				
序号	能力操作考核点	教师评价	配分	得分
1	能对查询动作进行分析与分解		20	
2	能正确理解连接的意义		10	
3	能正确选择多表连接的次序		15	
4	能使用多表连接查询完成复杂查询		20	
违纪扣分(20 分)				
序号	违纪考核点	教师评价	配分	得分
1	课上吃东西		5	
2	课上打游戏		5	
3	课上打电话		5	
4	其他扰乱课堂秩序的行为		5	

数据库与人生

在学习复杂的数据查询语句时，需要反复练习、不断推敲，并且对查询语句记笔记、做总结。学会记笔记是一种有效的学习方法。

记笔记最典型的例子就是钱钟书先生，他家里据说没什么藏书，他在社科院的时候，每个星期到社科院的图书馆借一大摞书出来，然后第二个星期还回去。钱钟书先生几乎能把看过的书都背下来，秘密就在于他记笔记。按照钱钟书夫人杨绛的回忆，他一生英文笔记有178本，中文笔记也不相上下。可见，高效的学习离不开笔记。

笔记就是把书里面看到的信息，跟自己记忆结构当中正在生长的结构对接出来的产物。笔记其实是一个人大脑的外挂。

我们在工作之前写工作计划，工作结束之后写工作记录，一周工作完会写复盘。这样在年底回顾一年工作成绩的时候，就会很清楚地知道，在各个阶段自己的目标是否达成，以及在下一年如何去实现目标。为了同学们快速成长，将来能胜任自己的工作岗位，养成记笔记的好习惯吧。

任务测试模拟试卷

一、单项选择题

1. 如果 DELETE 语句中没有使用 WHERE 子句，则下列叙述中正确的是(　　)。

A. 删除指定数据表中的最后一条记录

B. 删除指定数据表中的全部记录

C. 不删除任何记录

D. 删除指定数据表中的第一条记录

2. 查询一个表中总记录数的 SQL 语句语法格式是(　　)。

A. SELECT COUNT(*) FROM tbl_name;

B. SELECT COUNT FROM tbl_name;

C. SELECT FROM COUNT tbl name;

D. SELECT*FROM tbl_name;

3. 下列关于 DROP、TRUNCATE 和 DELETE 命令的描述中，正确的是(　　)。

A. 三者都能删除数据表的结构

B. 三者都只删除数据表中的数据

C. 三者都只删除数据表的结构

D. 三者都能删除数据表中的数据

4. 在使用 INSERT INTO 插入记录时，对于 AUTO_INCREMENT 列，若需要使其值自动增长，则不能为其指定任何有效的取值。下面填充方式中错误的是(   )。

    A. 填充 NULL 值

    B. 不显式地填充值

    C. 填充数字 0

    D. 填充数字

5. 要消除查询结果集中的重复值，可在 SELECT 语句中使用关键字(   )。

    A. UNION

    B. DISTINCT

    C. LIMIT

    D. REMOVE

6. 在 MySQL 的 SQL 语句中，要实现类似分页功能的效果，可使用(   )。

    A. LIMIT

    B. ORDER BY

    C. WHERE

    D. TRUNCATE

7. 设 WHERE 子句中的条件表达式是 num 20 BETWEEN 30，其含义是：num 的值是
20 到 30 范围内的所有整数，且(   )。

    A. 包含 20 和 30

    B. 不包含 20 和 30

    C. 包含 20，不包含 30

    D. 不包含 20，包含 30

8. 使用 SQL 语句查询学生信息表 tbl_student 中的所有数据，并按学生学号 stu_id 升序
排列，正确的语句是(   )。

    A. SELECT *FROM tbl_student ORDER BY stu_id ASC;

    B. SELECT*FROM tbl_student ORDER BY stu_id DESC;

    C. SELECT *FROM tbl_student stu_id ORDERBY ASC;

    D. SELECT *FROM tbl_student stu_id ORDERBY DESC;

9. 统计表中所有记录个数的聚集函数是(   )。

    A. COUNT

    B. SUM

    C. MAX

    D. AVG

10. 在下列有关 GROUP BY 语句的描述中，不正确的是(   )。

A. 分组条件可以有多个，并且每一个可以分别指定排序方式

B. 可以使用 WHERE 子句对所得的分组进行筛选

C. GROUP BY 可配合聚合函数一起使用，但 GROUP BY 子句中不能直接使用聚合函数

D. 除了聚合函数，SELECT 语句中的每个列都必须在 GROUP BY 子句中给出

11. 对于 SQL 查询：

    SELECT*FROM tbl_name WHERE id=(SELECT id FROM tbl_ name);

假设该表中包含 id 字段，那么该语句正确执行的条件是(　　)。

A. 该表中必须有多条记录

B. 该表中必须只有一条记录

C. 该表中记录数必须小于等于一条

D. 此 SQL 语句错误，无论如何都无法正确执行

二、操作题

1. 现有企业数据库的 db_emp 中有职工表 tb_employee 和部门表 tb_dept，tb_employee 包含的字段有 eno(职工号)、ename(姓名)、age (年龄)、title (职务)、salary(工资)和 deptno(部门号)，tb_dept 包含的字段有 deptno(部门号)、dname(部门名称)、manager(部门负责人)、telephone(电话)，请用 SQL 语句完成以下操作：

(1) 给企业新增加一个"公关部"，部门号为"D4"，电话为"010-82953306"，并任命"Liming"担任部门负责人。

(2) 将 tb_employee 表中 salary 字段的默认值修改为 3500。

(3) 查询"销售部"的员工总人数，要求查询结果显示为"总人数"。

2. 现有商场信息管理系统的数据库 db_mall，其包含一个记录商品有关信息的商品表 tb_commodity，该表包含的字段有商品号(cno)、商品名(cname)、商品类型(ctype)、产地(origin)、生产日期(birth)、价格(price)和产品说明(desc1)，请使用 SQL 语句完成以下操作：

(1) 计算商品表中北京产的电视机的价格总和(字段名为 total)。

(2) 将商品表中的产品说明(desc1)：字段删除，以简化该表。

(3) 在商品表中添加如下一行信息：

商品名: 钢笔; 商品类型: 文具; 产地: 上海; 生产日期: 2012-12-25; 价格：25。

项目五　创建与管理索引及视图

只有数据表的数据库还不能完全体现数据库管理数据的优势。为了加快数据表的操作速度，可以在数据表的基础上创建其他的对象或结构，如创建索引、创建视图等，这样就可以帮助用户更好地管理数据，提高管理数据的效率。

本项目仍以 tsgl 数据库为操作对象，重点讲解与索引、视图相关的理论与操作。

任务 11　创建与管理索引

任务目标

(1) 了解索引的定义；

(2) 了解索引的作用；

(3) 理解索引的分类；

(4) 熟悉创建索引的方法；

(5) 熟悉删除索引的方法。

任务准备

1. 索引的定义

索引是逻辑排序，它用来记录数据表中排序关键字与物理记录位置之间的对应关系。一个索引可理解为一张二维表，这个二维表有两列，一列是排序关键字，另一列就是物理记录的位置。

2. 索引的作用

索引的主要作用是在进行查找(即在查询条件中出现索引关键字)时，提高查找效率。在数据库的操作中，经常需要进行查找操作。除了在数据表中查询数据需要进行查找外，其实删除数据和更新数据也要进行查找定位。所以，如果能够提高查找的效率，那么操作数据库的效率就会显著提高。例如，当执行 "SELECT * from borrows WHERE borr_id='129772007010'" 时，如果 borr_id 的组织逻辑是无序的，则只能进行顺序查找，其查找效率为 $O(n)$；而如果 borr_id 的组织逻辑是有序的，则可以进行折半查找，其查找效率为 $O(lb\ n)$。

3. 索引的分类

索引分类有多种不同的角度，主要有以下两种分类角度。

1) 按字段的数据类型及相关逻辑

(1) 普通索引。普通索引是 MySQL 中的基本索引类型,可以创建在任何数据类型的字段中,字段值是否唯一和非空由字段本身的约束条件所决定。普通索引是由 KEY 或 INDEX 关键字定义的。例如,在 grade 表的 stu_id 字段上建立一个普通索引,其关键字表达式:KEY(stu_id) 或 INDEX (stu_id)。索引创建成功后,查询记录时,就可以根据该索引进行查询了。

(2) 唯一性索引。唯一性索引是由 UNIQUE 关键字定义的索引。该索引所在字段的值可以为 NULL,但必须是唯一的,也就是说此字段列中只能有一个 NULL。主键索引是唯一性索引的特例,只是主键不能取空值。而且一个数据表只能有一个主键索引,但可以有多个唯一性索引。例如,在关系模式 students(stuid,stuname,stuage,stusex) 中,主键是 stuid,则在字段 stuid 上可创建主键索引,也可以在此字段上创建唯一性索引。此时,我们还可以在字段 stuid 和 stuage 上创建多字段索引,而这个多字段索引很明显也是一个唯一性索引。

(3) 全文索引。全文索引是由 FULLTEXT 关键字定义的索引。它只能创建在 CHAR、VARCHAR 或 TEXT 类型的字段上,而且,现在只有 MyISAM 存储引擎支持全文索引。

(4) 空间索引。空间索引是由 SPATIAL 关键字定义的索引,它只能创建在空间数据类型的字段上。MySQL 中的空间数据类型有 4 种,分别是 GEOMETRY、POINT、LINESTRING 和 POLYGON。需要注意的是,创建空间索引的字段,必须将其声明为 NOT NULL,并且空间索引只能在存储引擎为 MyISAM 的表中创建。

空间索引主要用于地理空间数据类型 GEOMETRY。对于初学者来说,这类索引很少会用到。

2) 按创建索引的字段多少

(1) 单列索引。单列索引指的是在表中单个字段上创建索引。它可以是普通索引、唯一索引或者全文索引,只要保证该索引只对应表中一个字段即可。

(2) 多列索引。多列索引指的是在表中多个字段上创建索引。只有在查询条件中使用了这些字段中的第一个字段时,该索引才会被使用。例如,在 grade 表的 id、name 和 score 字段上创建一个多列索引,那么,只有查询条件中使用了 id 字段时,该索引才会被使用。

任务实施

子任务 1 创 建 索 引

创建索引

1. 前导知识

要想使用索引提高数据的访问速度,首先要创建一个索引。创建索引的方式有三种,具体如下:

1) 创建表的时候创建索引

创建表的时候可以直接创建索引,这种方式最简单、方便,其基本的语法格式如下:

CREATE TABLE 表名(字段名 数据类型 [完整性约束条件],

字段名 1 数据类型 1 [完整性约束条件 1],

字段名 n 数据类型 n [完整性约束条件 n]

[UNIQUE | FULLTEXT | SPATIAL] INDEX|KEY

　　　　　[别名]　(字段名 1 [(长度)] [ASC|DESCI])

　　　　　);

上述语法格式中各组成部分的意义解释如下：

UNIQUE：可选参数，表示唯一索引。

FULLTEXT：可选参数，表示全文索引。

SPATIAL：可选参数，表示空间索引。

INDEX 和 KEY：用来表示字段的索引，二者选一即可。

别名：可选参数，表示创建的索引名称，如果此选项缺省，则系统会给此索引一个默认索引名。

字段名 1：指定索引对应字段的名称。

长度：可选参数，用于表示索引的长度，也就是索引关键字的长度。

如果[UNIQUE | FULLTEXT | SPATIAL]缺省，则创建普通索引。

2) 使用 CREATE INDEX 语句在已经存在的表上创建索引

若想在一个已经存在的表上创建索引，则可以使用 CREATE　INDEX 语句。使用 CREATE INDEX 语句创建索引的具体语法格式如下：

　　　　　CREATE　[UNIQUE | FULLTEXT | SPATIAL]　INDEX 索引名

　　　　　ON 表名(字段名 [(长度)]　[ASC | DESC]);

在上述语法格式中，UNIQUE|FULLTEXT 和 SPATIAL 都是可选参数，分别用于表示唯一性索引、全文索引和空间索引，以及指明创建的索引类型，如果此选项缺省，则创建的索引类型为普通索引；INDEX 用于指明在哪个字段上创建一个什么名字的索引。

3) 使用 ALTER TABLE 语句在已经存在的表上创建索引

在已经存在的表中创建索引，除了可以使用 CREATE　INDEX 语句外，还可以使用 ALTER TABLE 语句。使用 ALTER TABLE 语句在已经存在的表上创建索引的语法格式如下：

　　　　　ALTER　TABLE 表名 ADD　[UNIQUE | FULLTEXT | SPATIAL]　INDEX

　　　　　索引名 (字段名 [(长度)] [ASC|DESC])

在上述语法格式中，UNIQUE、FULLTEXT 和 SPATIAL 都是可选参数，分别用于表示唯一性索引、全文索引和空间索引，如果此项缺省，则创建普通索引；ADD 表示向表中添加索引。

2. 任务内容

以创建"成绩管理数据库及相关数据表"为例学习如何在创建表的同时创建索引；以已有的图书管理数据库为例学习如何在已存在的表中创建索引。

成绩管理数据库中包含三张表，如表 5-1～表 5-3 所示。

表 5-1　students 表：存储学生信息

字段名称	数据类型	是否为空	完整性约束	说明
stu_id	char(8)	not null	PK	学生编号
stu_name	char(8)	not null		学生姓名
stu_sex	char(2)	null		学生性别
stu_age	int	null		学生年龄

表 5-2   projects 表：存储科目信息

字段名称	数据类型	是否为空	完整性约束	说明
proj_id	char(7)	not null	PK	科目编号
proj_name	varchar(30)	not null		科目名称
proj_xf	decimal(4,1)	not null		科目学分

表 5-3   scores 表：存储读者的借书信息

字段名称	数据类型	是否为空	完整性约束	说明
stu_id	char(8)	not null	PK/多字段主键	学生编号
proj_id	char(7)	not null	PK/多字段主键	科目编号
score	int	null		分数

具体任务如下：

(1) 创建 students 表，在 stu_id 字段上创建普通索引。

(2) 创建 projects 表，在 proj_id 字段上创建唯一索引。

(3) 创建 projects 表，在 proj_name 字段上创建全文索引。

(4) 创建 scores 表，在 stu_id 字段上创建普通索引。

(5) 创建 scores_b 表，在 stu_id 和 proj_id 上创建唯一索引。

(6) 在 borrowers 表的 borr_id 字段上创建普通索引。

(7) 在 books 表的 book_id 字段上创建唯一索引。

(8) 在 book_sort 表的 sort_name 字段上创建全文索引。

(9) 在 borrows 表的 borr_id、book_id 和 borrow_date 字段上创建唯一索引。

(10) 创建空间索引。

3．实施步骤

启动 MySQL 服务器并登录。在 MySQL 命令行方式下完成以下任务：

(1) 创建 students 表，并在 students 表的 stu_id 字段上创建普通索引。在 MySQL 命令提示符后输入以下命令语句并执行：

```
CREATE TABLE students(
stu_id    char(8) NOT NUL PRIMARY KEY,
stu_name char(8) NOT NULL,
stu_sex char(2) NULL,
stu_age int,
index (stu_id));
```

执行结果如图 5-1 所示。

```
mysql> create table students(
    -> stu_id char(8) not null primary key,
    -> stu_name char(8) not null,
    -> stu_sex char(2) null,
    -> stu_age int null,
    -> index (stu_id));
Query OK, 0 rows affected (0.06 sec)
```

图 5-1   在 students 表的 stu_id 字段上创建普通索引

　　上述 SQL 语句的执行结果还不能看到索引是否创建成功,此时再使用 SHOW CREATE TABLE 语句查看表的结构，执行结果如图 5-2 所示。

```
mysql> show create table students \G
*********************** 1. row ***********************
       Table: students
Create Table: CREATE TABLE `students` (
  `stu_id` char(8) NOT NULL,
  `stu_name` char(8) NOT NULL,
  `stu_sex` char(2) DEFAULT NULL,
  `stu_age` int(11) DEFAULT NULL,
  PRIMARY KEY (`stu_id`),
  KEY `stu_id` (`stu_id`)
) ENGINE=MyISAM DEFAULT CHARSET=latin1
1 row in set (0.01 sec)

mysql>
```

图 5-2　表 students 的结构

　　从上述结果可以看出，stu_id 字段上已经创建了一个名为"stu_id"的索引。为了查看索引是否被使用，可以使用 EXPLAIN 语句进行查看，其 SQL 命令语句如下：

　　　　EXPLAIN SELECT * FROM students WHERE stu_id= "20930001";

　　执行结果如图 5-3 所示。

```
mysql> explain select * from students where stu_id="20930010" \G
*********************** 1. row ***********************
           id: 1
  select_type: SIMPLE
        table: students
   partitions: NULL
         type: const
possible_keys: PRIMARY,stu_id
          key: PRIMARY
      key_len: 16
          ref: const
         rows: 1
     filtered: 100.00
        Extra: NULL
1 row in set, 1 warning (0.00 sec)

mysql>
```

图 5-3　执行查询语句时发挥作用的索引(一)

　　从图 5-3 中我们可以看出，students 表的 stu_id 字段上有两个索引(PRIMARY 和 stu_id)，当前发挥作用的索引是"PRIMARY"，这说明索引是有优先级的。

　　此时我们先删除此表的主键约束再运行上述命令语句，结果如图 5-4 所示。

```
mysql> show create table students\G
*********************** 1. row ***********************
       Table: students
Create Table: CREATE TABLE `students` (
  `stu_id` char(8) NOT NULL,
  `stu_name` char(8) NOT NULL,
  `stu_sex` char(2) DEFAULT NULL,
  `stu_age` int(11) DEFAULT NULL,
  KEY `stu_id` (`stu_id`)
) ENGINE=MyISAM DEFAULT CHARSET=gbk
1 row in set (0.00 sec)

mysql> explain select * from students where stu_id="20930010" \G
*********************** 1. row ***********************
           id: 1
  select_type: SIMPLE
        table: students
   partitions: NULL
         type: ref
possible_keys: stu_id
          key: stu_id
      key_len: 16
          ref: const
         rows: 1
     filtered: 100.00
        Extra: NULL
1 row in set, 1 warning (0.10 sec)

mysql>
```

图 5-4　执行查询语句时发挥作用的索引(二)

从图 5-4 中我们可以看出，此时数据表 students 中没主键索引，只有一个名为 stu_id 的索引，而且此时发挥作用的索引正是此索引。

(2) 创建 projects 表，在 proj_id 字段上创建唯一索引。在 MySQL 命令提示符后输入以下命令语句并执行：

> CREATE TABLE projects(
>
> proj_id　char(7) NOT NULL,
>
> proj_name varchar(30) NOT NULL,
>
> proj_xf,decimal(4,1),
>
> unique index (proj_id));

执行结果如图 5-5 所示。

```
mysql> create table projects(
    -> proj_id char(7) not null,
    -> proj_name varchar(30) not null,
    -> proj_xf decimal(4,1),
    -> unique index(proj_id));
Query OK, 0 rows affected (0.07 sec)
```

图 5-5　创建 projects 表，在 proj_id 字段上创建唯一索引

上述 SQL 语句的执行结果还不能看到索引是否创建成功,此时再使用 SHOW CREATE TABLE 语句查看表的结构，执行结果如图 5-6 所示。

```
mysql> show create table projects \G
*************************** 1. row ***************************
       Table: projects
Create Table: CREATE TABLE `projects` (
  `proj_id` char(7) NOT NULL,
  `proj_name` varchar(30) NOT NULL,
  `proj_xf` decimal(4,1) DEFAULT NULL,
  UNIQUE KEY `proj_id` (`proj_id`)
) ENGINE=MyISAM DEFAULT CHARSET=latin1
1 row in set (0.00 sec)

mysql>
```

图 5-6　表 projects 的结构

从图 5-6 中可以看出，在字段 proj_id 上的唯一索引“proj_id”已经创建成功，因为创建时缺省索引名，所以此索引名为默认值，即与字段名同名。

(3) 创建 projects 表，在 proj_name 字段上创建全文索引。在 MySQL 命令提示符后输入以下命令语句并执行：

```
CREATE TABLE projects(
proj_id    char(7) NOT NULL,
proj_name varchar(30) NOT NULL,
proj_xf,decimal(4,1),
fulltext index (proj_id));
```

执行结果如图 5-7 所示。

```
mysql> create table projects(
    -> proj_id char(7) not null,
    -> proj_name varchar(30) not null,
    -> proj_xf decimal(4,1),
    -> fulltext index(proj_name));
Query OK, 0 rows affected (0.05 sec)
```

图 5-7　在创建表时创建全文索引

上述 SQL 语句的执行结果还不能看到索引是否创建成功,此时再使用 SHOW CREATE TABLE 语句查看表的结构，执行结果如图 5-8 所示。

```
mysql> show create table projects \G
*************************** 1. row ***************************
       Table: projects
Create Table: CREATE TABLE `projects` (
  `proj_id` char(7) NOT NULL,
  `proj_name` varchar(30) NOT NULL,
  `proj_xf` decimal(4,1) DEFAULT NULL,
  FULLTEXT KEY `proj_name` (`proj_name`)
) ENGINE=MyISAM DEFAULT CHARSET=gbk
1 row in set (0.00 sec)
```

图 5-8　表 projects 的结构

从上述结果可以看出，字段 proj_name 上已经创建了一个名为"proj_name"的索引。为了查看索引是否被使用，可以使用 EXPLAIN 语句进行查看，其 SQL 命令语句如下：

EXPLAIN SELECT * FROM projects WHERE proj_name="大学英语";

执行结果如图 5-9 所示。

```
mysql> explain select * from projects where proj_name="大学英语" \G
*************************** 1. row ***************************
           id: 1
  select_type: SIMPLE
        table: projects
   partitions: NULL
         type: ALL
possible_keys: proj_name
          key: NULL
      key_len: NULL
          ref: NULL
         rows: 3
     filtered: 33.33
        Extra: Using where
1 row in set, 1 warning (0.07 sec)
```

图 5-9　查看索引使用情况

从图 5-9 中可以看出，索引在查询的过程中并没有发挥作用。

需要注意的是，由于目前只有 MyISAM 存储引擎支持全文索引，InnoDB 存储引擎还不支持全文索引，因此，在建立全文索引时，一定要注意将表的存储引擎设为 MyISAM。对于经常需要索引的字符串、文字数据等信息，可以考虑存储到存储引擎为 MyISAM 的表中。

(4) 创建 scores 表，分别在 stu_id 和 proj_id 两个字段上创建普通索引。在 MySQL 命令提示符后输入以下命令语句并执行：

CREATE TABLE scores(

stu_id char(8) NOT NULL,

proj_id char(7) NOT NULL,

score int NULL,

key(stu_id),

key(proj_id));

执行结果如图 5-10 所示。

```
mysql> create table scores(
    -> stu_id char(8) not null,
    -> proj_id char(7) not null,
    -> score int null,
    -> key(stu_id),
    -> key(proj_id));
Query OK, 0 rows affected (0.01 sec)
```

图 5-10　在创建表时，创建两个单列索引

上述 SQL 语句的执行结果还不能看到索引是否创建成功，此时再使用 SHOW CREATE

TABLE 语句查看表的结构，执行结果如图 5-11 所示。

```
mysql> show create table scores \G
*************************** 1. row ***************************
       Table: scores
Create Table: CREATE TABLE `scores` (
  `stu_id` char(8) NOT NULL,
  `proj_id` char(7) NOT NULL,
  `score` int(11) DEFAULT NULL,
  KEY `stu_id` (`stu_id`),
  KEY `proj_id` (`proj_id`)
) ENGINE=MyISAM DEFAULT CHARSET=latin1
1 row in set (0.00 sec)

mysql>
```

图 5-11　表 score 的结构

从上述结果可以看出，字段 stu_id 和 proj_id 已经分别创建了一个名为"stu_id"的索引和名为"proj_id"的索引。为了查看索引是否被使用，可以使用 EXPLAIN 语句进行查看，其 SQL 命令语句如下：

　　EXPLAIN SELECT * FROM scores WHERE proj_id="0702001";

执行的结果如图 5-12 所示。

```
mysql> explain select * from scores where proj_id="0702001" \G
*************************** 1. row ***************************
           id: 1
  select_type: SIMPLE
        table: scores
   partitions: NULL
         type: ref
possible_keys: proj_id
          key: proj_id
      key_len: 7
          ref: const
         rows: 3
     filtered: 100.00
        Extra: NULL
1 row in set, 1 warning (0.00 sec)

mysql>
```

图 5-12　索引 proj_id 在查询时的使用情况

从上述执行结果可以看出，possible_keys 和 key 的值都为 proj_id，说明 proj_id 这个索引已经存在并且在执行查询语句的过程中就开始发挥作用了。

(5) 创建 scores_b 表，结构与 scores 表相同，并在 stu_id 和 proj_id 上创建唯一索引。在 MySQL 命令提示符后，分别输入以下两条命令语句并执行：

① 创建表的命令：

　　CREATE TABLE scores(

　　stu_id char(8) NOT NULL,

　　proj_id char(7) NOT NULL,

　　score int NULL,

UNIQUE KEY(stu_id, proj_id));

② 显示表结构的命令：

SHOW CREATE TABLE scores_b \G

执行结果如图 5-13 所示。

```
mysql> create table scores_b<
    -> stu_id char<8> not null,
    -> proj_id char<7> not null,
    -> score int null,
    -> unique key<stu_id,proj_id>);
Query OK, 0 rows affected <0.01 sec>

mysql> show create table scores_b \G
*************************** 1. row ***************************
       Table: scores_b
Create Table: CREATE TABLE `scores_b` <
  `stu_id` char<8> NOT NULL,
  `proj_id` char<7> NOT NULL,
  `score` int<11> DEFAULT NULL,
  UNIQUE KEY `stu_id` <`stu_id`,`proj_id`>
> ENGINE=MyISAM DEFAULT CHARSET=latin1
1 row in set <0.00 sec>

mysql>
```

图 5-13　创建表的同时创建多列唯一索引 stu_id

从执行结果来看，scores_b 表中已经创建了一个多字段索引，索引名为 "stu_id"，由于在定义语句中缺省了索引名，因此此索引的默认名称与第一个字段的名字相同。

需要注意的是，在多列索引中，只有查询条件使用了这些字段中的第一个字段时，多列索引才会被使用。为了验证这个说法是否正确，将 stu_id 字段作为查询条件，通过 explain 语句查看索引的使用情况，SQL 执行结果如图 5-14 所示。

```
mysql> explain select * from scores_b where stu_id="2093001" \G
*************************** 1. row ***************************
           id: 1
  select_type: SIMPLE
        table: scores_b
   partitions: NULL
         type: ref
possible_keys: stu_id
          key: stu_id
      key_len: 8
          ref: const
         rows: 2
     filtered: 100.00
        Extra: NULL
1 row in set, 1 warning <0.00 sec>
```

图 5-14　查看索引 stu_id 在查询语句执行时是否被使用

从上述执行结果可以看出，possible_keys 和 key 的值都为 stu_id，说明此索引已经存在，并且在执行查询语句的过程中就被使用了。但是，如果只使用 proj_id 作为查询条件，则 SQL 执行结果如图 5-15 所示。

```
mysql> explain select * from scores_b where proj_id="0702001" \G
*************************** 1. row ***************************
           id: 1
  select_type: SIMPLE
        table: scores_b
   partitions: NULL
         type: ALL
possible_keys: NULL
          key: NULL
      key_len: NULL
          ref: NULL
         rows: 7
     filtered: 14.29
        Extra: Using where
1 row in set, 1 warning (0.00 sec)

mysql>
```

图 5-15　查看索引 stu_id 在查询语句执行时是否被使用

从上述执行结果可以看出，possible_keys 和 key 的值都为 NULL，说明索引 stu_id 在执行查询语句的过程没有被使用。原因就是此时查询条件并非第一字段。

以下操作在数据库 tsgl 中完成。

(6) 在 borrowers 表的 borr_id 字段上创建普通索引。在 MySQL 命令提示符后输入以下命令语句并执行：

① 创建索引的语句：

CREATE INDEX borr_id ON borrowers(borr_id);

或

ALTER TABLE borrowers ADD INDEX(borr_id);

② 查看数据表结构的语句：

SHOW CREATE TABLE borrowers \G

执行结果如图 5-16 所示。

```
mysql> create index borr_id on borrowers(borr_id);
Query OK, 0 rows affected (0.27 sec)
Records: 0  Duplicates: 0  Warnings: 0

mysql> show create table borrowers \G
*************************** 1. row ***************************
       Table: borrowers
Create Table: CREATE TABLE `borrowers` (
  `borr_id` char(12) NOT NULL,
  `borr_name` char(8) NOT NULL,
  `borr_sex` char(2) NOT NULL,
  `borr_dept` varchar(20) NOT NULL,
  `borr_pred` int(11) NOT NULL DEFAULT '1',
  `borr_age` int(11) NOT NULL,
  PRIMARY KEY (`borr_id`),
  KEY `borr_id` (`borr_id`)
) ENGINE=InnoDB DEFAULT CHARSET=utf8
1 row in set (0.00 sec)
```

图 5-16　在 borrowers 表的 borr_id 字段上创建普通索引

从执行结果可以看出，在字段 borr_id 上已经创建了一个名为 borr_id 的普通索引。

(7) 在 books 表的 book_id 字段上创建唯一索引。在 MySQL 命令提示符后输入以下命令语句并执行：

① 创建索引的语句：

　　　　CREATE UNIQUE INDEX book_id ON books(book_id);

或　　　ALTER TABLE books ADD UNIQUE INDEX(book_id);

② 查看数据表结构的语句：

　　　show create table books \G

执行结果如图 5-17 所示。

```
mysql> alter table books add unique index(book_id);
Query OK, 0 rows affected (0.11 sec)
Records: 0  Duplicates: 0  Warnings: 0

mysql> show create table books\G
*************************** 1. row ***************************
       Table: books
Create Table: CREATE TABLE `books` (
  `book_id` char(13) NOT NULL,
  `book_name` varchar(30) NOT NULL,
  `book_price` decimal(8,2) NOT NULL,
  `book_author` char(12) NOT NULL,
  `book_pub` varchar(30) NOT NULL,
  `book_num` tinyint(4) NOT NULL,
  `book_sort` char(4) NOT NULL,
  `book_entrance` datetime NOT NULL,
  PRIMARY KEY (`book_id`),
  UNIQUE KEY `book_id` (`book_id`),
  KEY `books_books` (`book_sort`),
  CONSTRAINT `books_books` FOREIGN KEY (`book_sort`) REFERENCES `book_sort` (`sort_id`)
) ENGINE=InnoDB DEFAULT CHARSET=utf8
1 row in set (0.07 sec)
```

图 5-17　在 books 表的 book_id 字段上创建唯一索引

由执行结果可以看出，在字段 book_id 上已经创建了一个名为 book_id 的唯一索引。

注意：在一张表的同一字段上可同时创建普通索引和唯一索引，只要这个字段的完整性约束满足创建索引的条件，如 books 表中的字段 book_id，就可以同时创建两个索引，只是在使用的过程中，仅有一个索引会发挥作用。同时也要注意主键索引(PRIMARY)和唯一索引(UNIQUE)的区别。

(8) 在 book_sort 表的 sort_name 字段上创建全文索引。在 MySQL 命令提示符后输入以下命令语句并执行：

① 创建索引的语句：

　　　　CREATE FULLTEXT INDEX sort_name ON book_sort(sort_name);

或　　　ALTER TABLE book_sort ADD FULLTEXT INDEX(sort_name);

② 查看数据表结构的语句：

　　　　SHOW CREATE TABLE book_sort \G

执行结果如图 5-18 所示。

```
mysql> create fulltext index sort_name on book_sort(sort_name);
Query OK, 0 rows affected, 1 warning (0.46 sec)
Records: 0  Duplicates: 0  Warnings: 1

mysql> show create table book_sort \G
*************************** 1. row ***************************
       Table: book_sort
Create Table: CREATE TABLE `book_sort` (
  `sort_id` char(4) NOT NULL,
  `sort_name` varchar(20) NOT NULL,
  PRIMARY KEY (`sort_id`),
  FULLTEXT KEY `sort_name` (`sort_name`)
) ENGINE=InnoDB DEFAULT CHARSET=utf8
1 row in set (0.00 sec)

mysql>
```

图 5-18 在 book_sort 表的 sort_name 字段上创建全文索引

(9) 在 borrows 表的 borr_id、book_id 和 borrow_date 字段上创建唯一索引。在 MySQL 命令提示符后输入以下命令语句并执行：

① 创建索引的语句：

CREATE UNIQUE INDEX ON borrows(borr_id,book_id,borrow_date);

或   ALTER TABLE borrows ADD UNIQUE INDEX(borr_id,book_id,borrow_date);

② 查看数据表结构的语句：

SHOW CREATE TABLE borrows \G

执行结果如图 5-19 所示。

```
mysql> alter table borrows add unique index(borr_id,book_id,borrow_date);
Query OK, 0 rows affected (0.10 sec)
Records: 0  Duplicates: 0  Warnings: 0

mysql> show create table borrows \G
*************************** 1. row ***************************
       Table: borrows
Create Table: CREATE TABLE `borrows` (
  `borr_id` char(12) NOT NULL,
  `book_id` char(13) NOT NULL,
  `borrow_date` datetime NOT NULL,
  `expect_return_date` datetime NOT NULL,
  PRIMARY KEY (`borr_id`,`book_id`,`borrow_date`),
  UNIQUE KEY `borr_id` (`borr_id`,`book_id`,`borrow_date`),
  KEY `borr_books` (`book_id`),
  CONSTRAINT `borr_books` FOREIGN KEY (`book_id`) REFERENCES `books` (`book_id`),
  CONSTRAINT `borr_borr` FOREIGN KEY (`borr_id`) REFERENCES `borrowers` (`borr_id`)
) ENGINE=InnoDB DEFAULT CHARSET=utf8
1 row in set (0.00 sec)

mysql>
```

图 5-19 在 borrows 表的 borr_id、book_id 和 borrow_date 字段上创建唯一索引

(10) 创建空间索引。创建一个表名为 positions 的表，此表有两个字段：一个是字段 id，数据类型为 int；另一个是字段 space，数据类型为 GEOMETRY。字段完整性约束不能为空值。在字段 space 上创建空间索引。在 MySQL 命令提示符后输入以下命令语句并执行：

① 创建索引的语句：

```
CREATE TABLE positions(
id int,
space GEOMETRY NOT NULL,
SPATIAL INDEX sps(space));
```

② 查看数据表结构的语句：

```
SHOW CREATE TABLE positions \G
```

执行结果如图 5-20 所示。

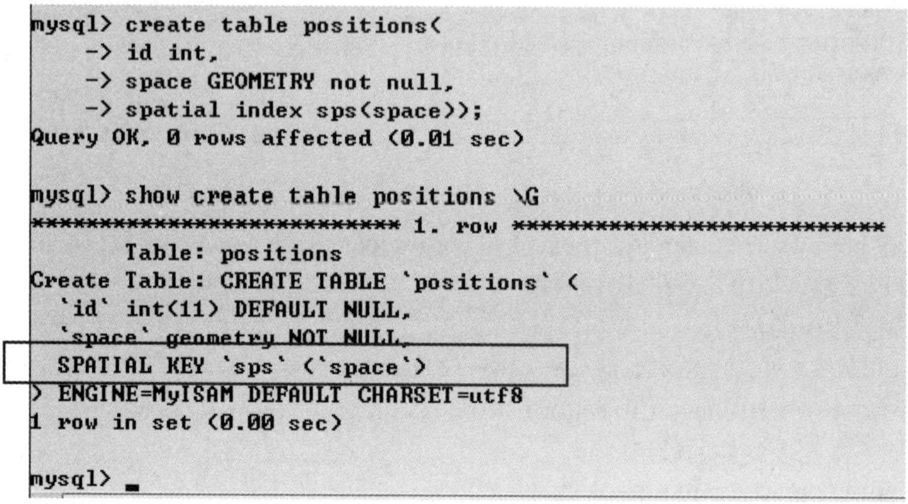

图 5-20 创建空间索引

从执行结果可以看出，在 positions 表的字段"space"上创建了一个名为"sps"的空间索引。

需要注意的是，创建空间索引时，所在字段的值不能为空值，并且表的存储引擎必须是 MyISAM。

子任务 2 删 除 索 引

1. 前导知识

由于索引会占用一定的磁盘空间，而且当数据表规模比较大时，过多的索引有时反而会降低数据查询的效率，因此为了避免出现这种情况，应及时删除不再使用的索引。删除索引有两种方式，具体如下：

(1) 使用 ALTER TABLE 删除索引，其基本语法格式如下：

```
ALTER TABLE 表名 DROP INDEX 索引名；
```

(2) 使用 DROP INDEX 删除索引，其基本语法格式如下：

```
DROP INDEX 索引名 ON 表名；
```

2. 任务内容

(1) 删除 borrowers 表中名为 borr_id 的普通索引。

(2) 删除 books 表中名为 book_id 的唯一索引。

(3) 删除 book_sort 表中名为 sort_name 的全文索引。

3.　实施步骤

(1) 删除 borrowers 表中名为 borr_id 的普通索引。在 MySQL 命令提示符后输入以下命令语句并执行：

① 查看数据表结构的语句：

  SHOW CREATE TABLE borrowers \G

② 删除索引的语句：

  ALTER TABLE borrowers DROP INDEX borr_id;

或 DROP INDEX borr_id ON borrowers;

③ 查看数据表结构的语句：

  SHOW CREATE TABLE borrowers \G

执行结果如图 5-21 所示。

```
mysql> show create table borrowers \G
*************************** 1. row ***************************
       Table: borrowers
Create Table: CREATE TABLE `borrowers` (
  `borr_id` char(12) NOT NULL,
  `borr_name` char(8) NOT NULL,
  `borr_sex` char(2) NOT NULL,
  `borr_dept` varchar(20) NOT NULL,
  `borr_pred` int(11) NOT NULL DEFAULT '1',
  `borr_age` int(11) NOT NULL,
  PRIMARY KEY (`borr_id`),
  KEY `borr_id` (`borr_id`)
) ENGINE=InnoDB DEFAULT CHARSET=utf8
1 row in set (0.00 sec)

mysql> drop index borr_id on borrowers;
Query OK, 0 rows affected (0.11 sec)
Records: 0  Duplicates: 0  Warnings: 0

mysql> show create table borrowers \G
*************************** 1. row ***************************
       Table: borrowers
Create Table: CREATE TABLE `borrowers` (
  `borr_id` char(12) NOT NULL,
  `borr_name` char(8) NOT NULL,
  `borr_sex` char(2) NOT NULL,
  `borr_dept` varchar(20) NOT NULL,
  `borr_pred` int(11) NOT NULL DEFAULT '1',
  `borr_age` int(11) NOT NULL,
  PRIMARY KEY (`borr_id`)
) ENGINE=InnoDB DEFAULT CHARSET=utf8
1 row in set (0.00 sec)

mysql>
```

图 5-21　删除 borrowers 表中名为 borr_id 的普通索引

由执行结果可以看出，borrowers 表的索引 borr_id 已被删除。

(2) 删除 books 表中名为 book_id 的唯一索引。在 MySQL 命令提示符后输入以下命令语句并执行：

① 查看数据表结构的语句：

SHOW CREATE TABLE books \G

② 删除索引的语句：

ALTER TABLE books DROP INDEX book_id;

或　　　　DROP INDEX book_id ON books;

③ 查看数据表结构的语句：

SHOW CREATE TABLE books \G

执行结果如图 5-22 所示。

```
Create Table: CREATE TABLE `books` (
  `book_id` char(13) NOT NULL,
  `book_name` varchar(30) NOT NULL,
  `book_price` decimal(8,2) NOT NULL,
  `book_author` char(12) NOT NULL,
  `book_pub` varchar(30) NOT NULL,
  `book_num` tinyint(4) NOT NULL,
  `book_sort` char(4) NOT NULL,
  `book_entrance` datetime NOT NULL,
  PRIMARY KEY (`book_id`),
  UNIQUE KEY `book_id` (`book_id`),
  KEY `books_books` (`book_sort`),
  CONSTRAINT `books_books` FOREIGN KEY (`book_sort`) REFERENCES `book_sort` (`sort_id`)
) ENGINE=InnoDB DEFAULT CHARSET=utf8
1 row in set (0.00 sec)

mysql> alter table books drop index book_id;
Query OK, 0 rows affected (0.06 sec)
Records: 0  Duplicates: 0  Warnings: 0

mysql> show create table books \G
*****************************  1. row  *****************************
       Table: books
Create Table: CREATE TABLE `books` (
  `book_id` char(13) NOT NULL,
  `book_name` varchar(30) NOT NULL,
  `book_price` decimal(8,2) NOT NULL,
  `book_author` char(12) NOT NULL,
  `book_pub` varchar(30) NOT NULL,
  `book_num` tinyint(4) NOT NULL,
  `book_sort` char(4) NOT NULL,
  `book_entrance` datetime NOT NULL,
  PRIMARY KEY (`book_id`),
  KEY `books_books` (`book_sort`),
  CONSTRAINT `books_books` FOREIGN KEY (`book_sort`) REFERENCES `book_sort` (`sort_id`)
) ENGINE=InnoDB DEFAULT CHARSET=utf8
1 row in set (0.00 sec)
```

图 5-22　删除 books 表中名为 book_id 的唯一索引

由执行结果可以看出，books 表的唯一索引 book_id 已被删除。

(3) 删除 book_sort 表中名为 sort_name 的全文索引。在 MySQL 命令提示符后输入以下命令语句并执行：

① 查看数据表结构的语句：

SHOW CREATE TABLE book_sort \G

② 删除索引的语句：

　　　　　　ALTER TABLE book_sort DROP INDEX sort_name;

或　　　　　DROP INDEX sort_name ON book_sort;

　③ 查看数据表结构的语句：

　　　　　SHOW CREATE TABLE book_sort \G

执行结果如图 5-23 所示。

图 5-23　删除 book_sort 表中名为 sort_name 的全文索引

由执行结果可以看出，book_sort 表的全文索引"sort_name"已被删除。

评价与考核

课程名称：数据库管理与应用		授课地点：		
学习任务：创建与管理索引		授课教师：		授课学时：
课程性质：理实一体		综合评分：		
知识掌握情况评分(35 分)				
序号	知识考核点	教师评价	配分	得分
1	索引的定义		5	
2	索引的作用		5	
3	索引的分类		10	
4	创建索引的命令语句		10	
5	删除索引的命令语句		5	

工作任务完成情况评分(65 分)				
序号	能力操作考核点	教师评价	配分	得分
1	能创建各类索引		20	
2	能根据需要灵活创建各类索引		35	
3	能删除索引		10	
违纪扣分(20 分)				
序号	违纪考核点	教师评价	配分	得分
1	课上吃东西		5	
2	课上打游戏		5	
3	课上打电话		5	
4	其他扰乱课堂秩序的行为		5	

任务 12　创建和管理视图

任务目标

(1) 了解视图的定义；

(2) 理解视图的优点；

(3) 熟练创建视图的方法；

(4) 熟练操作视图的方法；

(5) 熟练删除视图的方法。

任务准备

1．视图的定义

视图是从一个或多个数据源(数据表或视图等)中查询出来的结果形成的表，是一种虚拟存在的表，主要用来存储表的定义。视图的结构和数据都依赖于基本表，通过视图不仅可以看到存放在基本表中的数据，并且还可以像操作基本表一样，对视图中存放的数据进行查询、更新和删除。

2．视图的优点

与直接操作基本表相比，视图具有以下优点：

(1) 简单化。视图是面向具体用户的。不同的用户只需要看到数据库中一张表或多张表中相对固定的某些数据，这时，如果使用视图则可以简化数据源，包括简化数据模式，减少数据规模等；将那些被经常使用的查询定义为视图，就像构造一个函数一样，可以提高重用性，从而简化操作，提高数据处理的效率。例如，对于借阅者来说，他只关心自己当前借阅书籍的书名和最后还书日期，因此，可创建一个这样的视图 mybook，它的定义为"SELECT 书名,最后还书日期 FROM borrows…WHERE 借阅者证号="…""。当借阅者每次登录系统时，直接指定视图 mybook 为此用户的数据源，可大大简化相关操作。

(2) 安全性。通过视图用户只能查询和修改他们所能见到的数据，数据库中的其他数据对于此用户来说是透明的。因此用户既不能读取其他数据，更不可能破坏其他数据；数据库授权命令可以使每个用户对数据库的检索限制到特定的数据库对象如表上，但不能授权到数据表特定的行和特定的列上。此时创建视图是一种非常好的做法，因为视图可以扮演与原数据表几乎一样的角色。

(3) 逻辑数据独立性。视图可以帮助用户屏蔽真实表结构变化带来的影响。因为视图只存储相关的定义，而并不存储数据、结构等。只要接口不发生变化，视图的定义就是固定的。此处的接口主要是指表的名字、字段的名字等。

任务实施

子任务 1　创 建 视 图

创建视图

1．前导知识

视图中包含了 SELECT 查询的结果，因此视图的创建基于 SELECT 语句和已存在的数据表。视图可以建立在一张表上，也可以建立在多张表上。在 MySQL 中，创建视图使用CREATE VIEW 语句，其基本语法格式如下：

　　　CREATE [OR REPLACE]　[ALGORITHM = {UNDEFINED| MERGE|TEMPTABLE}]

　　　VIEW view_name [(column_ list)]

　　　AS select_ statement

　　　[WITH [CASCADED | LOCAL] CHECK OPTION];

在上述语法格式中，对每个部分的意义说明如下：

CREATE：创建视图的关键字。

OR REPLACE：可选项，如果给出此子句，则表示该语句可以替换已有视图。

ALGORITHM：可选项，表示视图选择的算法，有三种取值，即 UNDEFINED、MERGE和 TEMPTABLE。

(1) UNDEFINED：MySQL 将自动选择所要使用的算法。

(2) MERGE：将使用视图的语句与视图定义合并起来，使得视图定义的某一部分取代语句的对应部分。

(3) TEMPTABLE：将视图的结果存入临时表，然后使用临时表参与后续的操作。

(4) view_name：要创建的视图名称。

(5) column_ list：可选项，表示字段名清单。指定了视图中各个字段名，默认情况下，与 SELECT 语句中查询的字段名相同。

(6) AS：指定视图要执行的操作。

(7) select_ statement：一个完整的查询语句，表示从某个表或视图中查出某些满足条件的记录，并将这些记录导入视图中。

(8) WITH CHECK OPTION：可选项，表示创建视图时要保证在该视图的权限范围之内。

(9) CASCADED：可选项，表示创建视图时，需要满足与该视图有关的所有相关视图和表的条件，该参数为默认值。

(10) LOCAL：可选项，表示创建视图时，只要满足该视图本身定义的条件即可。

该语句要求具有针对视图的 CREATE VIEW 权限，以及针对由 SELECT 语句选择的每一列上的某些权限。对于在 SELECT 语句中其他地方使用的列，必须具有 SELECT 权限。如果还有 OR REPLACE 子句，则必须在视图上具有 DROP 权限。

视图属于数据库。在默认情况下，将在当前数据库中创建新视图。要想在给定数据库中明确创建视图，创建时应将名称指定为 db_name.view_name。

创建视图前，应知道它的一些限制。视图创建和使用最常见的规则和限制如下：

(1) 与表一样，视图必须唯一命名(不能给视图取与别的视图或表相同的名字)。

(2) 对于可以创建的视图数目没有限制。

(3) 为了创建视图，必须具有足够的访问权限。这些限制通常由数据库管理人员授予。

(4) 视图可以嵌套，即可以利用从其他视图中检索数据的查询来构造一个视图。

(5) ORDER BY 可以用在视图中，但如果从该视图检索数据 SELECT 中也含有 ORDER BY，那么该视图中的 ORDER BY 将被覆盖，即视图定义中的 ORDER BY 选项不起作用。

(6) 视图不能索引，也不能有关联的触发器或默认值。

(7) 视图可以和表一起使用。例如，当前有数据表 books 和视图 borrow_user，以下 SQL 语句即可从 books 表和视图 borrow_user 中查询相关数据。

```
SELECT * FROM books INNER JOIN borrow_user ON books.book_id=borrow_user.book_id;
```

2. 任务内容

(1) 在 borrowers 表上创建一个查询借阅者所在部门为"###学院"的借阅者的视图 view_students，要求查询借阅者的 borr_id、borr_name、borr_sex、borr_age、borr_dept。

(2) 在 borrowers 表上创建一个查询借阅者所在部门为职能部门且年龄在 30 岁及以上的借阅者的 borr_id、borr_name、borr_sex、borr_age、borr_dept 的视图 view_teachers。

(3) 在 borrowers 表上创建一个统计各部门人数的视图 view_dept_rstj。

(4) 创建一个统计各部门借阅图书总量的视图 view_dept_books。

(5) 创建一个统计各类图书数量的视图 view_booksort_books。

(6) 创建一个查询 borr_id 编号为"129772007010"的借阅者借书信息的视图，包括 book_name、expect_return_date。

3. 实施步骤

启动 MySQL 服务器，登录成功后，在 MySQL 命令行方式下完成以下操作。操作对象仍然是 tsgl 数据库。

(1) 在 borrowers 表上创建一个查询借阅者所在部门为"###学院"的借阅者的视图 view_student，要求查询借阅者的 borr_id、borr_name、borr_sex、borr_age、borr_dept。在 MySQL 命令提示符后输入以下命令语句并执行：

① 创建视图的命令语句：

```
CREATE VIEW view_students   AS
SELECT borr_id,borr_name,borr_sex,borr_age,borr_dept
FROM borrowers
```

WHERE borr_dept like "%学院";

② 查询视图的命令语句：

SELECT * FROM view_students;

执行结果如图 5-24 所示。

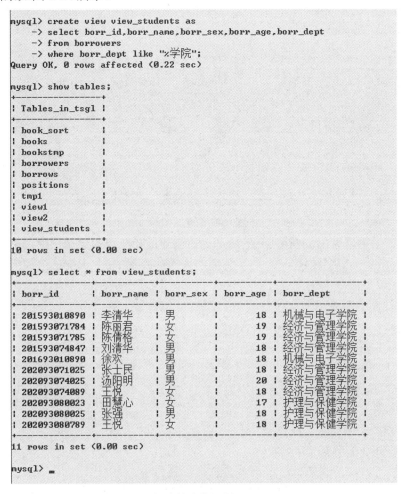

图 5-24　创建并查询视图 view_students

从图 5-24 中可以看出，视图 view_students 创建成功，视图定义正确。

(2) 在 borrowers 表上创建一个查询借阅者所在部门为职能部门且年龄在 30 岁及以上的借阅者的 borr_id、borr_name、borr_sex、borr_age、borr_dept 的视图 view_teachers。在 MySQL 命令提示符后输入以下命令语句并执行：

① 创建视图的命令语句：

CREATE VIEW view_teachers AS

SELECT borr_id,borr_name,borr_sex,borr_age,borr_dept

FROM borrowers

WHERE borr_id LIKE "12977%" AND borr_age>=30;

② 查询视图的命令语句：

SELECT * FROM view_teachers;

执行结果如图 5-25 所示。

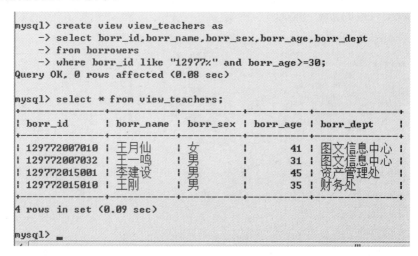

图 5-25　创建并查询视图 view_teachers

从图 5-25 中可以看出，视图 view_teachers 创建成功，视图定义正确。

（3）在 borrowers 表上创建一个统计各部门人数的视图 view_dept_rstj。在 MySQL 命令提示符后输入以下命令语句并执行：

① 创建视图的命令语句：

CREATE VIEW view_dept_rstj as

SELECT borr_dept,count(*) as 人数

FROM borrowers

GROUP BY borr_dept;

② 查询视图的命令语句：

SELECT * FROM view_dept_rstj;

执行结果如图 5-26 所示。

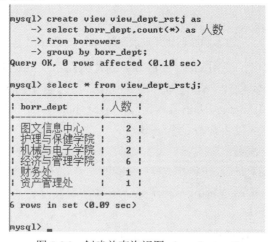

图 5-26　创建并查询视图 view_dept_rstj

从图 5-26 中可以看出，视图 view_dept_rstj 创建成功，视图定义正确。

(4) 创建一个统计各部门借阅图书总量的视图 view_dept_books。在 MySQL 命令提示符后输入以下命令语句并执行：

① 创建视图的命令语句：

CREATE VIEW view_dept_books as

SELECT borrowers.borr_dept AS 部门,count(book_id) AS 借阅量

FROM borrowers INNER JOIN borrows ON borrowers.borr_id=borrows.borr_id

GROUP BY borrowers.borr_dept;

② 查询视图的命令语句：

SELECT * FROM view_dept_books;

执行结果如图 5-27 所示。

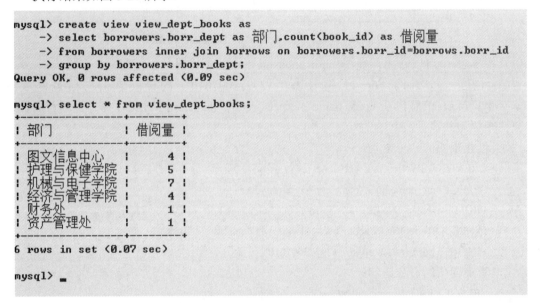

图 5-27 创建并查询视图 view_dept_books

从图 5-27 中可以看出，视图 view_dept_books 创建成功，视图定义正确。

(5) 创建一个统计各类图书数量的视图 view_booksort_books。在 MySQL 命令提示符后输入以下命令语句并执行：

① 创建视图的命令语句：

CREATE VIEW view_booksort_books AS

SELECT sort_name 图书类型,sum(book_num) 图书存量

FROM books INNER JOIN book_sort ON books.book_sort=book_sort.sort_id

GROUP BY sort_name;

② 查询视图的命令语句：

SELECT * FROM view_booksort_books;

执行结果如图 5-28 所示。

```
mysql> create view view_booksort_books as
    -> select sort_name 图书类型,sum(book_num) 图书存量
    -> from books inner join book_sort on books.book_sort=book_sort.sort_id
    -> group by sort_name;
Query OK, 0 rows affected (0.05 sec)

mysql> select * from view_booksort_books;
+------------------------+------------+
| 图书类型               | 图书存量   |
+------------------------+------------+
| 信息技术-数据库        |         22 |
| 信息技术-计算机网络    |         10 |
| 社会科学-人文历史      |          8 |
| 社会科学-哲学政治      |          5 |
| 社会科学-文学小说      |         30 |
| 自然科学-自动化技术    |         21 |
+------------------------+------------+
6 rows in set (0.06 sec)

mysql>
```

图 5-28　创建并查询视图 view_booksort_books

从图 5-28 中可以看出，视图 view_booksort_books 创建成功，视图定义正确。

(6) 创建一个查询 borr_id 编号为 "129772007010" 的借阅者借书信息的视图 view_stu_books，信息包括 book_name、expect_return_date。在 MySQL 命令提示符后输入以下命令语句并执行：

① 创建视图的命令语句：

　　CREATE VIEW view_stu_books AS

　　SELECT borr_name,book_name,expect_return_date

　　FROM borrowers INNER JOIN borrows ON borrowers.borr_id=borrows.borr_id

　　INNER JOIN books ON books.book_id=borrows.book_id

　　WHERE　borrowers.borr_id="129772007010";

② 查询视图的命令语句：

　　SELECT * FROM view_stu_books;

执行结果如图 5-29 所示。

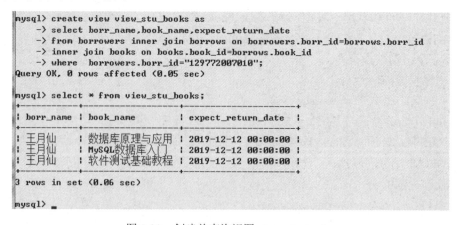

图 5-29　创建并查询视图 view_stu_books

从图 5-29 中可以看出，视图 view_stu_books 创建成功，视图定义正确。

子任务 2　操 作 视 图

操作视图

1. 前导知识

视图创建成功后，就可以对视图进行操作了。虽然视图就是一张表，但视图只存储了一个查询定义，因此对于视图操作还是不同于对于真实表的操作。尤其修改视图时，就不可以像修改表一样进行。除了修改视图之外，我们还可以利用视图对数据表进行更新数据、插入记录和删除记录的操作，即使用 UPDATE、INSERT、DELETE 等语句对视图进行操作。下面简单介绍如何修改视图以及利用视图操作数据表。

1) 修改视图

修改视图是指修改数据库中存在的视图。例如，当基本表的某些字段发生变化时，可以通过修改视图的方式来保持视图与基本表的一致性。在 MySQL 中，可以通过 CREATE OR REPLACE VIEW 语句和 ALTER 语句来修改视图。

(1) 在 MySQL 中，使用 CREATE OR REPLACE VIEW 语句修改视图，其语法如下：

```
CREATE   [OR REPLACE]   [ALGORITHM = {UNDEFINED| MERGE|TEMPTABLE} ]
VIEW   view_ name [ ( column_ list)]
AS   select_ statement
[WITH [CASCADED | LOCAL]   CHECK   OPTION];
```

可以看到，修改视图的语句和创建视图的语句是完全一样的，只是修改视图时一定要加上"OR REPLACE"选项。执行此语句时，如果视图已经存在，那么使用修改语句对视图进行定义覆盖；如果视图不存在，那么将创建一个新视图。因此，此时的 view_name 应该是一个已经存在的视图。

(2) 使用 ALTER 语句修改视图。ALTER 语句是 MySQL 提供的另一种修改视图的方法，其语法如下：

```
ALTER   [ALGORITHM = {UNDEFINED| MERGE|TEMPTABLE}]
VIEW   view_ name [ (column_ list))
AS select _ statement
[WITH [CASCADED| LOCAL] CHECK OPTION];
```

这个语法格式中的关键字和前面创建视图的关键字是一样的，这里不再介绍。

需要注意的是，此时 view_name 一定是已经存在的视图，否则会报错。

2) 利用视图操作数据表

利用视图操作数据表是指通过视图来插入、更新、删除表中的数据，这是视图最主要的作用之一。因为视图是一个虚拟表，其中没有数据。因此，当通过视图更新数据时，其实是更新基本表中的数据；如果向视图中增加记录或者从视图中删除记录，实际上是对其相对应的基本表增加或者删除记录。视图更新主要有三种操作：INSERT、UPDATE 和 DELETE。这三条语句对视图进行操作的语法格式与操作基本表的语法格式完全一样。

(1) 使用 UPDATE 语句更新视图。在 MySQL 中，可以使用 UPDATE 语句对视图中原有的数据进行更新。其命令语句的常见语法格式如下：

UPDATE view_name SET 字段名 1=表达式 1[,字段名 2=表达式 2[,…]] [WHERE 条件表达式];

此语法格式中的各子句含义与前面章节中的 UPDATE 一样，只是此时将基本表的名字换成了视图的名字而已。

(2) 使用 INSERT 语句更新视图。在 MySQL 中，可以使用 INSERT 语句对视图中的基本表插入一条记录。其命令语句的语法格式与前面章节的 INSERT 语句一样。

(3) 使用 DELETE 语句更新视图。在 MySQL 中，可以使用 DELETE 语句对视图中的基本表删除部分记录。其命令语句的语法格式与前面章节的 DELETE 语句一样。

需要注意的是，尽管更新视图与更新基本表很相似，但是并非所有情况下都能执行视图的更新操作。当视图中包含有如下内容时，视图的更新操作将不能被执行：

(1) 视图中不包含基本表中被定义为非空的列。

(2) 在定义视图的 SELECT 语句后的字段列表中使用了数学表达式。

(3) 在定义视图的 SELECT 语句后的字段列表中使用了聚合函数。

(4) 在定义视图的 SELECT 语句中使用了 DISTINCT、UNION、LIMIT、GROUP BY 或 HAVING 子句。

2. 任务内容

(1) 修改视图 view_students，查询 borrowers 表中所有借阅者的 borr_id、borr_name、borr_sex、borr_age、borr_dept。

(2) 修改视图 view_dept_books，统计借阅图书总量的视图 view_dept_books。

(3) 修改视图 view_booksort_books，统计出版社图书总数量的视图 view_booksort_books。

(4) 将视图 view_students 中姓名为"陈丽君"的年龄改为 17 岁。

(5) 在视图 view_students 中插入一条新的借阅者信息，其 borr_id、borr_name、borr_sex、borr_age、borr_dept 分别为"129772007200""刘泉""男""29""人事处"。

(6) 删除视图 view_students 中借阅者编号前四位为"2015"的记录。

3. 实施步骤

(1) 修改视图 view_students，查询 borrowers 表中所有借阅者的 borr_id、borr_name、borr_sex、borr_age、borr_dept。在修改视图之前，可以先查询原视图，查询结果如图 5-30 所示。

```
mysql> select * from view_students;
+--------------+-----------+----------+----------+----------------+
| borr_id      | borr_name | borr_sex | borr_age | borr_dept      |
+--------------+-----------+----------+----------+----------------+
| 201593010890 | 李清华     | 男        |       18 | 机械与电子学院   |
| 201593071784 | 陈丽君     | 女        |       19 | 经济与管理学院   |
| 201593071785 | 陈倩倩     | 女        |       19 | 经济与管理学院   |
| 201593074847 | 刘清华     | 男        |       18 | 经济与管理学院   |
| 201693010890 | 徐欢       | 男        |       18 | 机械与电子学院   |
| 202093071025 | 张士民     | 男        |       18 | 经济与管理学院   |
| 202093074025 | 汤阳明     | 男        |       20 | 经济与管理学院   |
| 202093074089 | 王悦       | 女        |       18 | 经济与管理学院   |
| 202093080023 | 田慧心     | 女        |       17 | 护理与保健学院   |
| 202093080025 | 张强       | 男        |       18 | 护理与保健学院   |
| 202093080789 | 王悦       | 女        |       18 | 护理与保健学院   |
+--------------+-----------+----------+----------+----------------+
11 rows in set (0.00 sec)
```

图 5-30　查询原视图 view_students

从图 5-30 中的结果来看，当前视图中有 11 条记录。

在 MySQL 命令提示符后输入以下命令语句并执行：

① 修改视图的命令语句：

　　CREATE or REPLACE VIEW view_students　AS

　　SELECT borr_id,borr_name,borr_sex,borr_age,borr_dept

　　FROM borrowers;

② 查询视图的命令语句：

　　SELECT * FROM view_students;

执行结果如图 5-31 所示。

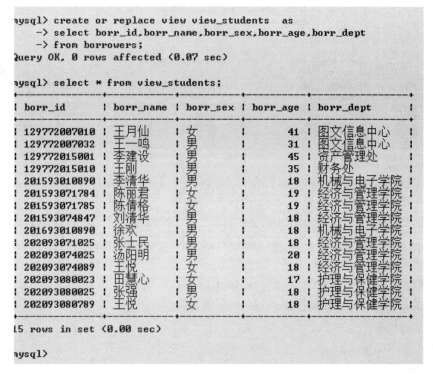

图 5-31　修改并查询视图 view_students

从图 5-31 中可以看出，视图 view_students 修改成功，当前视图中有 15 条记录。

(2) 修改视图 view_dept_books，统计借阅图书总量的视图 view_dept_books。在 MySQL 命令提示符后输入以下命令语句并执行：

① 修改视图的命令语句：

　　CREATE or REPLACE VIEW view_dept_books as

　　SELECT count(book_id) as 借阅总量

　　FROM borrows

② 查询视图的命令语句：

　　SELECT * FROM view_dept_books;

执行结果如图 5-32 所示。

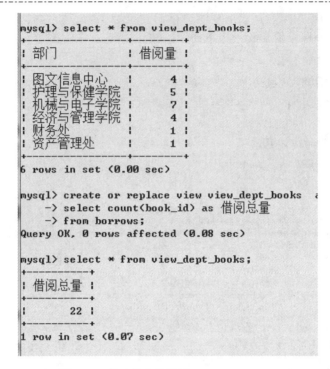

图 5-32　修改并查询视图 view_dept_books

从图 5-32 中可以看出，视图 view_dept_books 修改成功，视图定义正确。

(3) 修 改 视 图 view_booksort_books ，统 计 出 版 社 图 书 总 数 量 的 视 图 view_booksort_books。在 MySQL 命令提示符后输入以下命令语句并执行：

① 修改视图的命令语句：

CREATE or REPLACE VIEW view_booksort_books AS

SELECT book_pub 出版社,sum(book_num) 图书总量

FROM books

GROUP BY book_pub;

② 查询视图的命令语句：

SELECT * FROM view_booksort_books;

执行结果如图 5-33 所示。

从图 5-33 中可以看出，视图 view_booksort_books 修改成功，视图定义正确。

(4) 将视图 view_students 中姓名为"陈丽君"的年龄改为 17 岁。

通过查询基本表 borrowers，我们发现"陈丽君"的年龄原为 19 岁。在 MySQL 命令提示符后输入以下命令语句并执行：

① 更新视图的命令语句：

UPDATE view_students SET borr_age=17 WHERE borr_name="陈丽君";

② 查询视图的命令语句：

SELECT * FROM view_booksort_books;

执行结果如图 5-34 所示。

图 5-33　修改并查询视图 view_booksort_books

图 5-34　利用 UPDATE 更新视图 view_students

从图 5-34 中可以看到，视图已经更新。

查询基本表 borrowers，查询结果如图 5-35 所示。

从图 5-35 中可以看到，通过更新视图更新了基本表。

```
mysql> select * from borrowers;
+--------------+-------------+----------+--------------------+-----------+----------+
| borr_id      | borr_name   | borr_sex | borr_dept          | borr_pred | borr_age |
+--------------+-------------+----------+--------------------+-----------+----------+
| 129772007010 | 王月仙      | 女       | 图文信息中心        |         1 |       41 |
| 129772007032 | 王一鸣      | 男       | 图文信息中心        |         1 |       31 |
| 129772015001 | 李建设      | 男       | 资产管理处          |         1 |       45 |
| 129772015010 | 王刚        | 男       | 财务处              |         1 |       35 |
| 201593010890 | 李清华      | 男       | 机械与电子学院       |         1 |       18 |
| 201593071784 | 陈丽君      | 女       | 经济与管理学院       |         1 |       17 |
| 201593071785 | 陈倩格      | 女       | 经济与管理学院       |         1 |       19 |
| 201593074847 | 刘清华      | 男       | 经济与管理学院       |         1 |       18 |
| 201693010890 | 徐欢        | 男       | 机械与电子学院       |         1 |       18 |
| 202093071025 | 张士民      | 男       | 经济与管理学院       |         1 |       18 |
| 202093074025 | 汤阳明      | 男       | 经济与管理学院       |         1 |       20 |
| 202093074089 | 王悦        | 女       | 经济与管理学院       |         1 |       18 |
| 202093080023 | 田慧心      | 女       | 护理与保健学院       |         1 |       17 |
| 202093080025 | 张强        | 男       | 护理与保健学院       |         1 |       18 |
| 202093080789 | 王悦        | 女       | 护理与保健学院       |         1 |       18 |
+--------------+-------------+----------+--------------------+-----------+----------+
15 rows in set (0.00 sec)

mysql>
```

图 5-35 查询基本表 borrowers

（5）在视图 view_students 中插入一条新的借阅者信息，其 borr_id、borr_name、borr_sex、borr_age、borr_dept 分别为"129772007200""刘泉""男""29""人事处"。

通过查询基本表 borrowers，我们发现原有记录 15 条。在 MySQL 命令提示符后输入以下命令语句并执行：

① 更新视图的命令语句：

INSERT INTO   view_students VALUES("129772007200","刘泉","男",29,"人事处");

② 查询视图的命令语句：

SELECT * FROM view_students;

执行结果如图 5-36 所示。

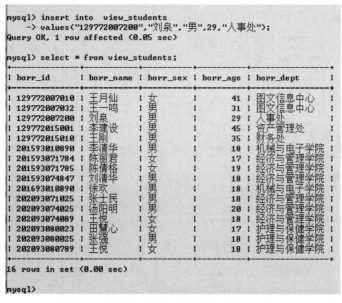

图 5-36 利用 INSERT 更新视图 view_students

查询基本表 borrowers，查询结果如图 5-37 所示。

图 5-37 查询基本表 borrowers

从图 5-37 中可以看到，通过更新视图更新了基本表。

(6) 删除视图 view_students 中借阅者编号前四位为"2015"的记录。通过查询基本表 borrowers，我们发现原有记录 16 条。在 MySQL 命令提示符后输入以下命令语句并执行：

① 更新视图的命令语句：

    DELETE FROM view_students WHERE borr_id LIKE "2015%";

② 查询视图的命令语句：

    SELECT * FROM view_students;

执行结果如图 5-38 所示。

图 5-38 删除语句没有执行成功

从图 5-38 中可以看出，删除语句没有执行成功，原因是：基本表 borrowers 和 borrows 表之间通过相同字段 borr_id 设置有参照完整性，即 borrows 表中设置有外键约束，只有删除此外键约束后，再执行删除语句才能成功，执行结果如图 5-39 所示。

```
mysql> alter table borrows drop forcign key borr_borr;
Query OK, 0 rows affected (0.12 sec)
Records: 0  Duplicates: 0  Warnings: 0

mysql> delete from view_students where borr_id like "2015%";
Query OK, 4 rows affected (0.00 sec)

mysql> select * from view_students;
+--------------+-----------+----------+----------+------------------+
| borr_id      | borr_name | borr_sex | borr_age | borr_dept        |
+--------------+-----------+----------+----------+------------------+
| 129772007010 | 王月仙    | 女       |       41 | 图文信息中心     |
| 129772007032 | 王一鸣    | 男       |       31 | 图文信息中心     |
| 129772007200 | 刘泉      | 男       |       29 | 人事处           |
| 129772015001 | 李建设    | 男       |       45 | 资产管理处       |
| 129772015010 | 王刚      | 男       |       35 | 财务处           |
| 201693010890 | 徐欢      | 男       |       18 | 机械与电子学院   |
| 202093071025 | 张士民    | 男       |       18 | 经济与管理学院   |
| 202093074025 | 汤阳明    | 男       |       20 | 经济与管理学院   |
| 202093074089 | 王悦      | 女       |       18 | 经济与管理学院   |
| 202093080023 | 田慧心    | 女       |       17 | 护理与保健学院   |
| 202093080025 | 张强      | 男       |       18 | 护理与保健学院   |
| 202093080789 | 王悦      | 女       |       18 | 护理与保健学院   |
+--------------+-----------+----------+----------+------------------+
12 rows in set (0.00 sec)
```

图 5-39　利用 DELETE 更新视图 view_students

查询基本表 borrowers，查询结果如图 5-40 所示。

```
mysql> select * from borrowers;
+--------------+-----------+----------+------------------+-----------+----------+
| borr_id      | borr_name | borr_sex | borr_dept        | borr_pred | borr_age |
+--------------+-----------+----------+------------------+-----------+----------+
| 129772007010 | 王月仙    | 女       | 图文信息中心     |         1 |       41 |
| 129772007032 | 王一鸣    | 男       | 图文信息中心     |         1 |       31 |
| 129772007200 | 刘泉      | 男       | 人事处           |         1 |       29 |
| 129772015001 | 李建设    | 男       | 资产管理处       |         1 |       45 |
| 129772015010 | 王刚      | 男       | 财务处           |         1 |       35 |
| 201693010890 | 徐欢      | 男       | 机械与电子学院   |         1 |       18 |
| 202093071025 | 张士民    | 男       | 经济与管理学院   |         1 |       18 |
| 202093074025 | 汤阳明    | 男       | 经济与管理学院   |         1 |       20 |
| 202093074089 | 王悦      | 女       | 经济与管理学院   |         1 |       18 |
| 202093080023 | 田慧心    | 女       | 护理与保健学院   |         1 |       17 |
| 202093080025 | 张强      | 男       | 护理与保健学院   |         1 |       18 |
| 202093080789 | 王悦      | 女       | 护理与保健学院   |         1 |       18 |
+--------------+-----------+----------+------------------+-----------+----------+
12 rows in set (0.00 sec)
```

图 5-40　查询基本表 borrowers

从图 5-40 中可以看到，此时基本表中只有 12 条记录，说明通过更新视图更新了基本表。

子任务 3　删 除 视 图

1. 前导知识

当视图不再需要时，可以将其删除，删除视图时，只会删除视图的定义，不会删除数据。删除一个或多个视图时可以使用 DROP VIEW 语句，

删除视图

其基本语法如下：

> DROP VIEW [IF EXISTS]
>
> view_ name[，view_ name[,…]]
>
> [RESTRICT| CASCADE]

其中，view_ name 是要删除的视图名称，可以一次删除多个视图，多个视图名称之间使用逗号分隔。删除视图必须拥有 DROP 权限。

2. 任务内容

(1) 删除视图 view_students。

(2) 删除视图 view_dept_books。

3. 实施步骤

(1) 删除视图 view_students。通过查询基本表 borrowers，我们发现原有记录 12 条。在 MySQL 命令提示符后输入以下命令语句并执行：

> DROP VIEW view_students;

执行结果如图 5-41 所示。

图 5-41 删除视图 view_students

从图 5-41 可以看到，视图 view_students 已被删除。

查询基本表 borrowers，查询结果如图 5-42 所示。

图 5-42 查询基本表 borrowers

通过图 5-42 可以看到，基本表没有被删除。

(2) 删除视图 view_dept_books。通过查询基本表 borrows，我们发现原有记录 22 条。在 MySQL 命令提示符后输入以下命令语句并执行：

> DROP VIEW view_dept_books;

执行结果如图 5-43 所示。

```
mysql> drop view view_dept_books;
Query OK, 0 rows affected (0.00 sec)

mysql> select * from view_dept_books;
ERROR 1146 (42S02): Table 'tsgl.view_dept_books' doesn't exist
mysql>
```

图 5-43　删除视图 view_dept_books

查询基本表 borrows，查询结果如图 5-44 所示。

```
mysql> select * from borrows;
+--------------+---------------+---------------------+---------------------+
| borr_id      | book_id       | borrow_date         | expect_return_date  |
+--------------+---------------+---------------------+---------------------+
| 129772007010 | 9787115139350 | 2019-10-12 00:00:00 | 2019-12-12 00:00:00 |
| 129772007010 | 9787302387954 | 2019-10-12 00:00:00 | 2019-12-12 00:00:00 |
| 129772007010 | 9787302429159 | 2019-10-12 00:00:00 | 2019-12-12 00:00:00 |
| 129772007032 | 9787302429159 | 2020-03-06 00:00:00 | 2020-05-06 00:00:00 |
| 129772015001 | 9787570402076 | 2020-03-06 00:00:00 | 2020-05-06 00:00:00 |
| 129772015010 | 9787570402090 | 2020-03-06 00:00:00 | 2020-05-06 00:00:00 |
| 201593010890 | 9787302402886 | 2020-11-02 00:00:00 | 2021-01-02 00:00:00 |
| 201593010890 | 9787549341771 | 2020-11-02 00:00:00 | 2021-01-02 00:00:00 |
| 201593010890 | 9787570402076 | 2020-11-02 00:00:00 | 2021-01-02 00:00:00 |
| 201593074847 | 9787302429159 | 2020-03-06 00:00:00 | 2020-05-06 00:00:00 |
| 201593074847 | 9787549341771 | 2020-03-06 00:00:00 | 2020-05-06 00:00:00 |
| 201593074847 | 9787552264098 | 2020-03-06 00:00:00 | 2020-05-06 00:00:00 |
| 201593074847 | 9787570402076 | 2020-03-06 00:00:00 | 2020-05-06 00:00:00 |
| 201693010890 | 9787302402886 | 2020-06-02 00:00:00 | 2020-10-02 00:00:00 |
| 201693010890 | 9787552264098 | 2020-06-02 00:00:00 | 2020-10-02 00:00:00 |
| 201693010890 | 9787567419162 | 2020-06-02 00:00:00 | 2020-10-02 00:00:00 |
| 201693010890 | 9787570402076 | 2020-06-02 00:00:00 | 2020-10-02 00:00:00 |
| 202093080023 | 9787300035949 | 2020-03-06 00:00:00 | 2020-05-06 00:00:00 |
| 202093080023 | 9787302429159 | 2020-03-06 00:00:00 | 2020-05-06 00:00:00 |
| 202093080025 | 9787300035949 | 2020-03-02 00:00:00 | 2020-05-02 00:00:00 |
| 202093080025 | 9787302429159 | 2020-03-02 00:00:00 | 2020-05-02 00:00:00 |
| 202093080789 | 9787300035949 | 2020-06-02 00:00:00 | 2020-10-02 00:00:00 |
+--------------+---------------+---------------------+---------------------+
22 rows in set (0.00 sec)
```

图 5-44　查询基本表 borrows

通过图 5-44 可以看到，基本表没有被删除。

评价与考核

课程名称：数据库管理与应用	授课地点：	
学习任务：子查询	授课教师：	授课学时：
课程性质：理实一体	综合评分：	
知识掌握情况评分(35 分)				

序号	知识考核点	教师评价	配分	得分
1	视图的定义		5	
2	视图的作用		5	
3	在数据库中创建视图的命令语句		10	
4	使用视图的方法		10	
5	删除视图的命令语句		5	

续表

工作任务完成情况评分(65 分)			
序号	能力操作考核点	教师评价	配分	得分
1	能在数据库中创建视图		10	
2	能正确使用视图		10	
3	能根据需要合理创建所需视图		20	
4	能使用命令语句对视图进行修改		15	
5	能使用命令语句删除视图		10	
违纪扣分(20 分)			
序号	违纪考核点	教师评价	配分	得分
1	课上吃东西		5	
2	课上打游戏		5	
3	课上打电话		5	
4	其他扰乱课堂秩序的行为		5	

数据库与人生

本项目涉及索引的建立。在数据库中建立索引的注意事项如下：

(1) 确定针对该表的操作是大量的查询操作还是大量的增删改操作。

(2) 建立索引来实现特定的查询。检查 sql 语句，为那些在 where 子句中频繁出现的字段建立索引。

(3) 建立复合索引来进一步提高系统性能。修改复合索引不但耗时更长，而且占用磁盘空间。

(4) 对于小型表，建立索引可能会影响性能。

(5) 应避免对具有较少值的字段进行索引。

(6) 避免选择大型数据类型的列作为索引。

索引的数目不是越多越好。每个索引都需要占用磁盘空间，索引越多，需要的磁盘空间越大，修改表时对索引的重构和更新越麻烦、费时。

建立索引是为了加快查询的速度，但不是所有的表和字段都适合建立索引，是否建立索引、建立哪种索引，都需要根据具体的表和查询来决定。

在算法选择过程中，一般采用"奥卡姆剃刀(Ocama's razor)准则"。该准则由 14 世纪英格兰的逻辑学家、圣方济各会修士奥卡姆的威廉(William of Occam，约 1285—1349 年)提出。"奥卡姆剃刀准则"的核心是"如无必要，勿增实体"，即"简单有效原理"。此原理告诉我们看待问题一定要把握事情的本质，解决最根本的问题。尤其要顺应自然，不要把事情人为地复杂化，这样才能把事情处理好。

任务测试模拟试卷

一、单项选择题

1. 给定如下 SQL 语句：

CREATE VIEW test.V_test

AS

SELECT *FROM test.students

WHERE age<19;

该语句的功能是(　　　　)。

A. 在 test 表上建立一个名为 V_test 的视图

B. 在 students 表上建立一个查询，存储在名为 test 的表中

C. 在 test 数据库的 students 表上建立一个名为 V_test 的视图

D. 在 test 表上建立一个名为 students 的视图

2. MySQL 中用来创建数据库对象的命令是(　　　)。

A. CREATE

B. ALTER

C. DROP

D. GRANT

3. 下列关于 MySQL 基本表和视图的描述中，正确的是(　　　)。

A. 对基本表和视图的操作完全相同

B. 只能对基本表进行查询操作，不能对视图进行查询操作

C. 只能对基本表进行更新操作，不能对视图进行更新操作

D. 能对基本表和视图进行更新操作，但对视图的更新操作是受限制的

4. 下列关于索引的叙述中，错误的是(　　　)。

A. 索引能够提高数据表读写速度

B. 索引能够提高查询效率

C. UNIQUE 索引是唯一性索引

D. 索引可以建立在单列上，也可以建立多列上

5. 下列关于视图的叙述中，正确的是(　　　)。

A. 使用视图，能够屏蔽数据库的复杂性

B. 更新视图数据的方式与更新表中数据的方式相同

C. 视图上可以建立索引

D. 使用视图，能够提高数据更新的速度

6. 对于索引，正确的描述是(　　　)。

A. 索引的数据无须存储，仅保存在内存中

B. 一个表上可以有多个聚集索引

C. 索引通常可减少表扫描，从而提高检索的效率

D. 所有索引都是唯一性索引

二、操作题

1. 企业数据库的 db_emp 中有职工表 tb_employee 和部门表 tb_dept，tb_employee 包含的字段有 eno(职工号)、ename(姓名)、age (年龄)、title (职务)、salary(工资)和 deptno(部门号)，tb_dept 包含的字段有 deptno(部门号)、dname(部门名称)、manager(部门负责人)、telephone(电话)。

请用 SQL 语句为"采购部"建立一个员工视图 v_emp，包括职工号(eno)、姓名(ename)、年龄(age)和工资(salary)。

2. 有一商场信息管理系统的数据库 db_mall，其包含一个记录商品有关信息的商品表 tb_commodity，该表包含的字段有商品号(cno)、商品名(cname)、商品类型(ctype)、产地(origin)、生产日期(birth)、价格(price)和产品说明(desc1)。

请使用 SQL 语句，在数据库 db_mall 中创建一个视图 v_bjcommodity，要求该视图包含商品表中产地为北京的全部商品信息。

项目六　事务、存储过程与触发器

　　通过前面几个项目的学习，我们对数据库的相关理论、数据库的基本操作以及 SQL 语句的运用有了一定的了解，要实现某些功能，只需要一条命令语句即可完成。然而，在数据库应用系统开发过程中，要实现系统的某些功能，往往需要编写一组 SQL 语句并连续执行。很明显，如果只采用前面的形式，是没有办法实现的。为了能够达到一次执行多条 SQL 语句的效果，确保这一组语句所做操作的完整性、重用性，MySQL 引入了事务和存储过程机制。

　　另外，在对数据库的某张表进行更新、删除或插入操作时，为了保证数据的完整性和有效性，同时需要对与之相关联的表或数据进行相应的操作，这就需要用到触发器。

　　本项目以数据库 TSGL 为依托，主要通过一些实例对事务管理、存储过程以及触发器进行详细讲解。

任务 13　事 务 管 理

任务目标

　　(1) 了解事务的概念；
　　(2) 了解事务的特性；
　　(3) 理解事务管理；
　　(4) 熟悉事务的提交；
　　(5) 熟悉事务的回滚；
　　(6) 熟悉事务的隔离级别。

任务准备

1. 事务的概念

　　事务是一个最小的不可再分的工作单元，通常一个事务对应一个完整的业务。在 SQL 层面，我们可以把事务理解为由多条 SQL 命令语句组成的、用以完成一个业务功能的共同体。事务是一个不可再分的工作单元，说明事务是有边界的，为了识别事务的边界，必须用相应的机制来界定这个边界。

　　事务也可以理解为一种工作机制。因为事务是一个工作单元，所以对于这样的工作单元，我们可以制定与之相关的运行机制，因此事务也称为事务机制。注意，MyISAM 存储引擎不支持事务机制，INNODB 支持事务机制。

2．事务的特性

事务有四个特性，即原子性(Atomicity)、一致性(Consistency)、隔离性(Isolation)、持久性(Durability)，也就是我们俗称的 ACID 标准。

1) 原子性

原子性是指一个事务必须被视为一个不可分割的最小工作单元，只有事务中所有对数据库的操作都执行成功，才算整个事务执行成功，事务中如果有任何一个 SQL 语句执行失败，已经执行成功的 SQL 语句也必须撤销，使数据库的状态退回到执行事务之前。

2) 一致性

一致性是指事务将数据库从一种一致状态转变为另一种一致状态，也就是说事务的执行不能破坏数据库的一致性。例如，在表中有一个字段为姓名，具有唯一约束，即姓名不能重复，如果一个事务对姓名进行了修改，使姓名变得不唯一了，这就破坏了事务的一致性要求。如果事务中的某个动作失败了，系统可以自动撤销事务，返回初始状态。

3) 隔离性

隔离性还可以称为并发控制、可串行化、锁等，当多个用户并发访问数据库时，数据库为每一个用户开启的事务，不能被其他事务的操作数据所干扰，多个并发事务之间要相互隔离。

4) 持久性

事务一旦提交，其所做的修改就会永久保存到数据库中，即使数据库发生故障也不应该对其有任何影响。需要注意的是，事务的持久性只能从事务本身的角度来保证，而一些其他原因导致数据库发生的异常与事务的持久性是两回事。例如，由于硬盘损坏导致的数据的永久性丢失，这种永久性不是由事务引发的，与事务持久性并不对立。

需要注意的是，针对事务的四个特性有个简单的印象就可以了，不必太过斟酌，事务的操作才是重点掌握的内容。

3．事务管理

事务管理主要包括事务的开启、事务的回滚、事务的提交以及事务的隔离级别的设置等。

任务实施

子任务 1　了解事务的概念

1．前导知识

现实生活中，有很多业务需要多步操作才能完成，如转账操作。转账分为两步来完成，即转入和转出，只有这两步都完成才认为转账成功。在数据库中，这个过程是使用两条 SQL 语句完成的，如果其中任意一条语句出现异常没有执行，就会导致两个账户的金额不同步，造成错误。再如超市的一笔零售业务，它需要完成转账操作，同时也需要完成修改库存的操作，只有这样才能保持数据的完整性。

为了防止由上述问题引起数据不一致等情况的发生，MySQL 中引入了事务机制。所谓事务机制就是针对数据库的一组操作，它可以由一条或多条 SQL 语句组成，同一个事务的操作具备同步的特点，如果其中有一条语句无法执行，那么所有的语句都不会执行。也就是说，事务中的语句要么都执行，要么都不执行。

在数据库中实施事务机制时，必须先开启事务，作为事务边界的界定。开启事务的 SQL 命令语句如下：

　　　START　TRANSACTION;

上述语句用于开启事务，事务开启之后就可以执行其他 SQL 语句， SQL 语句执行成功后，需要使用命令语句提交事务，从而实现相应的功能。提交事务的语句具体如下：

　　　COMMIT;

需要注意的是，在 MySQL 中直接书写的 SQL 语句都是自动提交的，而事务中的操作语句(即事务开启语句执行后，事务提交语句执行之前)都需要使用 COMMIT 语句手动提交，只有事务提交后其中的操作才会长久生效。

如果不想提交当前事务还可以使用回滚语句取消事务，使之前的语句失效。具体语句如下：

　　　ROLLBACK;

需要注意的是，ROLLBACK 语句只能针对未提交的事务执行回滚操作，已提交的事务是不能回滚的。

通过上述的讲解，读者对事务有了一个简单的了解，为了让读者更好地学习事务，接下来通过一个借书的案例来演示如何使用事务。下述操作均以 tsgl 数据库为操作对象。

2. 任务内容

在数据库 tsgl 中，运用事务机制完成借书。现有借阅者(借阅者证号 202093071025)到图书馆借阅一本图书(书籍编号 9787549341771)。此处要求借书时，需修改书籍的库存量。

3. 实施步骤

1) 分析

借书过程是通过数据的变化来体现的。首先应向 borrows 表中插入一条记录，再修改 books 表中相应图书的库存量，这才是一个完整的借书过程；否则，如果两条语句中有一条执行出错，都会造成数据的不一致。因此需要使用事务机制。

所谓事务机制，就是灵活运用事务开启语句、事务提交语句、事务回滚语句以及隔离机制等，以实现数据库操作的正确性、合理性，保持数据库的完整性、一致性。

2) 实施

启动 MySQL 数据库并登录，切换当前数据库为 tsgl。

第一步，开启事务。注意，在此之后、提交语句执行之前执行的语句均属于此事务的范围。在 MySQL 命令提示符后输入以下命令语句并执行，即可开启事务。

　　　START　TRANSACTION;

第二步，向 borrows 表中插入一条记录。在 MySQL 命令提示符后输入以下命令语句并执行，执行结果如图 6-1 所示。

INSERT INTO borrows VALUES("202093071025","9787549341771",20210830,20211030);

SELECT * FROM borrows;

```
mysql> start transaction;
Query OK, 0 rows affected (0.00 sec)

mysql> insert into borrows values("202093071025","9787549341771",20210830,20211030);
Query OK, 1 row affected (0.14 sec)

mysql> select * from borrows;
+--------------+---------------+---------------------+---------------------+
| borr_id      | book_id       | borrow_date         | expect_return_date  |
+--------------+---------------+---------------------+---------------------+
| 129772007010 | 9787115139350 | 2019-10-12 00:00:00 | 2019-12-12 00:00:00 |
| 129772007010 | 9787302387954 | 2019-10-12 00:00:00 | 2019-12-12 00:00:00 |
| 129772007010 | 9787302429159 | 2019-10-12 00:00:00 | 2019-12-12 00:00:00 |
| 129772007032 | 9787302429159 | 2020-03-06 00:00:00 | 2020-05-06 00:00:00 |
| 129772015001 | 9787570402076 | 2020-03-06 00:00:00 | 2020-05-06 00:00:00 |
| 129772015010 | 9787570402090 | 2020-03-06 00:00:00 | 2020-05-06 00:00:00 |
| 201593010890 | 9787302402886 | 2020-11-02 00:00:00 | 2021-01-02 00:00:00 |
| 201593010890 | 9787549341771 | 2020-11-02 00:00:00 | 2021-01-02 00:00:00 |
| 201593010890 | 9787570402076 | 2020-11-02 00:00:00 | 2021-01-02 00:00:00 |
| 201593074847 | 9787302429159 | 2020-03-06 00:00:00 | 2020-05-06 00:00:00 |
| 201593074847 | 9787549341771 | 2020-03-06 00:00:00 | 2020-05-06 00:00:00 |
| 201593074847 | 9787552264098 | 2020-03-06 00:00:00 | 2020-05-06 00:00:00 |
| 201593074847 | 9787570402076 | 2020-03-06 00:00:00 | 2020-05-06 00:00:00 |
| 201693010890 | 9787302402886 | 2020-06-02 00:00:00 | 2020-10-02 00:00:00 |
| 201693010890 | 9787552264098 | 2020-06-02 00:00:00 | 2020-10-02 00:00:00 |
| 201693010890 | 9787567419162 | 2020-06-02 00:00:00 | 2020-10-02 00:00:00 |
| 201693010890 | 9787570402076 | 2020-06-02 00:00:00 | 2020-10-02 00:00:00 |
| 202093071025 | 9787549341771 | 2021-08-30 00:00:00 | 2021-10-30 00:00:00 |
| 202093080023 | 9787300035949 | 2020-03-06 00:00:00 | 2020-05-06 00:00:00 |
| 202093080023 | 9787302429159 | 2020-03-06 00:00:00 | 2020-05-06 00:00:00 |
| 202093080025 | 9787300035949 | 2020-03-02 00:00:00 | 2020-05-02 00:00:00 |
| 202093080025 | 9787302429159 | 2020-03-02 00:00:00 | 2020-05-02 00:00:00 |
| 202093080789 | 9787300035949 | 2020-06-02 00:00:00 | 2020-10-02 00:00:00 |
+--------------+---------------+---------------------+---------------------+
23 rows in set (0.00 sec)
```

图 6-1　开启事务后，向 borrows 表中插入一条记录

从图 6-1 中的执行结果来看，borrows 表中多了一条记录，说明上述语句已执行成功。

第三步，修改 books 表的库存量。

注意在修改 books 表的库存量之前和之后，分别查询这本书的库存量。

在 MySQL 命令提示符后依次输入以下命令语句并执行：

SELECT book_id,book_name,book_num FROM books

WHERE book_id="9787549341771";

UPDATE books SET book_num=book_num-1 WHERE book_id="9787549341771";

SELECT book_id,book_name,book_num FROM books

WHERE book_id="9787549341771";

执行结果如图 6-2 所示。

```
mysql> select book_id,book_name,book_num from books
    -> where book_id="9787549341771";
+---------------+-------------+----------+
| book_id       | book_name   | book_num |
+---------------+-------------+----------+
| 9787549341771 | 坏习惯再见  |        5 |
+---------------+-------------+----------+
1 row in set (0.00 sec)

mysql> update books set book_num=book_num-1
    -> where book_id="9787549341771";
Query OK, 1 row affected (0.10 sec)
Rows matched: 1  Changed: 1  Warnings: 0

mysql> select book_id,book_name,book_num from books
    -> where book_id="9787549341771";
+---------------+-------------+----------+
| book_id       | book_name   | book_num |
+---------------+-------------+----------+
| 9787549341771 | 坏习惯再见  |        4 |
+---------------+-------------+----------+
1 row in set (0.00 sec)

mysql>
```

图 6-2　修改 books 表的库存量

从图 6-2 中可以看出，相应的图书库存量减少了。

第四步，事务的提交。在 MySQL 命令提示符后输入以下命令语句并执行，即可完成此事务的提交。

　　　　COMMIT;

第五步，事务的回滚。在 MySQL 命令提示符后输入"rollback;"并执行，查看回滚事务的效果，如图 6-3 所示。

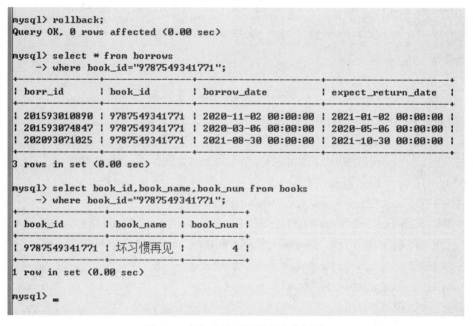

```
mysql> rollback;
Query OK, 0 rows affected (0.00 sec)

mysql> select * from borrows
    -> where book_id="9787549341771";
+--------------+---------------+---------------------+---------------------+
| borr_id      | book_id       | borrow_date         | expect_return_date  |
+--------------+---------------+---------------------+---------------------+
| 201593010890 | 9787549341771 | 2020-11-02 00:00:00 | 2021-01-02 00:00:00 |
| 201593074847 | 9787549341771 | 2020-03-06 00:00:00 | 2020-05-06 00:00:00 |
| 202093071025 | 9787549341771 | 2021-08-30 00:00:00 | 2021-10-30 00:00:00 |
+--------------+---------------+---------------------+---------------------+
3 rows in set (0.00 sec)

mysql> select book_id,book_name,book_num from books
    -> where book_id="9787549341771";
+---------------+-------------+----------+
| book_id       | book_name   | book_num |
+---------------+-------------+----------+
| 9787549341771 | 坏习惯再见  |        4 |
+---------------+-------------+----------+
1 row in set (0.00 sec)

mysql>
```

图 6-3　事务确认后再执行事务回滚

执行回滚命令后，相应表中的数据并没有发生变化，说明事务提交后，其所做的修改就会永久保存在数据库中。

所以从开启事务到事务的提交(或事务的回滚)，才是一个完整的事务。以下四条命令语句中的两条就是一个借书的事务：

> START   TRANSACTION;
>
> INSERT INTO borrows VALUES("202093071025","978711541771",20210830,20211030);
>
> UPDATE books SET book_num=book_num-1 WHERE book_id="978711541771";
>
> COMMIT

子任务 2 事务的提交

事务的提交

1．前导知识

事务的提交其实就是对事务中"命令的执行"进行确认。事务中的命令是指开启事务后、执行事务提交之前执行过的命令，在事务提交之前执行过的命令是可以用事务回滚命令撤销的，事务回滚使数据库恢复到事务开启之前的状态。因此，要真正执行事务中的命令，必须进行事务的提交。

2．任务内容

在 tsgl 数据库中，完成以下任务。

(1) 开启事务，向 book_sort 表插入一条记录。在事务提交之前先查询 book_sort 表，后执行回滚事务的命令，再查询 book_sort 表；

(2) 开启事务，向 book_sort 表插入一条记录。在事务提交之前先查询 book_sort 表，后执行事务的提交命令，再查询 book_sort 表。

3．实施步骤

启动 MySQL 服务器并登录。在 MySQL 命令提示符后完成以下操作。

(1) 开启事务，向 book_sort 表插入一条记录。在事务提交之前先查询 book_sort 表，后执行回滚事务的命令，再查询 book_sort 表。在 MySQL 命令提示符后依次输入以下命令并执行：

> START   TRANSACTION;
>
> INSERT INTO book_sort VALUES("IT05","信息技术-大数据");
>
> SELECT * FROM book_sort;
>
> ROLLBACK;
>
> SELECT * FROM book_sort;

执行结果如图 6-4 所示。

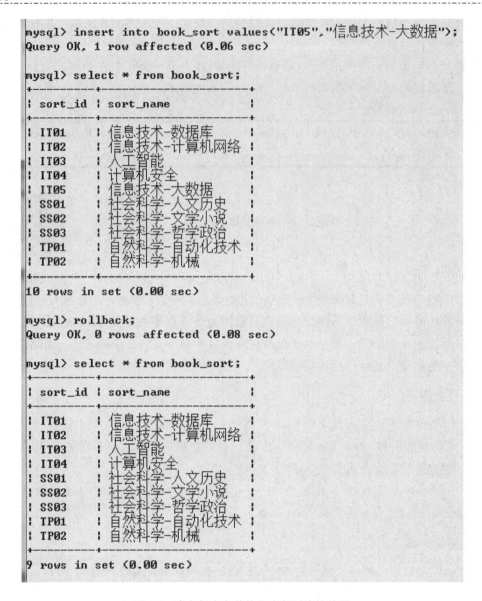

图 6-4　事务提交之前执行事务回滚的效果

从图 6-4 中可以看出，事务提交之前执行事务的回滚可以撤销事务中执行过的命令。

(2) 开启事务，向 book_sort 表插入一条记录。在事务提交之前先查询 book_sort 表，后执行事务的提交命令，再查询 book_sort 表。在 MySQL 命令提示符后输入以下命令并执行结果：

INSERT INTO book_sort VALUE<"ITOS", "信息技术-大数据">;

执行结果如图 6-5 所示。

从图 6-5 中可以看出，执行事务的提交后，数据修改发生永久的变化。此时如果再进行回滚，则数据库不能恢复到开启事务之前的状态。

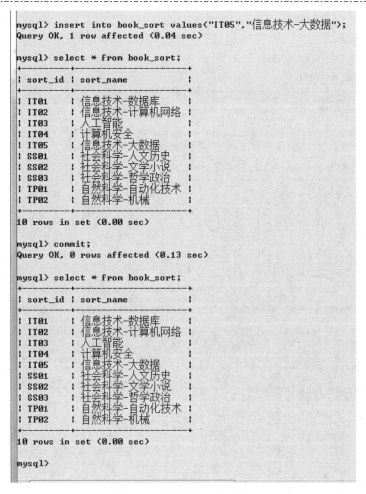

图 6-5　事务提交后的效果

子任务3　事务的回滚

1．前导知识

在操作一个事务时，如果发现当前事务中的操作是不合理的，此时只
要还没有提交事务，就可以通过回滚来取消当前事务，非事务中的命令不
能通过事务回滚命令撤销。事务的回滚命令是 ROLLBACK。

事务的回滚

2．任务内容

在 tsgl 数据库中完成以下操作：开启事务，删除 book_sort 表中的分类名称为"信息技
术-大数据"的记录，对此事务执行事务回滚。

3．实施步骤

启动 MySQL 服务器并登录，在 MySQL 命令提示符后依次输入以下命令并执行：

```
START　TRANSACTION;
DELETE FROM book_sort WHERE　sort_name="信息技术-大数据";
```

SELECT * FROM book_sort;

ROLLBACK;

SELECT * FROM book_sort;

执行结果如图 6-6 所示。

```
mysql> start transaction;
Query OK, 0 rows affected (0.00 sec)

mysql> delete from book_sort where sort_name="信息技术-大数据";
Query OK, 1 row affected (0.14 sec)

mysql> select  * from book_sort;
+---------+--------------------+
| sort_id | sort_name          |
+---------+--------------------+
| IT01    | 信息技术-数据库    |
| IT02    | 信息技术-计算机网络 |
| SS01    | 社会科学-人文历史  |
| SS02    | 社会科学-文学小说  |
| SS03    | 社会科学-哲学政治  |
| TP01    | 自然科学-自动化技术 |
| TP02    | 自然科学-机械      |
+---------+--------------------+
7 rows in set (0.00 sec)

mysql> rollback;
Query OK, 0 rows affected (0.05 sec)

mysql> select  * from book_sort;
+---------+--------------------+
| sort_id | sort_name          |
+---------+--------------------+
| IT01    | 信息技术-数据库    |
| IT02    | 信息技术-计算机网络 |
| IT05    | 信息技术-大数据    |
| SS01    | 社会科学-人文历史  |
| SS02    | 社会科学-文学小说  |
| SS03    | 社会科学-哲学政治  |
| TP01    | 自然科学-自动化技术 |
| TP02    | 自然科学-机械      |
+---------+--------------------+
8 rows in set (0.00 sec)

mysql>
```

图 6-6　事务回滚的作用

从图 6-6 中可以看出，事务回滚后，之前删除的记录恢复了。

子任务 4　事务的隔离级别

1. 前导知识

数据库应用一般支持多线程并发访问，所以很容易出现多个线程同时开启事务的情况，这样就会出现脏读(Dirty Read)、重复读以及幻读的情况。为了避免这些情况的发生，就需要为事务设置隔离级别。在 MySQL 中，事务有四种常用隔离级别，接下来将针对这四种隔离级别进行讲解。

(1) READ UNCOMMITTED。READ UNCOMMITTED(读未提交)是事务中的最低级别，该级别下的事务可以读取到另一个事务中未提交的数据，也被称为脏读，这是相当危险的。由于该级别较低，在实际开发中避免不了任何错误情况的出现，因此一般很少使用。

(2) READ COMMITTED。大多数的数据库管理系统的默认隔离级别都是 READ COMMITTED(读提交)，如 Oracle。该级别下的事务只能读取其他事务已经提交的内容，可以避免脏读，但不能避免重复读和幻读的情况。重复读就是在事务内重复读取了别的线程已经提交的数据，但两次读取的结果不一致，原因是查询的过程中其他事务做了更新的操作。幻读是指在同一事务内两次查询中数据条数不一致，原因是查询的过程中其他的事务做了添加操作。重复读和幻读并不算错误，但有些情况是不符合用户实际需求的，会带来麻烦，后面会具体讲解。

(3) REPEATABLE READ。REPEATABLE READ(可重复读)是 MySQL 默认的事务隔离级别，它可以避免脏读、不可重复读的问题，确保同一事务的多个实例在并发读取数据时，会看到同样的数据行。但理论上，该级别会出现幻读的情况，不过 MySQL 的存储引擎通过并发控制机制解决了该问题，因此该级别是可以避免幻读的。

(4) SERIALIZABLE。SERIALIZABLE(可串行化)是事务的最高隔离级别，它会强制对事务进行排序，使之不会发生冲突，从而解决脏读、幻读、重复读的问题。实际上，就是在每个读的数据行上加锁。这个级别，可能导致大量的超时现象和锁竞争，实际应用中很少使用。

上述四种级别可能会产生不同的问题，如脏读、重复读、幻读、很多操作耗时等，接下来通过完成几个不同任务，对某些情况进行演示。

2．任务内容

(1) 查看和设置隔离级别。

(2) 脏读级别的演示。

(3) 可串行化级别的演示。

3．实施步骤

启动 MySQL 服务器，分两次登录 MySQL，打开两个 MySQL 命令行界面，如图 6-7 所示。

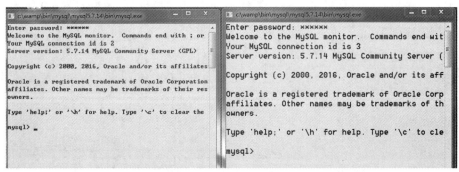

图 6-7　两个 MySQL 命令提示行界面

1) 查看和设置隔离级别

(1) 查看隔离级别的命令语句如下：

```
SELECT @@GLOBAL.TX_ISOLATION;  #查看系统隔离级别
SELECT @@TX_ISOLATION;   #查看当前会话隔离级别
```

在 MySQL 命令提示符后输入以上命令语句并执行，执行结果如图 6-8 所示。

```
mysql> use tsgl;                          mysql> use tsgl;
Database changed                          Database changed
mysql> select @@tx_isolation;            mysql> select @@tx_isolation;
+----------------+                        +----------------+
| @@tx_isolation |                        | @@tx_isolation |
+----------------+                        +----------------+
| REPEATABLE-READ |                       | REPEATABLE-READ |
+----------------+                        +----------------+
1 row in set (0.01 sec)                   1 row in set (0.00 sec)

mysql> select @@global.tx_isolation;     mysql> select @@global.tx_isolation;
+----------------------+                  +----------------------+
| @@global.tx_isolation |                 | @@global.tx_isolation |
+----------------------+                  +----------------------+
| REPEATABLE-READ       |                 | REPEATABLE-READ       |
+----------------------+                  +----------------------+
1 row in set (0.00 sec)                   1 row in set (0.00 sec)

mysql>                                    mysql>
```

图 6-8　查看隔离级别

从图 6-8 中可以看出，当前的隔离级别为 REPEATABLE-READ，即可重复读。

(2) 设置隔离级别的命令语句如下：

　　SET SESSION TRANSACTION ISOLATION LEVEL　隔离级别的关键字; #设置当前会话隔离级别

　　SET GLOBAL TRANSACTION ISOLATION LEVEL　　隔离级别的关键字; #设置系统隔离级别

上述命令语句中的隔离级别的关键字有：READ UNCOMMITTED、REPEATABLE READ、SERIALIZABLE、READ COMMITTED 等。

2) 脏读级别的演示

(1) 将两个账(用)户的隔离级别均设置为读未提交级别，即 READ UNCOMMITTED。

(2) 在两个账(用)户环境中分别开启事务。在左侧界面中向 book_sort 表中插入一条记录，命令语句如下：

　　INSERT INTO book_sort VALUES("IT06","信息技术-物联网");

在右侧界面中查询 book_sort 表，发现表中多了一条记录。此时，由于左侧账户还未提交，因此右侧账户此时读取的信息是"脏数据"，此为"脏读"。效果如图 6-9 所示。

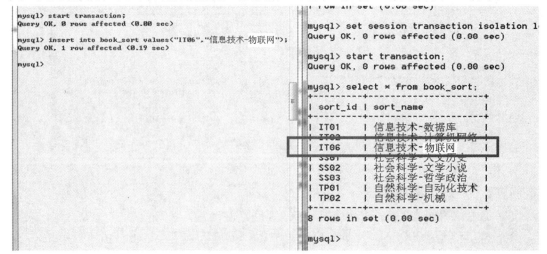

图 6-9　脏读的效果(一)

(3) 左侧操作者发现有错误，在提交事务之前进行事务回滚，所以右侧账户读到的数据是有问题的数据，不能用。效果如图 6-10 所示。

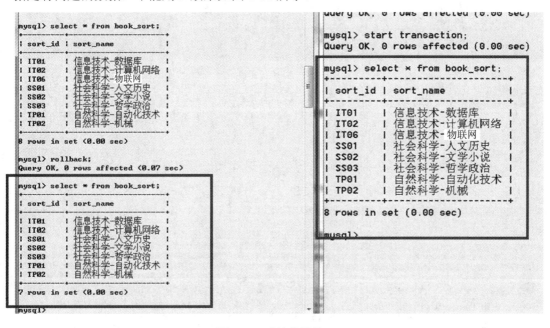

图 6-10　脏读的效果(二)

很明显，右侧账户以为 book_sort 表中有 8 条记录，但其中有一条(sort_id:"IT06"，sort_name:"信息技术-物联网")的记录是错误的，即其读到了左侧还未提交的数据。此为脏读。

3) 可串行化级别的演示

(1) 将两个账户环境下的隔离级别都设置为可串行化级别。

(2) 分别在两个账户环境中开启事务，在左侧命令提示符中查询 book_sort 表，先不提交；在右侧命令提示符中输入命令语句向 book_sort 表插入一条记录，出现等待的状况。效果如图 6-11 所示。

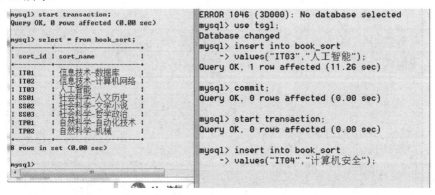

图 6-11　隔离级别为可串行化时，一账户还未提交，另一账户的操作需等待

(3) 由于左侧账户的事务还未提交，右侧界面对应的账户等待时间过长，因此系统给出出错提示。效果如图 6-12 所示。

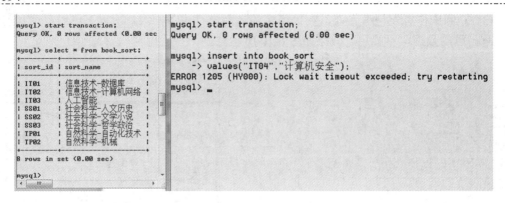

图 6-12 隔离级别为可串行化时，一账户还未提交，另一账户的操作等待超时报错

(4) 在左侧界面中，将当前事务提交并进入待命状态，然后在右侧界面再进行插入记录，此时插入命令立即执行。效果如图 6-13 所示。

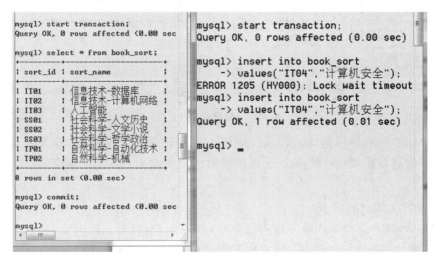

图 6-13 隔离级别为可串行化时，一账户已提交，另一账户的操作无须等待直接执行

评价与考核

课程名称：数据库管理与应用		授课地点：		
学习任务：事务管理		授课教师：		授课学时：
课程性质：理实一体		综合评分：		
知识掌握情况评分(45 分)				
序号	知识考核点	教师评价	配分	得分
1	事务的概念		5	
2	事务的特性		5	
3	事务的开启、提交与回滚		10	
4	事务的隔离级别		15	
5	事务隔离级别的设置		10	

续表

工作任务完成情况评分(55 分)			
序号	能力操作考核点	教师评价	配分	得分
1	能开启事务		5	
2	能提交与回滚事务		10	
3	能设置事务的隔离级别		15	
4	能根据需要正确设置事务的隔离级别		25	
违纪扣分(20 分)			
序号	违纪考核点	教师评价	配分	得分
1	课上吃东西		5	
2	课上打游戏		5	
3	课上打电话		5	
4	其他扰乱课堂秩序的行为		5	

任务 14　存储过程的创建

在数据库应用系统开发过程中，经常会出现重复使用某一功能的现象，为此，MySQL 引入了存储过程来解决这一问题。

任务目标

(1) 掌握存储过程的概念；
(2) 学会创建存储过程；
(3) 熟悉存储过程的主体；
(4) 熟悉变量的使用；
(5) 熟悉游标的使用；
(6) 熟悉流程控制的使用。

任务准备

1．存储过程的概念

当对数据库进行一系列复杂操作时，我们可以将这些复杂操作打包成一个模块(有的程序设计语言中称为函数)，以便重复使用，大大减少数据库应用系统开发人员的工作量。这样的模块在 MySQL 中就是存储过程。

存储过程(Stored Procedure)是一组为了完成特定功能的 SQL 语句块，经编译后存储在数据库中，用户通过给出存储过程的名字并指定参数(如果该存储过程带有参数)来调用执行它。存储过程能重复使用，这样可以大大减少数据库应用系统开发人员的工作量。

存储过程主要有以下优点：

(1) 执行效率高：存储过程经编译后存储在数据库服务器端，可以直接调用，从而提高了 SQL 语句的执行效率。

(2) 灵活性：存储过程可以用结构化语句(PL/SQL)编写，可以完成较复杂的判断、运算及重复操作。

(3) 逻辑独立：用户在程序中调用存储过程，存储过程能把数据同用户程序隔离开来，其优点是当数据表结构变化时，可以随时修改存储过程，不用修改程序源代码。

(4) 安全性：存储过程被当作一种对象存储在数据库服务器端，因此它也被作为一种安全机制来充分利用，系统管理员通过设置存储过程的访问权限，实现了相应数据的访问权限限制，避免了用户对数据表的直接的访问，保证了数据的安全性。

(5) 降低网络流量：当在客户机上调用该存储过程时，网络中传送的只是该调用语句，而不是这一功能的全部代码，从而大大降低了网络负载。

2．创建存储过程的方法

想要使用存储过程，首先要创建一个存储过程，需要使用 CREATE PROCEDURE 语句。创建存储过程的基本语法格式如下：

```
CREATE PROCEDURE    sp_name ([proc_parameter])
    sp_body
```

上述语法格式中各部分的意义说明如下：

(1) CREATE PROCEDURE：用来创建存储过程的关键字；

(2) sp_name：存储过程的名称，存储过程的名字必须符合 MySQL 的命名规则；

(3) proc_parameter：存储过程的参数列表，此部分为可选项，即可以没有参数。单个参数的形式如下：

```
[[IN|OUT |INOUT]    param_name    param_type]
```

上述参数中，IN 表示输入参数，OUT 表示输出参数，INOUT 表示既可以输入也可以输出；param_name 表示参数名称；param_type 表示参数的类型，它可以是 MySQL 数据库中的任意类型；如果有多个参数，则用逗号隔开。

(4) sp_body：存储过程的主体部分，即命令语句的集合，可以用 BEGIN…END 来表示命令语句的开始和结束。

3．存储过程的主体

通过前面章节的学习，我们发现 SQL 语句没有流程控制，无法实现对命令语句的灵活控制。PL/SQL 语言(Procedural Language/SQL)是集结构化查询与数据库应用系统中的业务过程控制为一体的强大语言，不但支持更多的数据类型，拥有变量声明、赋值语句，而且还有选择、循环等流程控制语句。

下面对 PL/SQL 做详细介绍。

1) PL/SQL 的变量

变量是指在程序运行过程中其值可以改变的量。

(1) 用户变量。

用户可以在 PL/SQL 中使用自己定义的变量，这样的变量称为用户变量。用户变量作为数据的载体，按照按名存取的机制，可以实现数据的传递。用户变量在使用前必须定义和初始化，如果使用没有初始化的变量，则其值为 Null。

定义和初始化一个用户变量可以使用 SET 语句，其语句格式如下：

    SET @<变量名 1>=<表达式 1> [, @<变量名 2>=<表达式 2>，…];

说明：

① 用户变量以"@"开始，形式为"@变量名"，以便将用户变量和字段名予以区别。变量名必须符合 MySQL 标识符的命名规则，即变量可以由当前字符集的字母、数字以及"."、"_"和"$"组成，默认字符集是 cp1252 (Latin 1)。

② <表达式>可以为整数、实数、字符串或者 NULL 值，例如：

    SET @company=" LENOVO" ;

③ 一条定义语句中，可以同时定义多个用户变量，使用逗号分隔，例如：

    SET @ name="zhangliang", @ sex="男", @ age="38";

(2) 系统变量。

服务器维护两种变量，全局变量影响服务器整体操作，会话变量影响具体客户端连接的操作。

系统变量一般都以"@@"为前缀，例如@@global.tx_isolation，返回系统的隔离级别。某些特定的系统变量可以省略"@@"符号，例如 Current_ Date、Current_ Time 和 Current_ User 等。

(3) 局部变量。

在语句块(从 BEGIN 到 END)中定义的变量为局部变量，局部变量可以保存特定类型数据，其有效作用范围为存储过程和自定义函数的语句块中，在语句块结束以后，局部变量就失效了。

MySQL 的局部变量必须先声明后使用。使用 DECLARE 语句声明局部变量，其语法格式如下：

    DECLARE　<变量名称>　<数据类型>　[DEFAULT <默认值>];

说明：

① DEFAULT 子句为变量指定默认值，如果不指定则默认为 Null。

② 变量名称必须符合 MySQL 标识符的命名规则，在局部变量前不使用@符号。例如：

    DECLARE unit char (2);

2) PL/SQL 的运算符及表达式

(1) 运算符。运算符用于执行数据运算，会针对一个及以上操作数进行运算。MySQL 语言中的运算符主要有以下几种类型：

① 算术运算符。算术运算符用于对操作数执行数学运算,操作数可以是任何数值类型。MySQL 中的算术运算符有：+ (加)、 − (减)、*(乘)、 / (除)、% (取模)。

② 赋值运算符。"="是 MySQL 语言中的赋值运算符，可以将表达式的值赋给一个变量。

③ 关系运算符。关系运算符用于对两个表达式进行比较，数字以浮点值进行比较，字符串以不区分大小写的方式进行比较，表达式成立返回 1，表达式不成立则返回 0。MySQL 中的比较运算符有= (等于)、 > (大于)、 < (小于)、>= (大于等于)、<= (小于等于)、<> (不等于)、! = (不等于)、 <=> (相等或都等于空)。

④ 逻辑运算符。逻辑运算符用于对某些条件进行测试，以返回条件表达式的真假。MySQL 中的逻辑运算符有 AND (与)、OR (或)、NOT (非)。

⑤ 位运算符。位运算符用于对两个表达式执行二进制位操作。MySQL 中的位运算符有& (位与)、| (位或)、^(位异或)、~ (位取反)、>> (位右移)、<< (位左移)。

⑥ 一元运算符。一元运算符对一个操作数执行运算，该操作数可以是任何一种数据类型。MySQL 中的一元运算符有+ (正)、 - (负)和~ (位取反)。

(2) 表达式。

表达式是由操作数、运算符、分组符号(也称分界符，如括号)和函数按照一定的逻辑编排在一起的组合符号串，MySQL 可以对表达式进行运算以获取结果，一个表达式通常可以得到一个值。

表达式的值具有字符类型、数值类型、日期时间类型等数据类型，相应地，表达式可分为字符型表达式、数值表达式和日期表达式。

(3) 运算符的优先级。

当一个复杂的表达式有多个运算符时，运算符优先级决定了执行运算的先后次序。执行的次序有时会影响所得到的运算结果。MySQL 运算符优先级如表 6-1 所示，当一个表达式中的两个运算符有相同的优先级时，根据它们在表达式中的位置，一般而言，一元运算符按从右到左(即右结合性)的顺序运算，二元运算符按从左到右(即左结合性)的顺序运算。

表 6-1　MySQL 运算符优先级

优先级	运　算　符
1	! (逻辑非)
2	– (负号)，~ (按位取反)
3	^ (按位异或)
4	* (乘)、/ (DIV, 除)、% (MOD, 取余)
5	+ (加)、– (减)
6	>> (位右移)、<< (位左移)
7	& (按位与)
8		(按位或)
9	= (相等比较)、<=> (完全相等比较)、<、<=、>、>=、!= (不等于)、<> (不等于)　IN、IS　NULL、IS NOT NULL、LIKE、REGEXP、
10	BETWEEN … AND …、CASE、WHEN、THEN、ELSE
11	NOT(逻辑非)
12	&&(逻辑与)、 AND(逻辑与)
13	‖ (逻辑或)、OR(逻辑或)、XOR(逻辑异或)
14	:=

以上运算符的优先级数字越小，优先级越高。总体来说，单目运算符优先级高于双目，算术运算符高于比较运算符，比较运算符高于逻辑运算符。

(4) 函数。

MySQL 中常用的函数主要有数学函数、字符函数和日期时间函数三类。

MySQL 常用的数学函数如表 6-2 所示。

表 6-2　MySQL 常用数学函数

函数名称	函 数 功 能
ABS(x)	返回 x 的绝对值
SQRT(x)	返回 x 的非负 2 次方根
MOD(x,y)	返回 x 被 y 除后的余数
CEILING(x)	返回不小于 x 的最小整数
FLOOR(x)	返回不大于 x 的最大整数
ROUND(x,y)	对 x 进行四舍五入操作，小数点后保留 y 位
SIGN(x)	返回 x 的符号，返回值为-1,0 或者 1

MySQL 常用的字符函数如表 6-3 所示。

表 6-3　MySQL 常用字符函数

函数名称	函 数 功 能
LENGTH(str)	返回字符串 str 的长度
CONCAT(s1,s2,…)	返回一个或者多个字符串连接产生的新字符串
TRIM(str)	删除字符串 str 两侧的空格
REPLACE(str,s1,s2)	使用字符串 s2 替换 str 中所有的字符串 s1
SUBSTR(str,n,len)	返回字符串 str 的子串,起始位置为 n,长度为 len
LOCATE(s1,str)	返回子串 s1 在字符串 str 中的起始位置
REVERSE(str)	返回字符串反转(字符顺序颠倒)后的结果

MySQL 常用的日期时间函数如表 6-4 所示。

表 6-4　MySQL 常用日期时间函数

函数名称	函 数 功 能
CURDATE()	获取系统当前日期
CURTIME()	获取系统当前时间
SYSDATE()	获取当前系统日期和时间
TIME_TO_SEC()	返回将时间转换成秒的结果
ADDDATE()	执行日期的加运算
SUBDATE()	执行日期的减运算
DATE_FORMAT()	格式化输出日期和时间值

3) PL/SQL 的控制语句

(1) BEGIN…END 语句。

MySQL 中 BEGIN…END 语句用于将多个 SQL 语句组合成一个语句块,相当于一个整体,达到一起执行的目的。

BEGIN…END 语句的语法格式如下:

```
BEGIN
<语句 1>;
<语句 2>;
```

...

END

MySQL 中允许嵌套使用 BEGIN…END 语句。

(2) IF…THEN…ELSE 语句。

IF…THEN…ELSE 语句用于进行条件判断，实现程序的选择结构。根据是否满足条件，将执行不同的语句，其语法格式如下：

IF <条件> THEN

<语句块 1>

[ELSE

<语句块 2>]

END IF；

(3) CASE 语句。

CASE 语句用于通过列表的方式，根据一定的逻辑返回多个可能结果表达式中的一个，可用于实现程序的多分支结构，虽然使用 IF…THEN…ELSE 语句也能够实现多分支结构，但是使用 CASE 语句的程序可读性更强。

在 MySQL 中，CASE 语句有以下两种形式。

① 简单 CASE 语句。简单 CASE 语句用于将某个表达式与一组简单表达式进行比较以确定其返回值，其语法格式如下：

CASE   <测试表达式>

WHEN   <表达式 1>   THEN   <SQL 语句 1>

WHEN   <表达式 2>   THEN   <SQL 语句 2>

...

[ELSE   <SQL 语句 n+1>]

END CASE ；

简单 CASE 语句的执行过程是将"测试表达式"的值与各个 WHEN 子句后面的"表达式 n"进行比较，若有相等的，则执行对应的"SQL 语句"，然后跳出 CASE 语句，不再执行后面的 WHEN 子句。当 WHEN 子句中没有与"测试表达式"相等的"表达式 n"时，如果指定了 ELSE 子句，则执行 ELSE 子句后面的"SQL 语句 n+1"；如果没有指定 ELSE 子句，则不执行 CASE 语句内的任何一条 SQL 语句。

② 搜索 CASE 语句。搜索 CASE 语句用于计算一组逻辑表达式以确定返回结果，其语法格式如下：

CASE

WHEN   <逻辑表达式 1>   THEN   <SQL 语句 1>

WHEN   <逻辑表达式 2>   THEN   <SQL 语句 2>

...

[ELSE   <SQL 语句 n+1>]

END CASE ；

搜索 CASE 语句的执行过程是先计算第一个 WHEN 子句后面的"逻辑表达式 1"的值，如果值为 True，则 CASE 语句执行对应的"SQL 语句 1"；如果为 False，则继续向下判断下面的 WHEN 子句中的"逻辑表达式 n"的值，如果值为 True,则执行对应的"SQL 语句 n"。在所有的"逻辑表达式"的值都为 False 的情况下，如果指定了 ELSE 子句，则执行 ELSE 子句后面的"SQL 语句 n+1"；如果没有指定 ELSE 子句，则不执行 CASE 语句内的任何一条 SQL 语句。

(4) WHILE 循环语句。

WHILE 循环语句用于实现循环结构，是有条件地执行循环语句，当满足指定条件时执行循环体内的语句，其语法格式如下：

```
[begin _ label:]
WHILE <条件> DO
<语句块>
END WHILE [end_ label] ;
```

说明：先判断"条件"是否为 True，为 True 时则执行"语句块"，然后再次进行判断，为 True 则继续循环，为 False 则结束循环。"begin_ label:"和"end_ label"是 WHILE 语句的标注，"begin_ label:"与"end_ label"同时存在，并且它们的名称是相同的。"begin_ label:"和"end_ label"通常都可以省略。

(5) LOOP 循环语句。

LOOP 语句也可用于实现循环结构。但是 LOOP 语句本身没有停止循环的机制，必须是遇到 LEAVE 语句才能停止循环。

LOOP 语句的语法格式如下：

```
[begin _ label:]
LOOP
<语句块>
END LOOP [end _ label];
```

说明：LOOP 语句允许语句块重复执行，实现一些简单的循环。在循环体内的语句一直重复执行直到循环被强迫终止，终止通常使用 LEAVE 语句。

(6) REPEAT 循环语句。

REPEAT 循环语句是有条件控制的循环语句，当满足指定条件时，就会跳出循环语句，其语法格式如下：

```
[begin _ label:]
REPEAT
<语句块>
UNTIL <条件>
END REPEAT [end_ label] ;
```

说明：先执行语句块，然后判断逻辑表达式的值是否为 True，为 True 则停止循环，为 False 则继续循环。REPEAT 语句也可以被标注。

REPEAT 语句与 WHILE 语句的区别在于：REPEAT 语句先执行语句，后进行条件判断；而 WHILE 语句先进行条件判断，条件为 True 才执行语句。

(7) LEAVE 语句。

LEAVE 语句主要用于跳出循环控制，经常和循环一起使用，其语法格式如下：

LEAVE <标签>;

使用 LEAVE 语句可以退出被标注的循环语句，标签是自定义的。

(8) ITERATE 语句。

ITERATE 语句用于跳出本次循环，然后直接进入下一次循环，其语法格式如下：

ITERATE

<标签>;

ITERATE 语句与 LEAVE 语句都是用来跳出循环语句的，但两者的功能不一样，其中 LEAVE 语句用来跳出整个循环，然后执行循环语句后面的语句；而 ITERATE 语句是跳出本次循环，然后进行下一次循环。

任务实施

子任务 1　创建存储过程

创建存储过程

1．前导知识

存储过程根据参数的不同具有以下几种常见类型：

(1) 不带参数的存储过程。

(2) 只有输入参数的存储过程。

(3) 既有输入参数又有输出参数的存储过程。

在 MySQL 中，既可在命令提示符界面中创建存储过程，也可在图形化界面中创建。在命令提示符界面中创建存储过程时，由于 SQL 语句默认的语句结束符与 PL/SQL 环境中语句的结束符发生冲突，因此需要使用 DELIMITER 命令，更改 MySQL 命令语句的结束符，如将 ";" 更改为 "$"，从而避免与 SQL 语句默认结束符相冲突。此命令语句的语法格式如下：

DELIMITER　<自定义结束符>

修改 SQL 语句的结束符的命令语句如下：

DELIMITER $

此语句执行后，要结束 SQL 命令语句只需输入 "$"，效果如图 6-14 所示。

```
mysql> delimiter $
mysql> select * from borrowers$
```

borr_id	borr_name	borr_sex	borr_dept	borr_pred	borr_age
129772007010	王月仙	女	图文信息中心	1	41
129772007032	王一鸣	男	图文信息中心	1	31
129772007200	刘泉	男	人事处	1	29
129772015001	李建设	男	资产管理处	1	45
129772015010	王刚	男	财务处	1	35
201693010890	徐欢	男	机械与电子学院	1	18
202093071025	张士民	男	经济与管理学院	1	18
202093074025	汤阳明	男	经济与管理学院	1	20
202093074089	王悦	女	经济与管理学院	1	18
202093080023	田慧心	女	护理与保健学院	1	17
202093080025	张强	男	护理与保健学院	1	18
202093080789	王悦	女	护理与保健学院	1	18

```
12 rows in set (0.27 sec)

mysql>
```

图 6-14　使用其他字符作为命令语句的结束符

在创建存储过程结束之后最好使用以下命令语句恢复 MySQL 语句的结束符为 ";"。

DELIMITER ;

2. 任务内容

在数据库 tsgl 中完成以下任务:

(1) 创建存储过程 proc0601, 其功能是计算 1～100 之间的所有偶数之和;

(2) 创建存储过程 proc0602, 其功能是统计 books 表中由清华大学出版社出版的图书的数量;

(3) 创建存储过程 proc0603, 其功能是通过输入 bookpub 参数的值, 统计 books 表中某出版社出版的图书的数量;

(4) 创建存储过程 proc0604, 其功能是通过输入 bookpub 和 booksort 两个参数的值, 统计 books 表中某出版社出版的某种类型图书的数量;

(5) 创建存储过程 proc0605, 其功能是通过输入 bookpub 和 booksort 两个参数的值, 统计 books 表中某出版社出版的某种类型图书的数量, 并将统计结果存储在输出参数 tshDbCount 中。

3. 实施步骤

启动 MySQL 服务器并登录, 在 MySQL 命令提示符后完成以下任务。

注意命令语句结束符的变化。一般在创建存储过程之前将语句结束符改为其他符号, 存储过程创建结束后, 再将语句结束符恢复为 ";"。

(1) 创建存储过程 proc0601, 其功能是计算 1～100 之间包括 100 的所有偶数之和。

在 MySQL 命令提示符后输入以下语句, 完成存储过程 proc0601 的创建。效果如图 6-15 所示。

```
CREATE PROCEDURE proc0601()
BEGIN
DECLARE n int DEFAULT 0;
DECLARE sum int DEFAULT 0;
WHILE n<=100 DO
    SET sum=sum+n;
    SET n=n+2;
END WHILE;
SELECT sum;
END$
```

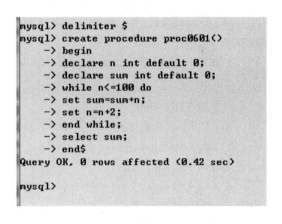

图 6-15 创建存储过程 proc0601

注意此时的命令语句结束符是 "$"。

(2) 创建存储过程 proc0602, 其功能是统计 books 表中由清华大学出版社出版的图书的数量。在 MySQL 命令提示符后输入以下语句, 完成存储过程 proc0602 的创建:

```
CREATE PROCEDURE proc0602()
BEGIN
DECLARE Npub varchar(30);
```

DECLARE num int;

SET Npub="清华大学出版社";

SELECT sum(book_num) INTO num FROM books WHERE book_pub=Npub;

SELECT Npub,num;

END$

执行结果如图 6-16 所示。

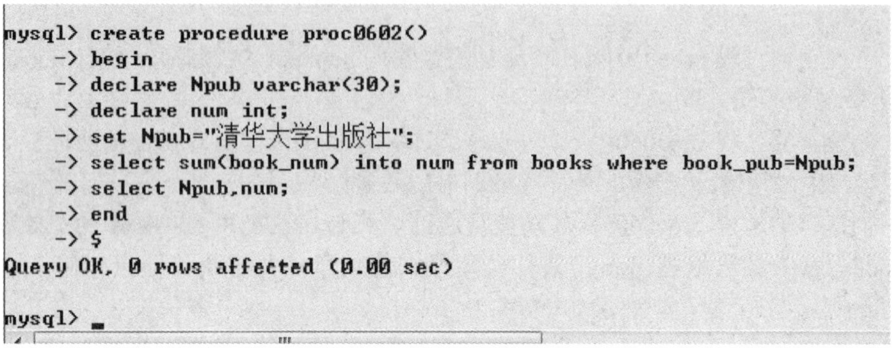

```
mysql> create procedure proc0602()
    -> begin
    -> declare Npub varchar(30);
    -> declare num int;
    -> set Npub="清华大学出版社";
    -> select sum(book_num) into num from books where book_pub=Npub;
    -> select Npub,num;
    -> end
    -> $
Query OK, 0 rows affected (0.00 sec)

mysql>
```

图 6-16　创建存储过程 proc0602

此例中用到的以 SELECT…INTO 方式给变量赋值将会在任务 14 中的子任务 2 中详细讲解。

注意此时的命令语句结束符是"$"。

(3) 创建存储过程 proc0603,其功能是通过输入 Npub 参数的值,统计 books 表中某出版社出版的图书的数量。在 MySQL 命令提示符后输入以下语句,完成存储过程 proc0603 的创建:

CREATE PROCEDURE proc0603(IN Npub varchar(30))

BEGIN

DECLARE num int;

SELECT sum(book_num) INTO num FROM books WHERE book_pub=Npub;

SELECT Npub,num;

END

$

执行结果如图 6-17 所示。

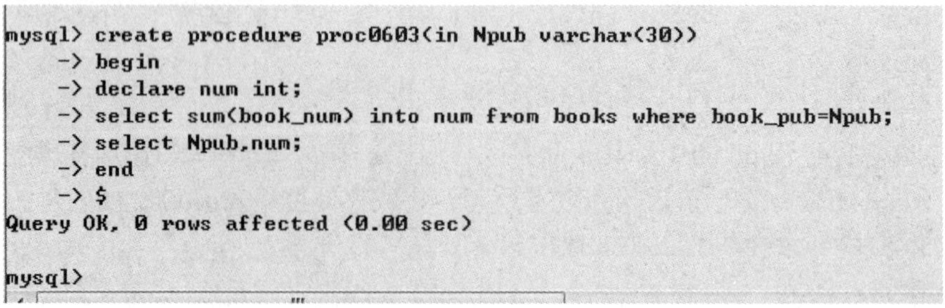

```
mysql> create procedure proc0603(in Npub varchar(30))
    -> begin
    -> declare num int;
    -> select sum(book_num) into num from books where book_pub=Npub;
    -> select Npub,num;
    -> end
    -> $
Query OK, 0 rows affected (0.00 sec)

mysql>
```

图 6-17　创建存储过程 proc0603

此例中用到的以 SELECT…INTO 方式给变量赋值将会在任务 14 中的子任务 2 中详细讲解。

注意此时的命令语句结束符是 "$"。

(4) 创建存储过程 proc0604,其功能是通过输入 Npub 和 Nsort 两个参数的值,统计 books 表中某出版社出版的某种类型图书的数量。在 MySQL 命令提示符后输入以下语句,完成存储过程 proc0604 的创建:

```
CREATE PROCEDURE proc0604(IN Npub varchar(30),IN Nsort char(4))
BEGIN
DECLARE num int;
SELECT sum(book_num) INTO num FROM books WHERE book_pub=Npub
AND book_sort=Nsort;
SELECT Npub,Nsort,num;
END
$
```

执行结果如图 6-18 所示。

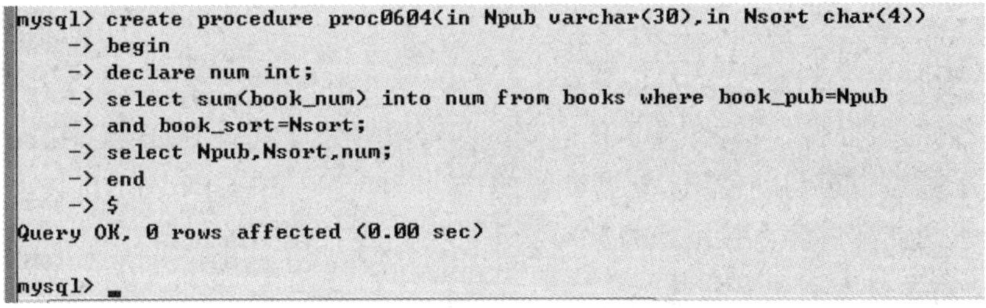

图 6-18　创建存储过程 proc0604

此例中用到的以 SELECT…INTO 方式给变量赋值将会在任务 14 中的子任务 2 中详细讲解。

注意此时的命令语句结束符是 "$"。

(5) 创建存储过程 proc0605,其功能是通过输入 Npub 和 Nsort 两个参数的值,统计 books 表中某出版社出版的某种类型图书的数量,并将统计结果存储在输出参数 tshnum 中。在 MySQL 命令提示符后输入以下语句,完成存储过程 proc0605 的创建:

```
CREATE PROCEDURE proc0605(IN Npub varchar(30),IN Nsort char(4),OUT tshnum int)
BEGIN
DECLARE num int;
SELECT sum(book_num) INTO tshnum FROM books WHERE book_pub=Npub
AND book_sort=Nsort;
END
$
```

执行结果如图 6-19 所示。

此例中用到的以 SELECT…INTO 方式给变量赋值将会在任务 14 中的子任务 2 中详细讲解。

```
mysql> create procedure proc0605(in Npub varchar(30),in Nsort char(4),out tshnum int)
    -> begin
    -> select sum(book_num) into tshnum from books where book_pub=Npub
    -> and book_sort=Nsort;
    -> end
    -> $
Query OK, 0 rows affected (0.00 sec)
```

图 6-19　创建存储过程 proc0605

注意此时的命令语句结束符是"$"。

存储过程创建成功后，必须调用存储过程才能体现存储过程的功能。调用存储过程的语法格式如下：

CALL proc_name([paraList]);

例如，调用 proc0603 的命令语句如下：

CALL proc0603("清华大学出版社");

关于调用存储过程的内容详见任务 15。

子任务 2　变量的使用

变量的使用

1. 前导知识

在编写存储过程时，有时会需要使用变量保存数据处理过程中的值。在 MySQL 中，变量可以在子程序中声明并使用，这些变量的作用范围是在 BEGIN…END 程序中，变量的说明在前面已经详细讲解，接下来将针对变量的赋值进行详细的讲解。

1) 使用 SET 语句为变量赋值

定义变量之后，为变量赋值可以改变变量的默认值。MySQL 中使用 SET 语句为变量赋值，语法格式如下：

SET var1=expr[,var2=expr]…;

在存储过程中，SET 语句是一般 SET 语句的扩展版本。被引用的变量可能是子程序内声明的变量，或者是全局服务器变量，如系统变量或者用户变量。

存储程序中的 SET 语句作为预先存在的 SET 语法的一部分来实现。这允许 SET a=x,b=y，…这样的扩展语法。其中不同的变量类型(局域声明变量及全局变量)可以被混合起来。这也允许把局部变量和一些只对系统变量有意义的选项合并起来。

接下来声明三个变量，分别为 circle_a、circle_b、circle_c，数据类型为 INT，使用 SET 语句为变量赋值，示例代码如下：

DECLARE　circle_a,circle_b,circle_c　int;

SET　circle_a= 10,circle_b= 20;

SET　circle_c=circle_a+circle_b;

2) 通过 SELECT…INTO 为变量赋值

除了使用 SET 语句为变量赋值外，MySQL 中还可以通过 SELECT…INTO 为一个或多个变量赋值。该语句可以把选定的字段值直接存储到对应位置的变量。使用 SELECT…INTO 的具体语法格式如下：

SELECT　colName[…]　INTO　varNane[…]　sqlExpr;

在上述语法格式中，colName 表示字段名称；varName 表示定义的变量名称；sqlExpr 表示查询条件表达式，包括表名称和 WHERE 子句等。此时要求，字段名的个数与变量名的个数最好相等，这个赋值是一一对应的。

2．任务内容

声明变量 bName 和 bAuthor，通过 SELECT…INTO 语句查询指定记录并为变量赋值。

3．实施步骤

启动 MySQL 服务器并登录，在命令提示符方式下完成以下任务。

声明变量 bName 和 bAuthor，通过 SELECT…INTO 语句查询指定记录并为变量赋值。

在 MySQL 命令提示符后输入以下语句，创建存储过程 proc0606，完成变量的创建与赋值：

```
CREATE PROCEDURE proc0606(in bookid char(13))
BEGIN
DECLARE bName,bAuthor varchar(30):
SELECT book_name, book_author INTO bName,bAuthor
FROM books WHERE book_id=bookid;
SELECT bName,bAuthor;
END
$
```

执行结果如图 6-20 所示。

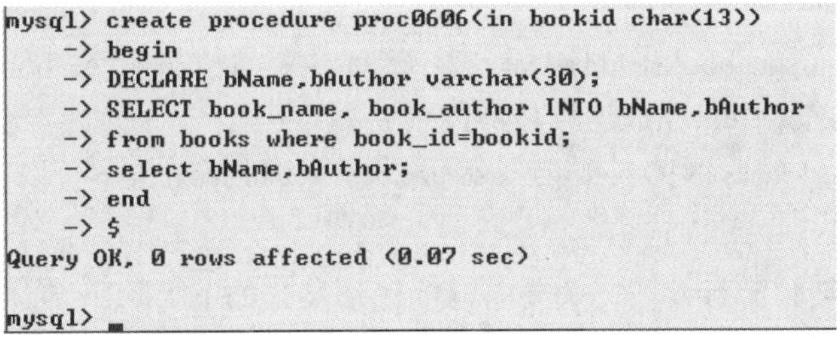

```
mysql> create procedure proc0606(in bookid char(13))
    -> begin
    -> DECLARE bName,bAuthor varchar(30);
    -> SELECT book_name, book_author INTO bName,bAuthor
    -> from books where book_id=bookid;
    -> select bName,bAuthor;
    -> end
    -> $
Query OK, 0 rows affected (0.07 sec)

mysql> _
```

图 6-20　用 SELECT…INTO 方式给变量赋值

上述存储过程将 books 表中 book_id 为指定值的书籍的名称和作者分别存入到了变量 bName 和变量 bAuthor 中。

注意此时的命令语句结束符是“$”。

子任务 3　游标的使用

游标的使用

1．前导知识

在编写存储过程时，查询语句可能会返回多条记录，如果数据量非常大，则需要使用游标来逐条读取查询结果集中的记录。游标是一种用于轻松处理多行数据的机制，它具有在查询结果集中向前或向后浏览数据，进而处理数据的能力。游标这种机制类似于人逐行扫描一张规则表，每次只能访问表中目光所在的那一行(当前行)。一般情况下，游标的移动是自增的，即扫描完当前行，自动指向下一行。下面将针对游标的声明、使用和关闭进行详细的讲解。

1) 游标的声明

想要使用游标处理结果集中的数据，需要先声明游标。游标必须声明在声明变量、条件之后，声明处理程序之前。MySQL 中使用 DECLARE 关键字来声明游标，声明游标的具体语法格式如下：

```
DECLARE cursor_name CURSOR FOR select_statement
```

在上述语法格式中，cursor_name 表示游标的名称；select_statement 表示 SELECT 语句的内容，此部分返回一个用于创建游标的结果集。

例如，以下语句可以用来声明一个名为 cursor_books 的游标。

```
DECLARE cursor_books CURSOR FOR
SELECT book_id,book_name,book_author,book_price FROM books;
```

2) 游标的使用

声明游标后就可以使用游标，使用游标之前首先要打开游标。MySQL 中打开和使用游标的语法格式如下：

```
OPEN cursor_name;
FETCH cursor_name INTO varList;
```

在上述语法格式中，cursor_name 表示游标的名称；varList 是一个变量列表，表示将游标中的 SELECT 语句查询出来的信息存入相对应的变量中，因此，变量列表中变量的个数与查询语句中查询的字段个数一样。需要注意的是，varList 中的所有变量必须在声明游标之前就定义好。

使用名称为 cursor_bookst 的游标。将查询出来的信息存入 bookId、bookName、bookAuthor、bookPrice 中，完成这项任务的代码如下：

```
FETCH cursor_books INTO bookId,bookName,bookAuthor,bookPrice;
```

3) 游标的关闭

使用完游标后要将游标关闭，关闭游标的语法格式如下：

```
CLOSE cursor_name;
```

需要注意的是，如果没有明确地关闭游标，它会在其声明的复合语句的末尾被自动关闭。

2. 任务内容

利用游标逐条访问 books 表中由"清华大学出版社"出版的图书的 bookId、bookName、bookAuthor、bookPrice。

3. 实施步骤

启动 MySQL 服务器并登录，在命令提示符方式下完成以下任务。

在 MySQL 命令提示符后输入以下语句，创建存储过程 proc0607，实现利用游标逐条访问 books 表中由"清华大学出版社"出版的图书的 bookId、bookName、bookAuthor、bookPrice。

```
CREATE PROCEDURE proc0607(IN Kpub varchar(30))
BEGIN
 DECLARE bookId char(13);
```

```
    DECLARE bookName varchar(30);
    DECLARE bookAuthor char(8);
    DECLARE bookPrice decimal(8,2);
    DECLARE FOUND BOOLEAN DEFAULT true;
    DECLARE cursor_books CURSOR FOR
      SELECT book_id,book_name,book_author,book_price
      FROM books
      WHERE book_pub=Kpub;
    DECLARE CONTINUE HANDLER FOR NOT FOUND set  FOUND=false;
    OPEN cursor_books;
    FETCH cursor_books INTO bookId,bookName,bookAuthor,bookPrice;
    WHILE FOUND DO
     SELECT bookId,bookName,bookAuthor,bookPrice;
     FETCH cursor_books INTO bookId,bookName,bookAuthor,bookPrice;
    END WHILE;
    CLOSE cursor_books;
  END
  $
```

存储过程创建成功后，调用此存储过程。在命令提示符后输入以下语句：

```
CALL proc0607("清华大学出版社");
```

执行结果如图 6-21 所示。

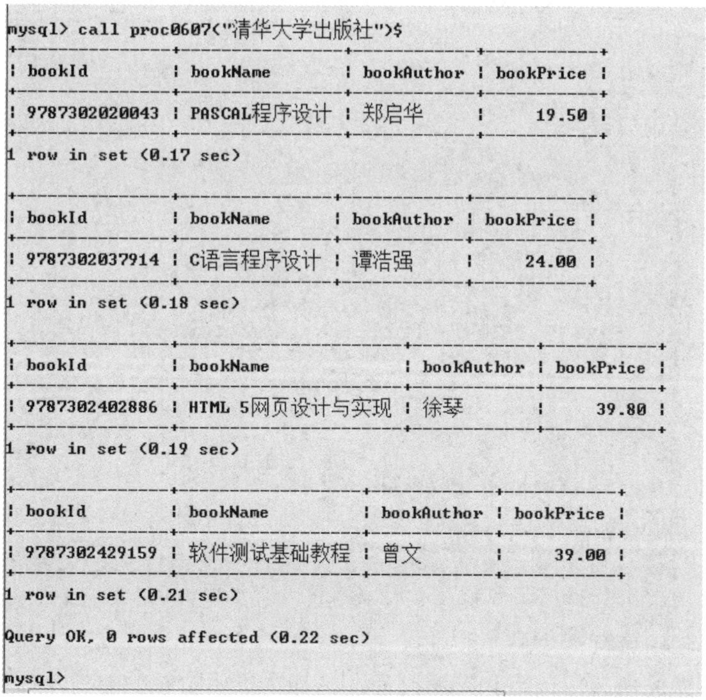

```
mysql> call proc0607("清华大学出版社")$
+---------------+----------------+------------+-----------+
| bookId        | bookName       | bookAuthor | bookPrice |
+---------------+----------------+------------+-----------+
| 9787302020043 | PASCAL程序设计 | 郑启华     |     19.50 |
+---------------+----------------+------------+-----------+
1 row in set (0.17 sec)

+---------------+----------------+------------+-----------+
| bookId        | bookName       | bookAuthor | bookPrice |
+---------------+----------------+------------+-----------+
| 9787302037914 | C语言程序设计  | 谭浩强     |     24.00 |
+---------------+----------------+------------+-----------+
1 row in set (0.18 sec)

+---------------+----------------------+------------+-----------+
| bookId        | bookName             | bookAuthor | bookPrice |
+---------------+----------------------+------------+-----------+
| 9787302402886 | HTML 5网页设计与实现 | 徐琴       |     39.80 |
+---------------+----------------------+------------+-----------+
1 row in set (0.19 sec)

+---------------+------------------+------------+-----------+
| bookId        | bookName         | bookAuthor | bookPrice |
+---------------+------------------+------------+-----------+
| 9787302429159 | 软件测试基础教程 | 曾文       |     39.00 |
+---------------+------------------+------------+-----------+
1 row in set (0.21 sec)

Query OK, 0 rows affected (0.22 sec)

mysql>
```

图 6-21　运用游标逐条访问数据集中的数据

从图 6-21 中可以看出满足条件的记录有 4 条。

子任务 4　流程控制的使用

流程控制的使用

1. 前导知识

有关 MySQL 中的流程控制语句请参阅任务 14 的任务准备部分。

2. 任务内容

编写存储过程 proc0608，运用控制语句，输出 35 到 45 之间的整数。

3. 实施步骤

启动 MySQL 服务器并登录，在命令提示符方式下完成以下任务。

编写存储过程 proc0608，运用控制语句，输出 35 到 45 之间的整数。

在 MySQL 命令提示符后输入以下语句，创建存储过程 proc0608：

```
CREATE PROCEDURE proc0608()
BEGIN
 DECLARE n1 int DEFAULT 0;
 loop1:LOOP
     SET n1=n1+1;
     IF n1<35 THEN ITERATE loop1;
     ELSEIF n1>45 THEN LEAVE loop1;
     END IF;
     SELECT   "n1 is between 35 and 45";
   END LOOP loop1;
   END
```

执行结果如图 6-22 所示。

```
mysql> create procedure proc0608()
    -> begin
    -> declare n1 int default 0;
    -> loop1:loop
    ->     set n1=n1+1;
    ->     if n1<35 then iterate loop1;
    ->     elseif n1>45 then leave loop1;
    ->     end if;
    ->     select "n1 is between 35 and 45";
    ->   end loop loop1;
    -> end
    -> $
Query OK, 0 rows affected (0.00 sec)

mysql>
```

图 6-22　创建包含流程控制的存储过程 proc0608

注意此时语句结束符为"$"。

存储过程创建成功后，调用此存储过程，执行结果如图 6-23 所示。

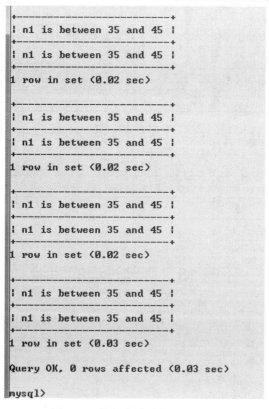

图 6-23　执行存储过程 proc0608

根据结果分析存储过程"proc0608"存在的问题。

评价与考核

课程名称：数据库管理与应用		授课地点：		
学习任务：存储过程的创建		授课教师：	授课学时：	
课程性质：理实一体		综合评分：		
知识掌握情况评分(50分)				
序号	知识考核点	教师评价	配分	得分
1	存储过程的概念与作用		5	
2	创建存储过程的方法		5	
3	存储过程主体结构		10	
4	存储过程中变量的使用		5	
5	存储过程中游标的使用		10	
6	存储过程中流程控制的使用		15	
工作任务完成情况评分(50分)				
序号	能力操作考核点	教师评价	配分	得分
1	正确使用与创建存储过程相关的命令		5	
2	能根据需要创建存储过程		15	

序号	能力操作考核点	教师评价	配分	得分
3	在存储过程中正确使用变量		5	
4	在存储过程中正确使用游标		10	
5	在存储过程中灵活运用流程控制		15	
违纪扣分(20分)				
序号	违纪考核点	教师评价	配分	得分
1	课上吃东西		5	
2	课上打游戏		5	
3	课上打电话		5	
4	其他扰乱课堂秩序的行为		5	

任务 15　存储过程的使用

任务目标

(1) 熟悉调用存储过程的方法；

(2) 熟悉查看存储过程的方法；

(3) 熟悉修改存储过程的方法；

(4) 熟悉删除存储过程的方法。

任务准备

存储过程的使用包括调用存储过程、查看存储过程、修改存储过程、删除存储过程等，分别使用 CALL、SHOW CREATE/SHOW STATUS、ALTER、DROP 等命令语句完成。

任务实施

子任务 1　调用存储过程

调用存储过程

1. 前导知识

存储过程创建完成后，可以在程序、触发器或者其他存储过程中被调用，其语法格式如下：

　　CALL 存储过程名([实际参数列表]);

其中实际参数列表要与存储过程的定义相对应，即与创建此存储过程时设置的参数一致。

2. 任务内容

(1) 调用存储过程 proc0601，计算 1~100 之间的所有偶数之和；

(2) 调用存储过程 proc0602，统计 books 表中由清华大学出版社出版的图书的数量；

(3) 调用存储过程 proc0603，统计 books 表中清华大学出版社出版的图书的数量；

（4）调用存储过程 proc0604，统计 books 表中清华大学出版的"信息技术-数据库"类的图书数量；

（5）调用存储过程 proc0605，统计 books 表中清华大学出版社出版的"信息技术-数据库"类的图书数量，并将此值存储在输出参数 tshuaDbCount 中。

（6）调用存储过程 proc0606，已知书号为"9787302402886"，查询对应的书名和书作者。

3．实施步骤

启动 MySQL 服务器并登录，在命令提示符方式下完成以下任务。

（1）调用存储过程 proc0601，计算 1～100 之间的所有偶数之和。在 MySQL 命令提示符后输入以下语句并执行：

CALL proc0601();

执行结果如图 6-24 所示。

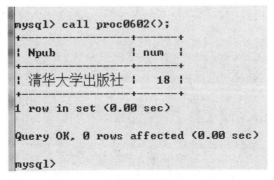

图 6-24　调用存储过程 proc0601

由图 6-24 可知，最后求得的和为 2550。

（2）调用存储过程 proc0602，统计 books 表中由清华大学出版社出版的图书的数量。在 MySQL 命令提示符后输入以下语句并执行：

CALL proc0602();

执行结果如图 6-25 所示。

图 6-25　调用存储过程 proc0602

由图 6-25 可知，书库中清华大学出版社的图书共 18 本。

（3）调用存储过程 proc0603，统计 books 表中清华大学出版社出版的图书的数量。在 MySQL 命令提示符后输入以下语句并执行：

CALL proc0603("清华大学出版社");

效果如图 6-26 所示。

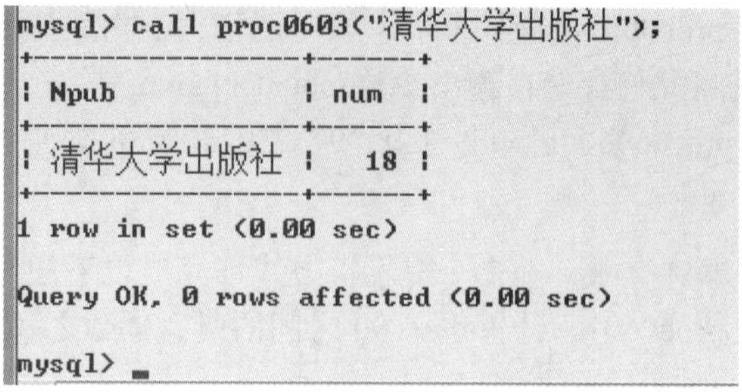

图 6-26   调用存储过程 proc0603

由图 6-26 可知，书库中清华大学出版社的图书共 18 本，与调用存储过程 proc0602 得到的结果是一致的。

(4) 调用存储过程 proc0604，统计 books 表中清华大学出版的、属于"IT02"类的图书数量。在 MySQL 命令提示符后输入以下语句并执行：

CALL proc0604("清华大学出版社","IT02");

执行结果如图 6-27 所示。

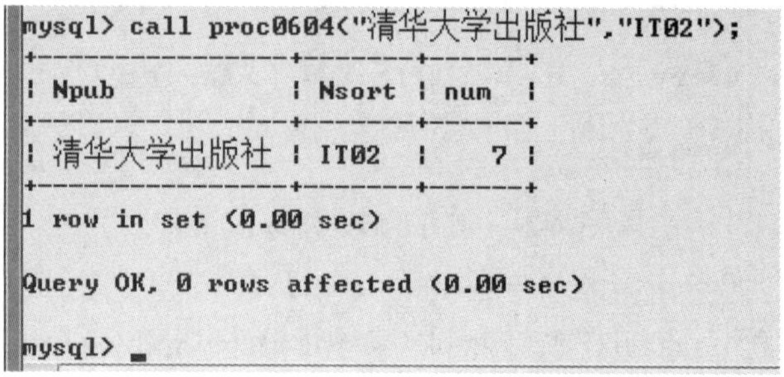

图 6-27   调用存储过程 proc0604

由图 6-27 可知，书库中由清华大学出版社出版的、属于"IT02"类的图书共 7 本。

(5) 调用存储过程 proc0605，统计 books 表中清华大学出版社出版的"信息技术-数据库"类的图书数量，并将此值存储在输出参数 tshuaDbCount 中。在 MySQL 命令提示符后输入以下语句并执行：

CALL proc0601("清华大学出版社", "IT02",@tshua);

执行结果如图 6-28 所示。

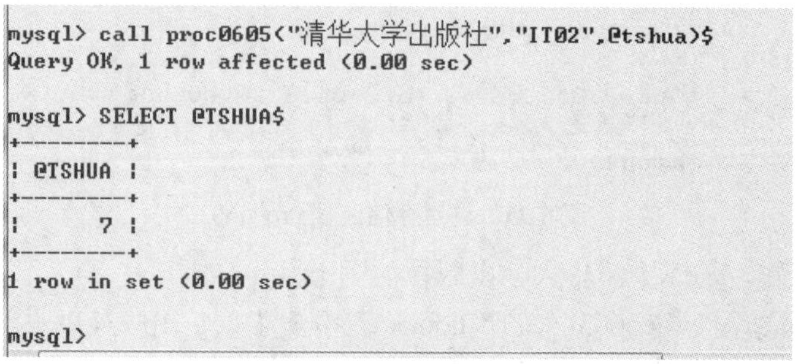

图 6-28   调用存储过程 proc0605

由图 6-28 可知，书库中由清华大学出版社出版的、属于"IT02"类的图书共 7 本。与执行存储过程 proc0604 的结果是一致的。

(6) 调用存储过程 proc0606，已知书号为"9787302402886"，查询对应的书名和书作者。在 MySQL 命令提示符后输入以下语句并执行：

CALL proc0606("9787302402886");

执行结果如图 6-29 所示。

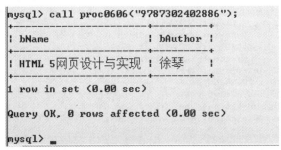

图 6-29　调用存储过程 proc0606

由图 6-29 可知，书号为"9787302402886"的书是由徐琴编写的《HTML 5 网页设计与实现》。

子任务 2　查看存储过程

1．前导知识

存储过程存放在 MySQL 的数据库中，存储过程的状态信息也随之保存在此，用户可以使用 SHOW STATUS 语句或 SHOW CREATE 语句来查看，也可以直接从系统的 information_schema 数据库中进行查询。下面将对前两种方法进行详细的讲解，第三种方式请大家查阅相关资料。

查看存储过程

(1) SHOW STATUS 语句查看存储过程的状态，其基本语法结构如下：

SHOW {PROCEDURE |FUNCTION}　STATUS　[LIKE　'pattern']

这个语句是一个 MySQL 的扩展。它返回子程序的特征，如数据库、名字、类型、创建者及创建&修改日期。如果没有指定样式，根据使用的语句所在的环境，所有存储程序或存储函数的信息都被列出。上述语法格式中，PROCEDURE 和 FUNCTION 分别表示查看存储过程和函数，LIKE 语句表示匹配的名称。

(2) SHOW CREATE 语句查看存储过程的状态。其基本语法格式如下：

SHOW CREATE　{ PROCEDURE |FUNCTION}　spName

这个语句也是一个 MySQL 的扩展。类似于 SHOW CREATE TABLE，它返回了一个可用来重新创建已命名子程序的确切字符串。

2．任务内容

(1) 查看所有存储过程名共 8 个字符且前 7 个字符为"proc060"的相关信息。

(2) 查看存储过程 proc0608 的相关信息。

3．实施步骤

启动 MySQL 服务器并登录，在命令提示符方式下完成以下任务。

(1) 查看所有存储过程名共 8 个字符且前 7 个字符为“proc060”的相关信息。在 MySQL 命令提示符后输入以下命令语句并执行：

```
SHOW PROCEDURE STATUS LIKE "proc060_" \G
```

执行结果如图 6-30 所示。

```
mysql> show procedure status like "proc060_"\G
*************************** 1. row ***************************
                  Db: tsgl
                Name: proc0601
                Type: PROCEDURE
             Definer: root@localhost
            Modified: 2021-08-31 15:45:39
             Created: 2021-08-31 15:45:39
       Security_type: DEFINER
             Comment:
character_set_client: gbk
collation_connection: gbk_chinese_ci
  Database Collation: utf8_general_ci
*************************** 8. row ***************************
                  Db: tsgl
                Name: proc0608
                Type: PROCEDURE
             Definer: root@localhost
            Modified: 2021-08-31 20:38:57
             Created: 2021-08-31 20:38:57
       Security_type: DEFINER
             Comment:
character_set_client: gbk
collation_connection: gbk_chinese_ci
  Database Collation: utf8_general_ci
8 rows in set (0.00 sec)

mysql>
```

图 6-30　运用 SHOW STATUS 查看存储过程

从命令语句的返回结果来看，当前环境中有 8 个这样的过程。

(2) 查看存储过程 proc0608 的相关信息。在 MySQL 命令提示符后输入以下命令语句并执行：

```
show create procedure proc0608\G
```

执行结果如图 6-31 所示。

```
mysql> show create procedure proc0608\G
*************************** 1. row ***************************
           Procedure: proc0608
            sql_mode: ONLY_FULL_GROUP_BY,STRICT_TRANS_TABLES,NO_ZERO_IN_DATE,NO_ZERO_DATE,ERROR_FOR_DIVISION
    Create Procedure: CREATE DEFINER=`root`@`localhost` PROCEDURE `proc0608`()
begin
 declare n1 int default 0;
 loop1:loop
     set n1=n1+1;
     if n1<35 then iterate loop1;
     elseif n1>45 then leave loop1;
     end if;
     select "n1 is between 35 and 45";
    end loop loop1;
end
character_set_client: gbk
collation_connection: gbk_chinese_ci
  Database Collation: utf8_general_ci
1 row in set (0.00 sec)

mysql> _
```

图 6-31　运用 SHOW CREATE 查看存储过程

此命令语句可以看到存储过程的代码。

子任务 3　修改存储过程

1. 前导知识

修改存储过程

在实际开发中，业务需求发生变化的情况时有出现，这样就不可避免地需要修改存储过程的特性。在 MySQL 中可以使用 ALTER 语句修改存储过程的特性，其基本语法格式如下：

　　　ALTER　{PROCEDURE | FUNCTION}　spName　[characteristic…]

上述语法格式中，spName 表示存储过程或函数的名称；characteristic 表示要修改存储过程的哪个部分，characteristic 的取值具体如下：

(1) CONTAINS SQL 表示子程序包含 SQL 语句，但不包含读或写数据的语句；

(2) NO SQL 表示子程序中不包含 SQL 语句；

(3) READS SQL DATA 表示子程序中包含读数据的语句；

(4) MODIFIES　SQL　DATA 表示子程序中包含写数据的语句；

(5) SQL　SECURITY {DEFINER|INVOKER}指明谁有权限来执行；

(6) DEFINER 表示只有定义者自己才能够执行；

(7) INVOKER 表示调用者可以执行；

(8) COMMENT ' string'表示注释信息。

2. 任务内容

修改存储过程 proc0607 的定义，将读写权限修改为 MODIFIES　SQL DATA，并指明调用者可以执行。

3. 实施步骤

启动 MySQL 服务器并登录，在命令提示符方式下完成以下任务。

修改存储过程 proc0607 的定义，将读写权限修改为 MODIFIES　SQL DATA，并指明调用者可以执行。修改成功后，查看存储过程 proc0607 的状态信息。在 MySQL 命令提示符后分别输入以下命令语句并执行：

```
ALTER PROCEDURE proc0607

MODIFIES SQL DATA

SQL SECURITY INVOKER;


SHOW PROCEDURE STATUS LIKE "proc0607" \G
```

执行结果如图 6-32 所示。

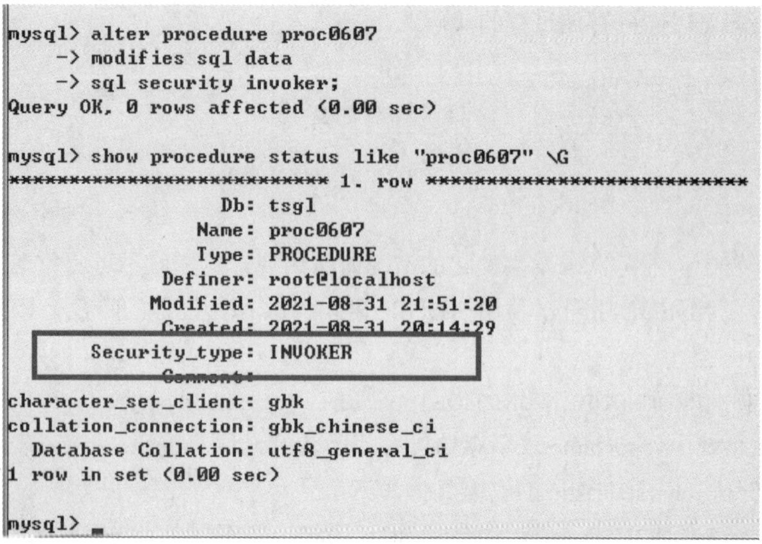

```
mysql> alter procedure proc0607
    -> modifies sql data
    -> sql security invoker;
Query OK, 0 rows affected (0.00 sec)

mysql> show procedure status like "proc0607" \G
*************************** 1. row ***************************
                  Db: tsgl
                Name: proc0607
                Type: PROCEDURE
             Definer: root@localhost
            Modified: 2021-08-31 21:51:20
             Created: 2021-08-31 20:14:29
       Security_type: INVOKER
             Comment:
character_set_client: gbk
collation_connection: gbk_chinese_ci
  Database Collation: utf8_general_ci
1 row in set (0.00 sec)

mysql> _
```

图 6-32　修改存储过程

从图 6-32 中可以看出，存储过程 proc0607 的状态信息已经发生了变化。

子任务 4　删除存储过程

1. 前导知识

删除存储过程的命令为 DROP，其语法格式如下：

DROP PROCEDURE <存储过程名> ;

2. 任务内容

删除存储过程 proc0601。

3. 实施步骤

启动 MySQL 服务器并登录，在命令提示符方式下。删除存储过程 proc0601。在 MySQL 命令提示符后分别输入以下命令语句并执行：

```
DROP PROCEDURE proc0601


SHOW PROCEDURE STATUS LIKE "proc0601" \G
```

执行结果如图 6-33 所示。

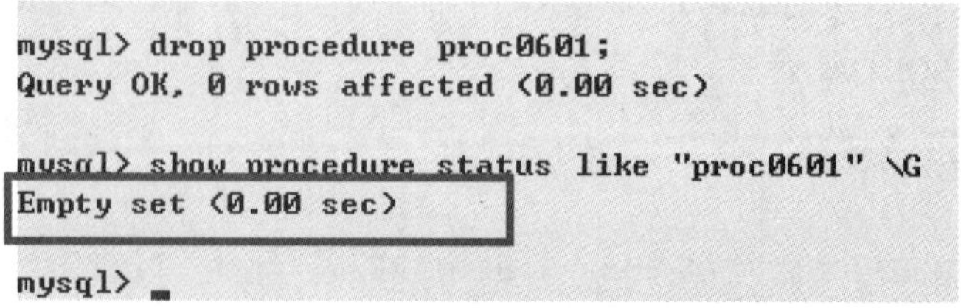

```
mysql> drop procedure proc0601;
Query OK, 0 rows affected (0.00 sec)

mysql> show procedure status like "proc0601" \G
Empty set (0.00 sec)

mysql> _
```

图 6-33　查看存储过程 proc0601

从图 6-33 可知，存储过程 proc0601 不存在，表明其已被删除。

评价与考核

课程名称：数据库管理与应用		授课地点：	
学习任务：存储过程的使用		授课教师：	授课学时：
课程性质：理实一体		综合评分：	

知识掌握情况评分(35 分)				
序号	知识考核点	教师评价	配分	得分
1	存储过程的概念与作用		7	
2	调用存储过程的方法		7	
3	查看存储过程的方法		7	
4	修改存储过程的方法		7	
5	删除存储过程的方法		7	

工作任务完成情况评分(65 分)				
序号	能力操作考核点	教师评价	配分	得分
1	会调用存储过程		20	
2	能查看存储过程		15	
3	会修改存储过程		20	
4	能够删除存储过程		10	

违纪扣分(20 分)				
序号	违纪考核点	教师评价	配分	得分
1	课上吃东西		5	
2	课上打游戏		5	
3	课上打电话		5	
4	其他扰乱课堂秩序的行为		5	

任务 16　建立与使用触发器

建立与使用触发器

在对数据库 tsgl 进行操作的过程中，当对 book_sort 表中某一图书分类的 sort_id 值进行修改后，也需要同时更改 books 表中相应的记录。当删除 borrows 表中某一借阅记录时，books 表中相应的记录也要进行相应的调整。

类似这样的情况，都是在表中插入、更新或删除某个数据时，要执行其他某个动作，这种联动效果可以使用触发器来实现。

任务目标

(1) 掌握触发器的概念；

(2) 掌握创建、调用、查看和删除触发器的基本方法；

(3) 掌握触发器激发自表数据更新、激发他表数据更新的方法；

(4) 掌握触发器调用存储过程的方法。

任务准备

1. 触发器的概念及作用

触发器是一种特殊的存储过程，只要满足一定的条件，对数据进行 INSERT、UPDATE 和 DELETE 操作时，数据库系统就会自动执行触发器中定义的程序语句，以维护数据完整性或执行其他一些特殊的任务。

触发器是自动的，它们在对表的数据进行了任何修改(比如手工输入或者应用程序采取的操作)之后立即被激活。触发器可以调用存储过程。

定义一个好的触发器对简化数据的管理、保证数据库的安全都有重要的影响。触发器是针对表一级的，这就意味着，只有表的所有者有权创建表的触发器。

常见的触发器有三种，分别应用于 Insert、Update、Delete 事件。

2. 触发器的限制

(1) 一个表同时最多只能创建三个触发器，分别对应于 Insert、Update、Delete 事件；
(2) 每个触发器只能用于一个表；
(3) 不能对视图、临时表创建触发器；
(4) Truncate Table 能删除表，但不能触发触发器；
(5) 不能将触发器用于系统表。

任务实施

子任务 1　创建触发器

1. 前导知识

使用 CREATE TRIGGER 命令创建触发器，其语法格式如下：

    CREATE TRIGGER   trigger_name   trigger_time   trigger_event
    ON   table_name   FOR EACH ROW   trigger_stmt;

说明：

(1) 触发程序是与表有关的数据库对象，当表中出现特定事件时，将激活该对象。

(2) 触发程序与命名为 table_name 的表相关。table_name 必须引用永久性表。不能将触发程序与 temporary 表或视图关联起来。

(3) trigger_time 是触发程序的动作时间。它可以是 before 或 after，以指明触发程序是在激活它的语句之前或之后触发。

(4) tigger_event 指明了激活触发程序的语句的类型。tigger_event 可以是下述值之一。

① insert：将新行插入表时激活触发程序。
② update：更改某一行时激活触发程序。
③ delete：从表中删除某一行时激活触发程序。

特别要注意的是，当前的版本不支持同一个表同时存在两个有相同激活触发程序的类型。例如，students 表中有一个删除某一行时激活触发程序动作的触发器，就不能在这个表再创建一个 DELETE 类型来激活触发程序的触发器。

(5) FOR EACH ROW 这个声明用来指定受触发事件影响的每一行都要激活触发器的动作。

(6) tigger_stmt 是当触发程序激活时执行的语句。如果打算执行多个语句，则可使用 BEGIN…END 复合语句结构。这样就能使用存储子程序中允许的相同语句。

(7) 使用触发器时，触发器执行的顺序是 BEFORE 触发器、表操作(INSERT、UPDATE 和 DELETE)、AFTER 触发器。

2. 任务内容

(1) 创建一个触发器，当更改表 book_sort 中某个图书分类的 sort_id 时，将 books 表中相应的 book_sort 全部更新。

(2) 创建一个触发器，当删除了 books 表中某本书的记录时，将 borrows 表中相应的记录一同删除。

(3) 备份数据库表 borrowers，表名为 borrback，当表 borrowers 的数据更新时，通过触发器调用存储过程，保证 borrback 数据的同步更新。

3. 实施步骤

启动 MySQL 服务器并登录，在命令提示符方式下完成以下任务。

(1) 创建一个触发器，当更改表 book_sort 中某个图书分类的 sort_id 时，将 books 表中相应的 book_sort 全部更新。在 MySQL 命令提示符后输入以下命令语句并执行：

```
DELIMITER $$
CREATE TRIGGER up_booksort AFTER update
ON book_sort for each row
BEGIN
    UPDATE books set book_sort=NEW.sort_id
   WHERE book_sort=OLD.sort_id;
END$$
```

执行结果如图 6-34 所示。

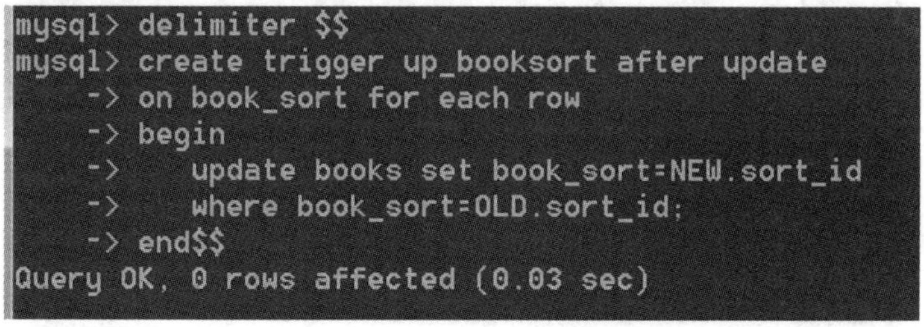

图 6-34 创建触发器 up_booksort

为了验证此触发器的作用，输入以下命令语句并执行：

```
SELECT book_id,book_name,book_sort
FROM books
WHERE book_sort="SS03"$$
```

注意此时还没有重新设置语句结束符，因此此时语句结束符仍为"$$"。

DELIMITER ;

UPDATe book_sort set sort_id="SS04"

WHERE sort_id="SS03";

执行结果如图 6-35 所示。

```
mysql> select book_id,book_name,book_sort
    -> from books
    -> where book_sort="SS03"$$
+---------------+------------+-----------+
| book_id       | book_name  | book_sort |
+---------------+------------+-----------+
| 9787549341771 | 坏习惯再见 | SS03      |
+---------------+------------+-----------+
1 row in set (0.00 sec)

mysql> delimiter ;
mysql> update book_sort set sort_id="SS04"
    -> where sort_id="SS03";
Query OK, 1 row affected (0.16 sec)
Rows matched: 1  Changed: 1  Warnings: 0
```

图 6-35　触发器被触发之前表 books 中的一条记录

输入以下命令语句并执行

SELECT book_id,book_name,book_sort

FROM books;

执行结果如图 6-36 所示。

```
mysql> select book_id,book_name,book_sort
    -> from books;
+---------------+------------------------+-----------+
| book_id       | book_name              | book_sort |
+---------------+------------------------+-----------+
| 9787115139350 | 数据库原理与应用       | IT01      |
| 9787115432410 | 数据库原理及应用       | IT01      |
| 9787300035949 | 计算机应用基础         | TP01      |
| 9787302020043 | PASCAL程序设计         | TP01      |
| 9787302037914 | C语言程序设计          | TP01      |
| 9787302387954 | MySQL数据库入门        | IT01      |
| 9787302402886 | HTML 5网页设计与实现   | IT02      |
| 9787302429159 | 软件测试基础教程       | IT02      |
| 9787307055674 | 数据库原理与应用       | IT01      |
| 9787549341771 | 坏习惯再见             | SS04      |
| 9787552264098 | 史记                   | SS01      |
| 9787567419162 | MySQL数据库项目式教程  | IT01      |
| 9787570402076 | 红楼梦                 | SS02      |
| 9787570402106 | 三国演义               | SS02      |
| 9787810940392 | 计算机网络基础与应用   | IT02      |
+---------------+------------------------+-----------+
15 rows in set (0.00 sec)
```

图 6-36　执行 UPDATE 语句，触发器被触发后的 books 表

对比图 6-35 和图 6-36 可以看出，原 books 表中 book_sort 的“SS03”已变为“SS04”。

说明：

① 这是一个触发他表更新的触发器。即当更新表 book_sort 时，同时更新 books 表。

② 本任务中，UPDATE book_sort 是触发事件，AFTER 是触发程序的动作时间，激发

触发器 UPDATE books 表的相应记录。

③ MySQL 触发器中的 SQL 语句可以关联表中的任意列，但不能直接使用列的名称，那会使系统混淆。NEW.column_name 用来引用新行的一列，OLD.column_name 用来引用更新或删除它之前的那一行的一列。对于 INSERT 语句，只有 NEW 是合法的;对于 DELETE 语句，只有 OLD 才合法;而 UPDATE 语句可以与 NEW 或 OLD 同时使用。

④ 本任务中，NEW 和 OLD 同时使用。当 book_sort 表更新 sort_id 时，原来的 book_id 变为 OLD.book_id，把 books 表中 book_sort 为 OLD.book_id 的记录更新为 NEW.book_id。

(2) 创建一个触发器，当删除了 books 表中某书的记录时，borrows 表中相应的记录也一同被删除。在 MySQL 命令提示符后分别输入以下的命令语句并执行:

```
DELIMITER $$
CREATE TRIGGER borr_de AFTER delete
ON books for each row
BEGIN
    DELETE FROM borrows WHERE book_id=OLD.book_id;
END$$


DELIMITER ;
```

执行结果如图 6-37 所示。

图 6-37　创建触发器 borr_de

为了验证此触发器的作用，输入以下命令语句并执行:

SELECT book_id,count(*)　FROM borrows GROUP BY book_id;

此命令用于查看触发器被触发之前表 borrows 中数据的统计。执行结果如图 6-38 所示。

图 6-38　触发器被触发之前表 borrows 中数据统计

输入以下命令语句并执行：

DELETE FROM books WHERE book_id="9787570402090"

上述命令执行后，删除 books 表中的一条记录。

SELECT book_id,count(*)　FROM borrows GROUP BY book_id;

结果如图 6-39 所示。

```
mysql> delete from books where book_id="9787570402090";
Query OK, 1 row affected (0.35 sec)

mysql> select book_id,count(*) from borrows group by book_id ;
+---------------+----------+
| book_id       | count(*) |
+---------------+----------+
| 9787115139350 |        1 |
| 9787300035949 |        3 |
| 9787302387954 |        1 |
| 9787302402886 |        2 |
| 9787302429159 |        5 |
| 9787549341771 |        3 |
| 9787552264098 |        2 |
| 9787567419162 |        1 |
| 9787570402076 |        4 |
+---------------+----------+
9 rows in set (0.01 sec)
```

图 6-39　执行 DELETE 语句，触发器被触发后的 borrows 表

对比图 6-38 和图 6-39 可以看出，原 borrows 表中有一条 book_id 为“9787570402090”的借阅记录，当将此书从 books 表中删除之后，borrows 表中相关的记录也被删除，说明触发器被触发。

说明：

① 这是一个触发他表更新的触发器。即在表 books 中删除记录时，borrows 表中的相关记录也一同被删除。

② 本任务中，DELETE FROM books 是触发事件，AFTER 是触发程序的动作时间，激发触发器执行 DELETE FROM borrows 命令，删除 borrows 表中的相应记录。

③ 对于 DELETE 型触发器，只有 OLD 才合法，当删除 borrows 表中的相关记录时，由于新的 books 表中已经没有某书的相关信息，因此只能用 OLD.book_id 作为条件删除相关记录。

另外，当触发自表数据更新时，应注意以下几点：

① 触发程序的动作时间只能用 BEFORE 而不能用 AFTER。

② 当激活触发程序的语句的类型是 UPDATE 时，在触发器里不能再用 UPDATE SET，而应直接用 SET，避免出现 UPDATE SET 重复错误。

③ 需要更新行的字段名都应加上 NEW 前缀，而更新之前的行字段都应加上 OLD 前缀。

(3) 备份数据库表 borrowers，表名为 borrback，当表 borrowers 的数据更新时，通过触发器调用存储过程，保证 borrback 数据的同步更新。

首先定义存储过程 CHANGES，命令如下：

```
mysql>  DELIMITER  $$
mysql>  CREATE  PROCEDURE CHANGES ()
```

```
    BEGIN
      TRUNCATE TABLE    borrback;
      REPLACE INTO   borrback   SELECT * FROM borrowers ;
    END$$
  mysql>   DELIMITER   ;
```

说明：

① 本存储过程先用 TRUNCATE 语句清空 borrback 表的数据，再用 REPLACE INTO 语句向 borrback 表插入新数据，以避免向此表同步数据时出现主键冲突错误。

② 为保证在更新、插入和删除 borrowers 表中的数据时，同步 borrowers 表中的数据，从而保证两表数据的一致性，创建了三个触发器。

① 创建 UPDATE 触发器。

```
  mysql>   CREATE TRIGGER STU_CHANGE1 AFTER UPDATE
  ON students FOR EACH ROW
  CALL CHANGES ();
```

② 创建 DELETE 触发器。

```
  mysql>   CREATE TRIGGER STU_CHANGE2 AFTER DELETE
  ON students FOR EACH ROW
  CALL CHANGES() ;
```

③ 创建 INSERT 触发器。

```
  mysql >   CREATE TRIGGER STU_ CHANGE3 AFTER INSERT
  ON students FOR EACH ROW
  CALL CHANGES();
```

子任务 2　查看触发器

1. 前导知识

MySQL 可以执行 SHOW TRIGGERS 语句来查看触发器的基本信息。其命令格式如下：

```
  SHOW TRIGGERS ;
```

MySQL 中，所有触发器的定义都存储在 information_schema 数据库下的 tiggers 表中。查询 tiggers 表，可以查看数据库中所有触发器的详细信息。查询的语句如下：

```
  SELECT * FROM information_schema. triggers ;
```

2. 任务内容

(1) 使用 SHOW TRIGGERS 命令查看当前数据库中创建的触发器；

(2) 通过查询数据库 information_schema 的 triggers 表查看触发器。

3. 实施步骤

(1) 使用 SHOW TRIGGERS 命令查看当前数据库中创建的触发器。启动 MySQL 服务器并登录，在命令提示符以输入以下命令并执行：

```
  USE   tsgl;
```

SHOW　TRIGGERS\G

执行结果如图 6-40 所示。

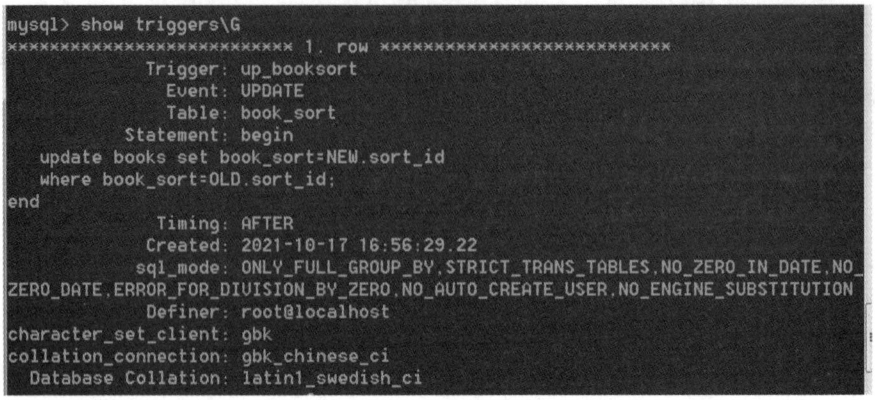

```
mysql> show triggers\G
*************************** 1. row ***************************
             Trigger: up_booksort
               Event: UPDATE
               Table: book_sort
           Statement: begin
   update books set book_sort=NEW.sort_id
   where book_sort=OLD.sort_id;
end
              Timing: AFTER
             Created: 2021-10-17 16:56:29.22
            sql_mode: ONLY_FULL_GROUP_BY,STRICT_TRANS_TABLES,NO_ZERO_IN_DATE,NO_
ZERO_DATE,ERROR_FOR_DIVISION_BY_ZERO,NO_AUTO_CREATE_USER,NO_ENGINE_SUBSTITUTION
             Definer: root@localhost
character_set_client: gbk
collation_connection: gbk_chinese_ci
  Database Collation: latin1_swedish_ci
```

图 6-40　查看触发器

从图 6-40 中可以看到，当前触发器包括触发器的名称(up_booksort)、触发器的类型(UPDATE)、触发时机(AFTER)等相关信息。

(2) 通过查询数据库 information_schema 的 triggers 表查看触发器。启动 MySQL 服务器并登录，在命令提示符以输入以下命令并执行：

SELECT * FROM information_schema.triggers\G

执行结果如图 6-41 所示。

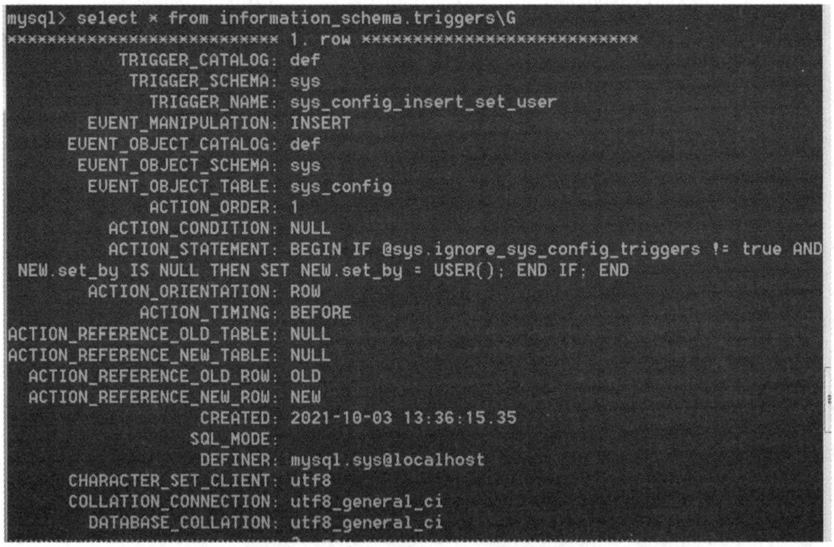

```
mysql> select * from information_schema.triggers\G
*************************** 1. row ***************************
           TRIGGER_CATALOG: def
            TRIGGER_SCHEMA: sys
              TRIGGER_NAME: sys_config_insert_set_user
        EVENT_MANIPULATION: INSERT
      EVENT_OBJECT_CATALOG: def
       EVENT_OBJECT_SCHEMA: sys
        EVENT_OBJECT_TABLE: sys_config
              ACTION_ORDER: 1
          ACTION_CONDITION: NULL
          ACTION_STATEMENT: BEGIN IF @sys.ignore_sys_config_triggers != true AND
 NEW.set_by IS NULL THEN SET NEW.set_by = USER(); END IF; END
        ACTION_ORIENTATION: ROW
             ACTION_TIMING: BEFORE
ACTION_REFERENCE_OLD_TABLE: NULL
ACTION_REFERENCE_NEW_TABLE: NULL
  ACTION_REFERENCE_OLD_ROW: OLD
  ACTION_REFERENCE_NEW_ROW: NEW
                   CREATED: 2021-10-03 13:36:15.35
                  SQL_MODE:
                   DEFINER: mysql.sys@localhost
      CHARACTER_SET_CLIENT: utf8
      COLLATION_CONNECTION: utf8_general_ci
        DATABASE_COLLATION: utf8_general_ci
```

图 6-41　用 SELECT 查看触发器

子任务 3　删除触发器

1．前导知识

删除触发器即删除数据库中已经存在的触发器。MySQL 使用 DROP TRIGGER 语句来删除触发器。其命令格式如下：

DROP　TRIGGER　[schema_name .]trigger_name

其中，schema_name 是数据库名；trigger_name 是触发器名。

2．任务内容

删除触发器 viewbooks。

3．实施步骤

启动 MySQL 服务器并登录，在命令提示符后输入以下命令并执行：

DROP　TRIGGER　viewbooks;

执行结果如图 6-42 所示。

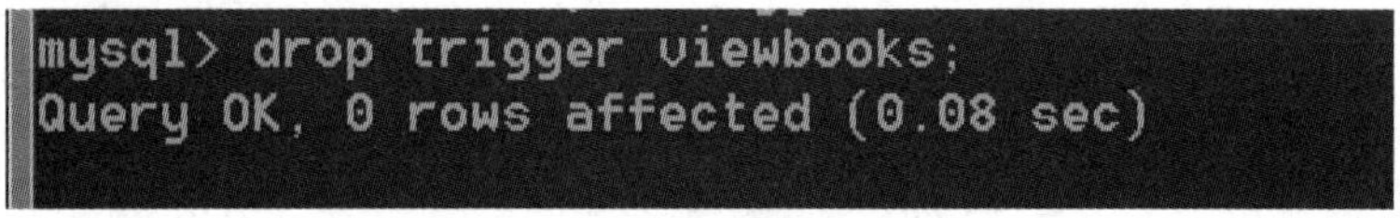

```
mysql> drop trigger viewbooks;
Query OK, 0 rows affected (0.08 sec)
```

图 6-42　删除触发器 viewbooks

评价与考核

课程名称：数据库管理与应用		授课地点：	
学习任务：创建与使用触发器		授课教师：	授课学时：
课程性质：理实一体		综合评分：	
知识掌握情况评分(35 分)			
序号	知识考核点	教师评价	配分	得分
1	触发器的概念及作用		7	
2	触发器的类型		7	
3	创建触发器的方法		7	
4	查看触发器的方法		7	
5	删除触发器的方法		7	
工作任务完成情况评分(65 分)				
序号	能力操作考核点	教师评价	配分	得分
1	能创建触发器		20	
2	能根据需要创建合适的触发器		30	
3	能查看触发器		10	
4	能删除触发器		5	
违纪扣分(20 分)				
序号	违纪考核点	教师评价	配分	得分
1	课上吃东西		5	
2	课上打游戏		5	
3	课上打电话		5	
4	其他扰乱课堂秩序的行为		5	

数据库与人生

　　数据库的事务(Transaction)是一种机制、一个操作序列，包含了一组数据库操作命令。事务把所有的命令作为一个整体一起向系统提交或撤销操作请求，即这一组数据库命令要么都执行，要么都不执行，因此事务是一个不可分割的工作逻辑单元。

　　事务是一个完整的操作。事务中的各元素是不可分的(原子的)。事务中的所有元素必须作为一个整体提交或回滚。如果事务中的任何元素失败，则整个事务将失败。

　　事务的认知告诉大家，团结就是力量，共同团结协作是成功的必要条件，否则只能返回到起点，重新开始。

　　战国时期，如果齐国、楚国、燕国、韩国、赵国、魏国这六国采取合作，或许能抵抗秦国，可惜这六国各有各的打算，放弃合作，最终导致灭国。当时秦国在战国七雄中有着不小的优势，但其余六国，表面上联合，实际上只想自己国家不受损失。

　　东汉末年，以袁绍为首的十八路诸侯起兵讨伐董卓。然而，这十八路诸侯在战争还没有开始就已是貌合神离，对于谁作为前锋都各自推诿，尽管他们兵力庞大，却在遭到董卓军队抵抗后就军心涣散，最终讨伐以失败告终，诸侯联盟随后便瓦解了

　　这些都诠释了一个道理：齐心协力，众志成城、同甘共苦、精诚团结是成功的必要条件。

　　未来是资源整合时代，是团队合作时代！任何人要实现自己的梦想都不是靠个人能完成的。团队协作意识的建立不能一蹴而就，面对未来的学习和工作要具有大局意识。只有从现在开始努力培养团队协作习惯，将来才能顺理成章整合优秀的团队合作和团队运营模式，从而形成共赢多赢的良好局面和氛围。

任务测试模拟试卷

一、单项选择题

1. MySQL 中，激活触发器的命令包括(　　)。

A. CREATE、DROP、INSERT

B. SELECT、CREATE、UPDATE

C. INSERT、DELETE、UPDATE

D. CREATE、DELETE、UPDATE

2. 下列关于 MySQL 触发器的描述中，错误的是(　　)。

A. 触发器的执行是自动的

B. 触发器多用来保证数据的完整性

C. 触发器可以创建在表或视图上

D. 一个触发器只能定义在一个基本表上

3. 使用关键字 CALL 可以调用的数据库对象是(　　)。

A. 触发器

B. 事件

C. 存储过程

D. 存储函数

4. 存储过程和存储函数的主要区别在于(   )。

A. 存储函数可以被其他应用程序调用，而存储过程不能被其他应用程序调用

B. 存储过程中必须包含一条 RETURN 语句，而存储函数中不允许出现该语句

C. 存储函数只能建立在单个数据表上，而存储过程可以同时建立在多个数据表上

D. 存储过程可以拥有输出参数，而存储函数不能拥有输出参数

5. 下列不能使用 ALTER 命令进行修改的数据库对象是(   )。

A. 触发器

B. 事件

C. 存储过程

D. 存储函数

6. 当触发器涉及对触发表自身的更新操作时，使用的触发器必须是(   )。

A. BEFORE UPDATE

B. AFTER UPDATE

C. UPDATE BEFORE

D. UPDATE AFTER

7. 下列关于存储过程的叙述中，正确的是(   )。

A. 存储过程可以带有参数

B. 存储过程能够自动触发并执行

C. 存储过程中只能包含数据更新语句

D. 存储过程可以有返回值

8. 设有如下语句:

    DECLARE tmpVar TYPE CHAR(10) DEFAULT "MySQL"

关于以上命令，下列叙述中错误的是(   )。

A. 该语句声明了一个用户变量

B. tmpVar 的缺省值是 "MySQL"

C. tmpVar 被声明为字符类型变量

D. tmpVar 的作用域是声明该变量的 BEGIN…END 语句块

9. 查看触发器内容的语句是(   )。

A. SHOW TRIGGERS;

B. SELECT * FROM information_schema;

C. SELECT *FROM TRIGGERS;

D. SELECT*FROM TRIGGER;

10. 下列关于事件的描述中，错误的是(   )。

A. 事件是基于特定时间周期来触发的

B. 创建事件的语句是 CREATE EVENT

C. 事件触发后，执行事件中定义的 SQL 语句序列

D. 如果不显式地指明，事件在创建后处于关闭状态

11. 在存储过程的定义中，其参数的输入、输出类型包括(   )。

A. IN、OUT

B. IN、OUT、INOUT

C. IN

D. OUT

12. 在存储过程中，使用游标的一般流程是(   )。

A. 打开→读取→关闭

B. 声明→填充内容→读取→关闭

C. 声明→打开→读取→关闭

D. 声明→填充内容→打开→读取→关闭

二、简答题

1. 什么是事务？事务有什么特点？

2. 什么是存储过程？如何创建存储过程？

3. 什么是触发器？触发器有什么作用？

4. 如何创建触发器？如何查看触发器？

三、操作题

现有一商场信息管理系统的数据库 db_mall，其包含一个记录商品有关信息的商品表 tb_commodity，该表包含的字段有商品号(cno)、商品名(cname)、商品类型(ctype)、产地(origin)、生产日期(birth)、价格(price) 。

1. 请创建一个名为 tri-price 的触发器，在插入新的商品记录时，能够根据商品的品名和产地自动设置商品的价格，其具体规则如下。若商品为上海产的电视机，则价格设置为2800，其他商品价格的设置可为缺省。

注意：以下 sj21.txt 文件已给出部分程序，但程序不完整，请在下画线处填上适当的内容，将程序补充完整，不能增加或删除行，并按原文件名保存。

```
DELIMITER $$
CREATE TRIGGER tri_price BEFORE INSERT ON tb_commodity FOR EACH ROW
  BEGIN
    DECLARE tmp1 CHAR(20);
    DECLARE tmp2 CHAR(20);
    SET tmp1 = NEW.cname;
    SET tmp2 = _____;
    IF (tmp1= '电视机') && (_____= '上海') THEN
      SET _____ = 2800;
  END $$
  DELIMITER ;
```

2. 请创建一个名为 sp_counter 的存储过程，用于计算商品表 tb_commodity 的商品记

录数。

注意：以下 sj22.txt 文件已给出部分程序，但程序不完整，请在下画线处填上适当的内容，将程序补充完整，不能增加或删除行，并按原文件名保存。

```
DELIMITER $$
CREATE PROCEDURE sp_counter(_____ ROWS INT)
BEGIN
    DECLARE cid INT;
    DECLARE FOUND BOOLEAN DEFAULT TRUE;
    DECLARE cur_cid CURSOR FOR
        SELECT cno FROM tb_commodity;
    DECLARE CONTINUE HANDLER FOR NOT FOUND
        SET FOUND=FALSE;
    SET ROWS=0;
    OPEN cur_cid;
    FETCH cur_cid INTO cid;
    WHILE FOUND DO
        SET ROWS=ROWS+1;
        _____ cur_cid INTO cid;
    END WHILE;
    _____ cur_cid;
    END $$
DELIMITER ;
```

项目七　安全管理与维护数据库

通过前面的学习，读者对数据库的概念以及数据库的基本操作有了一定的了解，这些知识侧重于操作数据实现某些功能。在数据库管理系统中，除了数据操作的管理之外，数据的安全管理也是很重要的内容，其中数据的备份与还原、用户权限管理等是保证数据安全的重要手段，它们可以有效保证数据的安全访问，防止数据被非必要用户泄露、修改或删除。MySQL 提供了数据备份与还原、用户权限管理等功能以保证数据的安全性。

任务 17　数据备份与还原

任务目标

(1) 熟悉数据的备份；

(2) 熟悉数据的还原。

任务准备

在操作数据库时，难免会发生一些意外，造成数据丢失。例如，突然停电、管理员操作失误等都可能导致数据丢失。为了提高数据的安全性，需要定期对数据库进行备份，这样当遇到数据库中数据丢失或者出错的情况，就可以利用备份的数据进行还原，从而最大限度地降低损失。本任务将针对数据的备份和还原进行详细的讲解。

1．数据的备份

在日常生活中，为了避免重要文件丢失，我们往往在不同存储介质上存储相同的文件；为了避免古书遗失造成的损失，人们往往会将古书进行复制。这些处理其实就是在做备份。在数据库的维护过程中，需要经常备份数据，以便在系统遭到破坏、丢失等情况下可以拿来使用，使系统持续正常运转。为了实现这种功能，MySQL 提供了一个 MYSQLDUMP 命令，它可以实现数据的备份。

MYSQLDUMP 命令可以备份单个数据库、多个数据库和所有数据库。这三种备份只有命令语句的语法格式稍有不同。

注意，MYSQLDUMP 命令是外部命令，其对应的命令文件(可执行文件)存放在 mysql 数据库的安装目录下。本书用于演示的 MySQL 安装路径为 C:\wamp\bin\mysql\mysql5.7.14。此命令的命令文件 "mysqldump.exe" 的存放路径为 C:\wamp\bin\mysql\mysql5.7.14\bin。

1) 备份单个数据库

MYSQLDUMP 命令备份单个数据库的语法格式如下：

> MYSQLDUMP -U username -P password　dbName [tName1] [tName2]… > newFileName.sql

上述语法格式中各部分的说明如下：

- -U username：-U 后面的参数 username 表示用户名。
- -P password：-P 后面的参数 password 表示登录密码。
- dbName：表示数据库名。
- tName1, tName2：表示数据库中的表名，可以是一个或多个表，多个表名之间用空格分隔。如果不指定表名，则表示备份整个数据库。
- >：不可缺的符号。符号左侧表示输入源，即需要备份的数据库；符号右侧表示输出目标，即备份文件，备份文件的名称前面可以加上绝对路径。
- newFileName.sql：表示备份文件的名称，文件名前可以加上路径。扩展名最好用 sql。

2) 备份多个数据库

MYSQLDUMP 命令不仅可以备份一个数据库，还可以同时备份多个数据库，其语法格式如下：

> MYSQLDUMP -U username -P password - -DATABASES dbName1[dbName2 … dbNamen]>
>
> newFileName.sql

上述语法格式中各部分的说明如下：

- - -DATABASES dbName1[dbName2 … dbNamen]：-DATABASES 后面的参数 dbName1、dbName2 等表示数据库名称。当备份多个数据库时，用空格隔开数据库名称。注意，字符"DATABASES"的前面有两个"-"。
- 其他部分与备份单个数据库的命令格式中相同部分的含义一样。

3) 备份所有数据库

使用 MYSQLDUMP 命令可以备份当前服务器中的所有数据库。备份所有数据库的语法格式如下：

> MYSQLDUMP -U username -P password　- -ALL-DATABASES>newFileName.sql

上述语法格式中各部分的说明如下：

- - -ALL-DATABASES：此选项代表所有数据库。注意，字符"ALL-DATABASES"的前面有两个"-"。
- 其他部分与备份单个数据库的命令格式中相同部分的含义一样。

2. 数据的还原

当数据库中的数据遭到破坏时，可以通过事先备份的数据文件进行还原，这里所说的还原是指还原数据库中的数据，而库是不能被还原的。因此，只要把生成这些数据的命令如 CREATE、INSERT 等用备份文件记录下来，再使用 MYSQL 命令将 CREATE、INSERT 等命令执行一遍，就可以将数据还原。这就是数据备份与还原的简单原理。

MYSQL 命令还原数据的语法格式如下：

> MYSQL -U username -P password [dbName] <newFileName.sql

上述语法格式中各部分的说明如下：

- -U username：-U 后面的参数 username 表示用户名。
- -P password：-P 后面的参数 password 表示登录密码。
- dbName：表示数据库名。
- <：不可缺的符号，表明数据的流向。符号右侧为数据源，即备份文件；符号左侧为目标，即接收数据的数据库。
- newFileName.sql：表示备份文件的名称，文件名前可以加上路径。

任务实施

MYSQLDUMP 和 MYSQL 两个命令都是外部命令，其执行是在 DOS 命令提示后执行的。下面的任务需要在 DOS 命令行的窗口中进行。

子任务 1　数据的备份

数据的备份

1. 前导知识

用 MYSQLDUMP 命令备份单个数据库的语法格式如下：

```
MYSQLDUMP -U username -P password dbName [tName1] [tName2]… > newFileName.sql
```

2. 任务内容

备份数据库 tsgl，将备份文件存放到 D:\backDB，备份文件名为 tsgl_back.sql。

3. 实施步骤

备份数据库 tsgl，将备份文件存放到 D:\backDB，备份文件名为 tsgl_back.sql。

要完成此项任务，应按以下操作步骤进行。

(1) 进入 DOS 命令提示符界面，设置 PATH 参数或改变当前目录为命令文件所在路径。执行的命令及效果如图 7-1 所示。

图 7-1　改变 DOS 命令提示符界面的当前目录

本书所用 MySQL 的外部命令其存放路径是 C:\wamp\bin\mysql\mysql5.7.14\bin。

(2) 在 DOS 命令提示符后输入以下命令语句并执行：

```
MYSQLDUMP -U root -P tsgl>d:\backDB\tsgl_back.sql
```

执行效果如图 7-2 所示。注意，在执行此命令之前，必须启动 MySQL 服务器。

图 7-2　执行效果

查看 D:\backDB 文件夹，如图 7-3 所示。

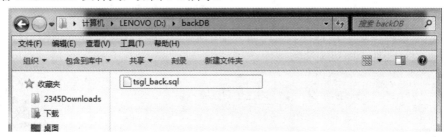

图 7-3 存放备份文件的文件夹

图 7-3 表明备份文件已生成。

(3) 在记事本中打开备份文件 tsgl_back.sql，结果如图 7-4 所示。

```
tsgl_back.sql - 记事本
文件(F) 编辑(E) 格式(O) 查看(V) 帮助(H)
-- MySQL dump 10.13  Distrib 5.7.14, for Win32 (AMD64)
--
-- Host: localhost    Database: tsgl
-- ------------------------------------------------------
-- Server version       5.7.14
/*!40101 SET @OLD_CHARACTER_SET_CLIENT=@@CHARACTER_SET_CLIENT */;
/*!40101 SET @OLD_CHARACTER_SET_RESULTS=@@CHARACTER_SET_RESULTS */;
/*!40101 SET @OLD_COLLATION_CONNECTION=@@COLLATION_CONNECTION */;
/*!40101 SET NAMES utf8 */;

/*!40111 SET @OLD_SQL_NOTES=@@SQL_NOTES, SQL_NOTES=0 */;

--
-- Table structure for table `book_sort`
--

DROP TABLE IF EXISTS `book_sort`;
/*!40101 SET @saved_cs_client     = @@character_set_client */;
/*!40101 SET character_set_client = utf8 */;
CREATE TABLE `book_sort` (
  `sort_id` char(4) NOT NULL,
  `sort_name` varchar(20) NOT NULL,
  PRIMARY KEY (`sort_id`)
) ENGINE=InnoDB DEFAULT CHARSET=utf8;
/*!40101 SET character_set_client = @saved_cs_client */;


DROP TABLE IF EXISTS `books`;
/*!40101 SET @saved_cs_client     = @@character_set_client */;
/*!40101 SET character_set_client = utf8 */;
CREATE TABLE `books` (
  `book_id` char(13) NOT NULL,
  `book_name` varchar(30) NOT NULL,
  `book_price` decimal(8,2) NOT NULL,
  `book_author` char(12) NOT NULL,
  `book_pub` varchar(30) NOT NULL,
  `book_num` tinyint(4) NOT NULL,
  `book_sort` char(4) NOT NULL,
  `book_entrance` datetime NOT NULL,
  PRIMARY KEY (`book_id`),
  KEY `books_books` (`book_sort`),
  CONSTRAINT `books_books` FOREIGN KEY (`book_sort`) REFERENCES `book_sort` (`sort_id`)
) ENGINE=InnoDB DEFAULT CHARSET=utf8;
/*!40101 SET character_set_client = @saved_cs_client */;
```

图 7-4 备份文件 tsgl_back.sql 的部分内容

从图 7-4 中可以看到，备份文件中主要存放的是 CREATE、DROP 等语句。除此之外，还存放有数据库的版本、用户操作的环境参数等信息。

因此，只需运用这些信息将数据库服务器的运行环境设置好，再将 CREATE、DROP 等语句重新执行一遍，即可恢复数据库。

子任务 2　数据的还原

1. 前导知识

(1) 用 MYSQL 命令还原数据库的语法格式如下：

    MYSQL -U username -P password databasename < NewFileName.sql

(2) 还原数据库的操作过程。

由于备份文件中并没有保存数据库的框架，而只保存了用于生成各种数据库对象(数据表、视图、索引等)的命令语句，因此在还原数据库之前，必须先创建一个用于接收数据库对象的数据库。如果要还原到原始数据库，则应该先删除原数据库，再新建，最后用 MYSQL 命令还原。

2. 任务内容

将任务 17 子任务 1 备份的数据库还原到数据库 tmptsgl 中。

3. 实施步骤

将任务 17 子任务 1 备份的数据库还原到数据库 tmptsgl 中。

要完成此任务，应按以下操作步骤进行：

(1) 创建数据库 tmptsgl。

启动 MySQL 服务器并登录，在 MySQL 命令提示符后输入如图 7-5 所示的命令语句并执行，即可创建数据库 tmptsgl。

```
mysql> create database tmptsgl;
Query OK, 1 row affected (0.00 sec)
```

图 7-5　创建数据库 tmptsgl

(2) 在 DOS 命令提示符后输入以下命令语句并执行：

    MYSQL -U root -P tmptsgl<d:\backDB\tsgl_back.sql

执行结果如图 7-6 所示。

```
C:\wamp\bin\mysql\mysql5.7.14\bin>mysql -u root -p tmptsgl<d:\backDB\tsgl_back.s
ql
Enter password: ******

C:\wamp\bin\mysql\mysql5.7.14\bin>_
```

图 7-6　还原数据库到 tmptsgl 中

(3) 打开数据库 tmptsgl，查看还原情况。在 MySQL 命令提示符后依次输入以下命令语句并执行：

　　　　USE tmptsgl;

　　　　SHOW TABLES;

执行结果如图 7-7 所示。

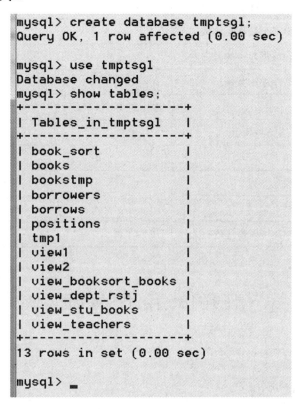

图 7-7 数据库 tmptsgl 中的表

　　从图 7-7 中可以看到，数据库 tmptsgl 中已出现 13 个数据库对象。此时再查看原数据库 tsgl，我们发现原数据库 tsgl 与数据库 tmptsgl 中的数据库对象是一样的，表明数据库成功还原。

评价与考核

课程名称：数据库管理与应用		授课地点：		
学习任务：数据备份与还原		授课教师：		授课学时：
课程性质：理实一体		综合评分：		
知识掌握情况评分(35 分)				
序号	知识考核点	教师评价	配分	得分
1	数据备份的概念与作用		5	
2	数据还原的概念与作用		5	
3	数据备份的原理和方法		15	
4	数据还原的原理和方法		10	

续表

工作任务完成情况评分(65 分)				
序号	能力操作考核点	教师评价	配分	得分
1	能备份单个数据库的数据		15	
2	能同时备份多个数据库的数据		15	
3	能单独备份数据库中的数据表		15	
4	能还原数据库中的数据		20	
违纪扣分(20 分)				
序号	违纪考核点	教师评价	配分	得分
1	课上吃东西		5	
2	课上打游戏		5	
3	课上打电话		5	
4	存在其他扰乱课堂秩序的行为		5	

任务 18 用 户 管 理

任务目标

(1) 熟悉 MySQL 的权限表；

(2) 熟悉用户管理。

任务准备

要使用 MySQL，首先要启动 MySQL 服务器，再登录，然后才能进行数据库的后续操作。在这一过程中，只有使用正确的用户名和密码才能登录成功。MySQL 安全管理正是通过创建用户、用户授权、用户登录这三个步骤来实现的。

用户登录是在拥有用户身份并明确用户权限后进行的一个环节。MySQL 安装成功后，系统自动创建多个数据库，如 mysql、information_schema 等。MySQL 的用户管理就是通过对 mysql 数据库中的相关数据表进行操作来实现的。

1. MySQL 的权限表

MySQL 通过权限表来管理用户，控制用户对数据库的访问。MySQL 在安装时会自动创建多个数据库。MySQL 权限表存放在名称为 MySQL 的数据库中。常用的权限表有 user、db、host、table_priv、columns_priv 和 procs_priv。

启动 MySQL 服务器并登录，查看当前服务器中的数据库以及 mysql 数据库中的数据表，结果如图 7-8 和图 7-9 所示。

```
mysql> show databases;
+--------------------+
| Database           |
+--------------------+
| information_schema |
| cjgl               |
| cjgl2              |
| db_emp             |
| myBir              |
| mysql              |
| performance_schema |
| sys                |
| tsgl               |
| xshgl              |
| zhanghugl          |
+--------------------+
11 rows in set (0.24 sec)
```

图 7-8　查看数据库

```
mysql> use mysql;
Database changed
mysql> SHOW TABLES LIKE "user%";
+-------------------------+
| Tables_in_mysql (user%) |
+-------------------------+
| user                    |
+-------------------------+
1 row in set (0.00 sec)

mysql> SHOW TABLES LIKE "%_PRIV";
+-------------------------+
| Tables_in_mysql (%_PRIV)|
+-------------------------+
| columns_priv            |
| procs_priv              |
| proxies_priv            |
| tables_priv             |
+-------------------------+
4 rows in set (0.00 sec)

mysql>
```

图 7-9　查看数据库 mysql 中的数据表

数据库 mysql 中的数据表较多，下面主要介绍此数据库中的权限表。

1) user 权限表

user 权限表是 MySQL 中最重要的一个权限表。MySQL5.7.14 版本的 user 表共有 45 列。这些数据列主要分为四个部分：用户列、权限列、安全列和资源控制列。

• 用户列：用户登录时通过表中的 Host、User 和 Password(后期版本改为 AUTHENTICATION_STRING)等三列判断 IP 地址、用户名称和密码是否存在于表中来进行身份验证，若身份信息无误则登录，否则拒绝连接。

• 权限列：user 表中包含了多个以"_priv"结尾的字段，这些字段决定了该用户的权限(包括查询权限、插入权限、更新权限、删除权限等普通权限，也包括关闭服务器的权限和加载用户等高级管理权限)。

• 安全列：ssl(用于加密)、x509(用于标识用户)开头的字段以及 Plugin 和 AUTHENTICATION_STRING 字段(用于用户身份验证与授权)。

• 资源控制列：

max_questions：规定每小时允许执行查询数据库的次数。

max_updates：规定每小时允许执行更新数据库的次数。

max_connections：规定每小时允许执行连接数据库的次数。

max_user_connections：规定单个用户同时建立的连接次数。

注：以 max 开头的字段表示最大允许次数，0 表示无限制。

user 表的权限列如表 7-1 所示。

表 7-1　user 表的权限列

字段名	数据类型	约　　束
Select_priv	enum('N','Y')	NOT NULL DEFAULT 'N'
Insert_priv	enum('N','Y')	NOT NULL DEFAULT 'N'
Update_priv	enum('N','Y')	NOT NULL DEFAULT 'N'
Delete_priv	enum(N','Y')	NOT NULL DEFAULT 'N'
Create_priv	enum('N','Y')	NOT NULL DEFAULT 'N'
Drop_priv	enum('N','Y')	NOT NULL DEFAULT 'N'
Reload_priv	enum('N','Y')	NOT NULL DEFAULT 'N'
Shutdown_priv	enum('N','Y')	NOT NULL DEFAULT 'N'
Process_priv	enum('N','Y')	NOT NULL DEFAULT 'N'
File_priv	enum('N','Y')	NOT NULL DEFAULT 'N'
Grant_priv	enum('N','Y')	NOT NULL DEFAULT 'N'
References_priv	enum('N','Y')	NOT NULL DEFAULT 'N'
Index_priv	enum('N','Y')	NOT NULL DEFAULT 'N'
Alter_priv	enum('N','Y')	NOT NULL DEFAULT 'N
Show_db_priv	enum('N','Y')	NOT NULL DEFAULT 'N'
Super_priv	enum('N','Y')	NOT NULL DEFAULT 'N'
Create_tmp_table_priv	enum('N','Y')	NOT NULL DEFAULT 'N'
Lock_tables_priv	enum('N','Y')	NOT NULL DEFAULT 'N'
Execute_priv	enum('N','Y')	NOT NULL DEFAULT 'N'
Repl_slave_priv	enum('N','Y')	NOT NULL DEFAULT 'N'
Repl_client_priv	enum('N','Y')	NOT NULL DEFAULT 'N'
Create_view_priv	enum('N','Y')	NOT NULL DEFAULT 'N'
Show_view_priv	enum('N','Y')	NOT NULL DEFAULT 'N'
Create_routine_priv	enum('N','Y')	NOT NULL DEFAULT 'N'
Alter_routine_priv	enum('N','Y')	NOT NULL DEFAULT 'N'
Create_user_priv	enum('N','Y')	NOT NULL DEFAULT 'N'
Event_priv	enum('N','Y')	NOT NULL DEFAULT 'N
Trigger_priv	enum('N','Y')	NOT NULL DEFAULT 'N'
Create_tablespace_priv	enum('N','Y')	NOT NULL DEFAULT 'N'

从表 7-1 中可以看出，所有权限列的取值只有两种，即"Y"和"N"，"Y"表示拥有这项权限，"N"表示没有这项权限。为了安全考虑，这些字段的默认值均为"N"。

2) db、host 权限表

db 权限表存储用户在各个数据库上的操作权限，决定哪些用户可以从哪些主机访问哪些数据库。

host 权限表是 db 权限表的扩展，配合 db 权限表对给定主机上的数据库级操作权限作更细致的控制。host 权限表很少被使用。只有在 db 表的范围之内扩展一个条目时才会用到 host 表。

3) table_priv 权限表

table_priv 权限表记录数据表级别的操作权限。table_priv 权限表与 db 权限表相似，二者的不同之处是 table_priv 权限表用于数据表，而不是数据库。

4) columns_priv 权限表

columns_priv 权限表记录数据字段级别的操作权限。columns_priv 表的作用与 table_priv 表类似，二者的不同之处是 columns_priv 权限表针对的是某些表的特定字段的权限。

5) procs_priv 权限表

procs_priv 权限表存储用户在存储过程和函数上的操作权限。

2. 用户管理

在 MySQL 中，用户管理主要是通过操作数据表 user 实现的。相关的操作命令有 CREATE USER、INSERT INTO、DROP、DELETE 等。

1) 新增用户

新增用户的命令语句有三种，即 CREATE USER、INSERT、GRANT。这三种命令语句的语法格式详见任务 18 的子任务 2。

2) 修改用户信息

修改用户信息主要有两个方面，即修改用户名或修改用户密码。修改用户名和修改用户密码的命令及语法格式详见任务 18 的子任务 3。

3) 删除用户

当发现某些用户已经没有存在的必要时，需要执行相应的命令删除此用户。删除用户的命令语句及语法格式详见任务 18 的子任务 4。

任务实施

子任务 1　user 表

1. 前导知识

user 表是一个非常重要的权限表，它的数据列比较多。用户管理、权限管理等就是以此表为基础实现的，因此熟悉表的结构非常重要。

2. 任务内容

查看 user 表的结构，进一步熟悉各数据列的作用。

3. 实施步骤

启动 MySQL 服务器并登录，在 MySQL 命令提示符后依次输入以下命令语句并执行：

```
SHOW DATABASES;
USE mysql;
SHOW TABLES;
```

　　　　　SHOW TABLES LIKE "%_priv";

　　　　　SHOW CREATE TABLE user \G;

或　　　DESC user;

执行结果如图 7-10～图 7-12 所示。注意当前数据库。

```
mysql> show tables;
+---------------------------+
| Tables_in_mysql           |
+---------------------------+
| columns_priv              |
| db                        |
| engine_cost               |
| event                     |

| time_zone_transition      |
| time_zone_transition_type |
| user                      |
+---------------------------+
31 rows in set (0.10 sec)

mysql>
```

图 7-10　数据库 mysql 中的所有表

```
mysql> show tables like "%_priv";
+-------------------------+
| Tables_in_mysql (%_priv) |
+-------------------------+
| columns_priv            |
| procs_priv              |
| proxies_priv            |
| tables_priv             |
+-------------------------+
4 rows in set (0.01 sec)

mysql>
```

图 7-11　数据库 mysql 中的权限表

```
mysql> desc user;
+-----------------------+-------------------------------------+------+-----+-----------------------+-------+
| Field                 | Type                                | Null | Key | Default               | Extra |
+-----------------------+-------------------------------------+------+-----+-----------------------+-------+
| Host                  | char(60)                            | NO   | PRI |                       |       |
| User                  | char(32)                            | NO   | PRI |                       |       |
| Select_priv           | enum('N','Y')                       | NO   |     | N                     |       |
| Insert_priv           | enum('N','Y')                       | NO   |     | N                     |       |
| Update_priv           | enum('N','Y')                       | NO   |     | N                     |       |
| Delete_priv           | enum('N','Y')                       | NO   |     | N                     |       |
| Create_priv           | enum('N','Y')                       | NO   |     | N                     |       |
| Drop_priv             | enum('N','Y')                       | NO   |     | N                     |       |

| Create_tablespace_priv | enum('N','Y')                      | NO   |     | N                     |       |
| ssl_type              | enum('','ANY','X509','SPECIFIED')   | NO   |     |                       |       |
| ssl_cipher            | blob                                | NO   |     | NULL                  |       |
| x509_issuer           | blob                                | NO   |     | NULL                  |       |
| x509_subject          | blob                                | NO   |     | NULL                  |       |
| max_questions         | int(11) unsigned                    | NO   |     | 0                     |       |
| max_updates           | int(11) unsigned                    | NO   |     | 0                     |       |
| max_connections       | int(11) unsigned                    | NO   |     | 0                     |       |
| max_user_connections  | int(11) unsigned                    | NO   |     | 0                     |       |
| plugin                | char(64)                            | NO   |     | mysql_native_password |       |
| authentication_string | text                                | YES  |     | NULL                  |       |
| password_expired      | enum('N','Y')                       | NO   |     | N                     |       |
| password_last_changed | timestamp                           | YES  |     | NULL                  |       |
| password_lifetime     | smallint(5) unsigned                | YES  |     | NULL                  |       |
| account_locked        | enum('N','Y')                       | NO   |     | N                     |       |
+-----------------------+-------------------------------------+------+-----+-----------------------+-------+
45 rows in set (0.59 sec)

mysql>
```

图 7-12　user 表的结构

　　从图 7-12 中可以看出，表 user 共有 45 列。这 45 列数据主要分为四个部分，即用户列、权限列、安全列和资源列。

子任务 2 创建普通用户

创建普通用户

1. 前导知识

新安装的 MySQL 中只有一个名为 root 的用户。这个用户在安装服务器时由系统创建并被赋予了 MySQL 的所有权限。在对 MySQL 的实际操作中通常需要创建不同层次要求的用户来确保数据的安全访问。添加用户可以使用 CREATE USER、INSERT 和 GRANT 语句来实现。

(1) CREATE USER 语句的语法格式如下：

CREATE USER 'username'@'hostname' [INDENTIFIED BY [PASSWORD] 'password']

[,'username' @'hostname' [INDENTIFIED BY [PASSWORD] 'password']]…

说明：

- 使用 CREATE USER 语句可以创建一个或多个用户，用户之间用逗号分隔。
- "主机"可以是主机名或 IP 地址，本地主机名可以使用 localhost，"%"表示一组主机。
- "IDENTIFIED BY"关键字用于设置用户的密码。如果指定用户登录不需要密码，则可以省略该选项。
- "PASSWORD"关键字指定使用哈希值设置密码。密码的哈希值可以使用 PASSWORD() 函数获取。

(2) INSERT 语句的语法格式如下：

INSERT INTO user (User， Host， Password)

Values (<用户名>，<主机>，PASSWORD (<密码>));

说明：通常语句只能添加 Host、User、Password 这 3 个字段的值，分别表示 User 数据表中的主机名字段、用户名字段和密码字段。注意，后期版本的 MySQL 中没有 Password 这个字段，它被字段"Authentication_String"取代了。

(3) GRANT 语句。

GRANT 语句不仅可以创建新用户，还可以对用户进行授权。该语句会自动加载权限表，不需要手动刷新，而且安全、准确，错误少，因此使用 GRANT 语句是新增用户最常用的方法。

GRANT 语句创建用户的语法格式如下：

GRANT <权限名称> [(字段列表)] ON <对象名> TO <用户名>@<主机>

[IDENTIFIED BY [PASSWORD] <密码>] [WITH GRANT OPTION];

说明：

- <权限名称> [(字段列表)]：表示该用户具有的权限信息。
- <对象名>：新用户的权限范围表，一般为数据库名、表名、列名等。此处可用"*.*"代表当前服务器中的所有对象。
- <用户名>@<主机>：用户名与主机名(或 IP 地址)。
- [IDENTIFIED BY [PASSWORD] <密码>]：新用户的密码，如果缺省，则说明此用户暂不设置密码。
- [WITH GRANT OPTION]：可选项，表示允许用户将获得的权限授予其他用户。

2．任务内容

启动 MySQL 服务器并登录，在 MySQL 环境中完成以下任务。注意当前数据库应为 mysql。

(1) 使用 CREATE USER 语句在本地服务器上添加用户"adm01"，密码为"01adm"，密码使用哈希值设置。

(2) 使用 INSERT 语句在本地服务器上添加用户"student01"，密码为"s01t02u"。

(3) 使用 GRANT 语句在本地服务器上添加用户"employ01"，密码为"employ"。

3．实施步骤

(1) 使用 CREATE USER 语句在本地服务器上添加用户"adm01"， 密码为"01adm"，密码使用哈希值设置。

在 MySQL 命令提示符后输入以下命令语句并执行：

CREATE USER "adm01"@"localhost" INDENTIFIED BY

PASSWORD　"*51706D82C405EC0A4C9EEC6A044B330EEA985BB5";

执行效果如图 7-13 所示。

图 7-13　使用 CREATE USER 语句创建用户

注意：由于 CREAT USER 语句中"PASSWORD"关键字部分需使用哈希值设置，因此先使用命令语句"SELECT PASSWORD('01adm')"获得密码的哈希值。

为了查看上述命令的执行结果，可输入以下命令语句并执行：

SELECT user,host,authentication_string FROM USER;

执行结果如图 7-14 所示。

图 7-14　查看 user 表的信息

从图 7-14 中可以看出，新增用户"adm01"成功。

(2) 使用 INSERT 语句在本地服务器上添加用户"student01"，密码为"s01t02u"。在 MySQL 命令提示符后输入以下命令语句并执行：

INSERT INTO user(user,host,authentication_string,ssl_cipher,x509_issuer,x509_subject)

VALUES("student01","localhost",password('s01t02u'),0,0,0);

执行效果如图 7-15 所示。

```
mysql> insert into user(user,host,authentication_string,ssl_cipher,x509_issuer,x509_subject)
    -> values("student01","localhost",password('s01t02u'),0,0,0);
Query OK, 1 row affected, 1 warning (0.00 sec)
```

图 7-15　使用 INSERT 语句新增用户

注意： 由于当前版本设定了模式要求，因此在使用 INSERT INTO 语句新增用户时，用于安全控制的三列数据(即 ssl_cipher、x509_issuer、x509_subject)不能为空。字段列表中有 6 个字段名。

为了查看上述命令执行的结果，可输入以下命令语句并执行：

SELECT user,host,authentication_string FROM user;

执行结果如图 7-16 所示。

```
mysql> select user,host,authentication_string from user;
+-----------+-----------+-------------------------------------------+
| user      | host      | authentication_string                     |
+-----------+-----------+-------------------------------------------+
| root      | localhost | *6DDF79FD2005CB785C5253F7D32F8742B7AC5C66 |
| mysql.sys | localhost | *THISISNOTAVALIDPASSWORDTHATCANBEUSEDHERE |
| adm01     | localhost | *51706D82C405EC0A4C9EEC6A044B330EEA985BB5 |
| student01 | localhost | *2D4B2DB8DCDA4CE83CAC18A599277A7F70B58FC6 |
+-----------+-----------+-------------------------------------------+
4 rows in set (0.00 sec)

mysql>
```

图 7-16　查看 user 表

从图 7-16 中可以看出，新增用户"student01"成功。

(3) 使用 GRANT 语句在本地服务器上添加用户"employ01"，密码为"employ"。在 MySQL 命令提示符后输入以下命令语句并执行：

GRANT SELECT on tsgl.* TO "employ01"@"localhost" IDENTIFIED BY "employ";

执行效果如图 7-17 所示。

```
mysql> grant select on tsgl.* to "employ01"@"localhost"
    -> identified by "employ";
Query OK, 0 rows affected, 1 warning (0.11 sec)
```

图 7-17　使用 GRANT 语句创建用户

为了查看上述命令的执行结果，可输入以下命令语句并执行：

SELECT user,host,authentication_string FROM user;

执行结果如图 7-18 所示。

```
mysql> select user,host,authentication_string from user;
+-----------+-----------+-------------------------------------------+
| user      | host      | authentication_string                     |
+-----------+-----------+-------------------------------------------+
| root      | localhost | *6DDF79FD2005CB785C5253F7D32F8742B7AC5C66 |
| mysql.sys | localhost | *THISISNOTAVALIDPASSWORDTHATCANBEUSEDHERE |
| adm01     | localhost | *51706D82C405EC0A4C9EEC6A044B330EEA985BB5 |
| student01 | localhost | *2D4B2DB8DCDA4CE83CAC18A599277A7F70B58FC6 |
| employ01  | localhost | *9B719329AEAC9A6E67DEE1B0367D7BF784EAD6C8 |
+-----------+-----------+-------------------------------------------+
5 rows in set (0.00 sec)
```

图 7-18　查看 user 表

从图 7-18 中可以看出，创建用户"employ01"成功。

从以上三种创建用户的方式可以看出，使用 GRANT 方式比较方便。

子任务 3　修改用户信息

修改用户信息

1．前导知识

当管理员在 MySQL 中添加了用户以后，因为各种问题，可能需要更改用户名、修改密码或删除用户来实现对用户的管理。

(1) 修改用户名。

RENAME USER 语句的语法格式如下：

  RENAME　USER　<'旧的用户名'>@<'主机'>　TO　<'新的用户名'>@<'主机'>;

说明：RENAME USER 语句可以对用户进行重命名。该语句可以同时对多个已存在的用户进行重命名，各个用户之间使用逗号分隔。重命名时"旧用户名"必须存在，而"新的用户名"不存在，使用者必须拥有"RENAME USER"权限。

(2) 修改用户的密码。

修改用户密码有三种方式，即使用命令 MYSQLADMIN、SET PASSWORD、UPDATE 语句。

- MYSQLADMIN 命令修改用户密码的命令格式如下：

  MYSQLADMIN　-u <用户名>　[-h<主机>]　-p　password　[<新密码>]

说明：MYSQLADMIN 是一条外部命令，必须在服务器端的"命令提示符"下执行。

- SET PASSWORD 语句的语法格式如下：

  SET PASSWORD [FOR <'用户名'>@<'主机'>] = PASSWORD (<'新密码'>);

说明：SET PASSWORD 语句可以修改用户的密码，语句中如果不加"[FOR <'用户名'>@<'主机'>]"可选项，则修改当前用户密码。

- UPDATE 语句修改用户密码的语法格式如下：

  UPDATE　mysql.user　SET Password= PASSWORD (<'新密码'>)

  WHERE User=<'用户名'>　AND　Host=<'主机'>;

说明："新密码"需要用"PASSWORD ()"函数来加密；WHERE 子句则用于明确修改哪位用户的密码。需要注意的是，在 MySQL 的后期版本中，已用字段"Authentication_string"

替代字段"Password"。

2. 任务内容

启动 MySQL 服务器并登录，在 MySQL 命令提示行方式下完成以下任务。注意当前数据库应为 mysql。

(1) 使用 RENAME USER 语句将用户"employ01"重命名为"emp01"。

(2) 使用 SET PASSWORD 语句修改用户"emp01"的密码为"123"。

(3) 通过 UPDATE 语句将用户"adm01"的密码改为"adm01"。

(4) 使用 MYSQLADMIN 命令修改用户"adm01"的密码为"12345"。

3. 实施步骤

(1) 使用 RENAME USER 语句对用户"employ01"重命名为"emp01"。在 MySQL 命令提示符后输入以下命令语句并执行：

RENAME USER "employ01"@"localhost" TO "emp01"@"localhost";

执行结果如图 7-19 所示。

```
mysql> rename user "employ01"@"localhost" to "emp01"@"localhost";
Query OK, 0 rows affected (0.02 sec)

mysql>
```

图 7-19　执行 RENAME USER 命令

为了查看用户名是否发生变化，可输入以下命令语句并执行：

SELECT　user, host, authentication_string　FROM user;

执行结果如图 7-20 所示。

```
mysql> select user,host,authentication_string from user;
+-----------+-----------+-------------------------------------------+
| user      | host      | authentication_string                     |
+-----------+-----------+-------------------------------------------+
| root      | localhost | *6DDF79FD2005CB785C5253F7D32F8742B7AC5C66 |
| mysql.sys | localhost | *THISISNOTAVALIDPASSWORDTHATCANBEUSEDHERE |
| adm01     | localhost | *51706D82C405EC0A4C9EEC6A044B330EEA985BB5 |
| student01 | localhost | *2D4B2DB8DCDA4CE83CAC18A599277A7F70B58FC6 |
| emp01     | localhost | *9B719329AEAC9A6E67DEE1B0367D7BF784EAD6C8 |
+-----------+-----------+-------------------------------------------+
5 rows in set (0.00 sec)

mysql>
```

图 7-20　查看 user 表

对比图 7-20 与图 7-18 可知，用户改名成功。

(2) 使用 SET PASSWORD 语句修改用户"emp01"的密码为"123"。在 MySQL 命令提示符后输入以下命令语句并执行：

SET PASSWORD FOR "emp01"@"localhost"=PASSWORD("123");

执行结果如图 7-21 所示。

```
mysql> set password for "emp01"@"localhost"=password("123");
Query OK, 0 rows affected, 1 warning (0.00 sec)
```

图 7-21　执行 SET PASSWORD 命令

为了查看用户的密码是否发生变化，可输入以下语句，执行结果如图 7-22 所示。

SELECT　user, host, authentication_string　FROM user;

```
mysql> select user,host,authentication_string from user;
+-----------+-----------+-------------------------------------------+
| user      | host      | authentication_string                     |
+-----------+-----------+-------------------------------------------+
| root      | localhost | *6DDF79FD2005CB785C5253F7D32F8742B7AC5C66 |
| mysql.sys | localhost | *THISISNOTAVALIDPASSWORDTHATCANBEUSEDHERE |
| adm01     | localhost | *51706D82C405EC0A4C9EEC6A044B330EEA985BB5 |
| student01 | localhost | *2D4B2DB8DCDA4CE83CAC18A599277A7F70B58FC6 |
| emp01     | localhost | *23AE809DDACAF96AF0FD78ED04B6A265E05AA257 |
+-----------+-----------+-------------------------------------------+
5 rows in set (0.00 sec)

mysql>
```

图 7-22　查看 user 表

对比图 7-22 与图 7-20 可知，用户"emp01"的密码修改成功。

(3) 通过 UPDATE 语句将用户"adm01"的密码改为"adm01"。在 MySQL 命令提示符后输入以下命令语句并执行：

UPDATE USER set authentication_string=PASSWORD("adm01")

WHERE user="adm01" AND host="localhost";

执行结果如图 7-23 所示。

```
mysql> update user set authentication_string=password("adm01")
    -> where user="adm01" and host="localhost";
Query OK, 1 row affected, 1 warning (0.03 sec)
Rows matched: 1  Changed: 1  Warnings: 1
```

图 7-23　执行 UPDATE 命令修改用户密码

为了查看用户名是否发生变化，可输入以下语句：

SELECT　user, host, authentication_string　FROM user;

执行结果如图 7-24 所示。

```
mysql> select user,host,authentication_string from user;
+-----------+-----------+-------------------------------------------+
| user      | host      | authentication_string                     |
+-----------+-----------+-------------------------------------------+
| root      | localhost | *6DDF79FD2005CB785C5253F7D32F8742B7AC5C66 |
| mysql.sys | localhost | *THISISNOTAVALIDPASSWORDTHATCANBEUSEDHERE |
| adm01     | localhost | *86405D7699FE6027701D6B76CF3094BD8768C4A7 |
| student01 | localhost | *2D4B2DB8DCDA4CE83CAC18A599277A7F70B58FC6 |
| emp01     | localhost | *23AE809DDACAF96AF0FD78ED04B6A265E05AA257 |
+-----------+-----------+-------------------------------------------+
5 rows in set (0.00 sec)
```

图 7-24　查看 user 表

对比图 7-24 与图 7-22 可知，用户改名成功。

(4) 使用 MYSQLADMIN 命令修改用户"adm01"的密码为"12345"。在 DOS 命令提示符后输入以下命令语句并执行：

MYSQLADMIN -u adm01 -h localhost -p password　"12345"

执行结果如图 7-25 所示。

注意：由于 MYSQLADMIN 是一个外部命令，因此为使命令能正确执行，需要设置环境参数 PATH 或改变当前目录为命令文件所在的目录。

```
C:\Users\Administrator>cd\wamp\bin\mysql\mysql5.7.14\bin

C:\wamp\bin\mysql\mysql5.7.14\bin>mysqladmin -u adm01 -h localhost -p password "
12345"
Enter password: *****
mysqladmin: [Warning] Using a password on the command line interface can be inse
cure.
Warning: Since password will be sent to server in plain text, use ssl connection
 to ensure password safety.

C:\wamp\bin\mysql\mysql5.7.14\bin>
```

图 7-25 执行 mysqladmin 命令

为了查看用户名是否发生变化，可输入以下 SQL 语句并执行：

SELECT user, host, authentication_string FROM user;

执行结果如图 7-26 所示。

```
mysql> select user,host,authentication_string from user;
ERROR 2006 (HY000): MySQL server has gone away
No connection. Trying to reconnect...
Connection id:    3
Current database: mysql

+-----------+-----------+-------------------------------------------+
| user      | host      | authentication_string                     |
+-----------+-----------+-------------------------------------------+
| root      | localhost | *6DDF79FD2005CB785C5253F7D32F8742B7AC5C66 |
| mysql.sys | localhost | *THISISNOTAVALIDPASSWORDTHATCANBEUSEDHERE |
| adm01     | localhost | *00A51F3F48415C7D4E8908980D443C29C69B60C9 |
| student01 | localhost | *2D4B2DB8DCDA4CE83CAC18A599277A7F70B58FC6 |
| emp01     | localhost | *23AE809DDACAF96AF0FD78ED04B6A265E05AA257 |
+-----------+-----------+-------------------------------------------+
5 rows in set (0.01 sec)

mysql>
```

图 7-26 查看 user 表

对比图 7-26 与图 7-24 可知，用户 "adm01" 的密码修改成功。

子任务 4　删除普通用户

删除普通用户

1. 前导知识

删除用户可以使用两种方式，既可以使用命令语句 DROP USER，又可以使用 DELETE 语句。

(1) 使用 DROP USER 删除用户的语法格式如下：

DROP USER <用户名'>@<'主机'>;

说明：DROP USER 语句可以删除一个或多个普通用户，各用户之间用逗号分隔。如果删除用户已经创建数据库对象，那么该用户将继续保留。使用者必须拥有 "DROP USER" 权限。

(2) 使用 DELETE 语句删除用户的语法格式如下：

DELETE　FROM　[mysql.]user　WHERE User=<用户名'>　　AND　Host=<主机'>;

说明：

· 使用者必须拥有"mysql. User"的"Delete"权限。

· [mysql.]user 表示从哪个数据库的哪张表中删除用户，[mysql.]是可选项。如果当前数据库就是 mysql，则数据库名可省。

2．任务内容

启动 MySQL 服务器并登录，在 MySQL 命令提示行方式下完成以下任务。

(1) 使用 DROP USER 语句删除"adm01"用户。

(2) 使用 DELETE 语句删除"emp01"用户。

3．实施步骤

(1) 使用 DROP USER 语句删除"adm01"用户。

在 MySQL 命令提示符后输入以下命令语句并执行：

DROP USER "adm01"@"localhost";

执行结果如图 7-27 所示。

图 7-27　执行 DROP USER 命令

为了查看用户名是否发生变化，可输入以下命令语句并执行：

SELECT　user, host, authentication_string　FROM user;

执行结果如图 7-28 所示。

图 7-28　查看 user 表

从图 7-28 中可以看出，用户"adm01"已被删除。

(2) 使用 DELETE 语句删除"emp01"用户。在 MySQL 命令提示符后输入以下命令语句并执行：

DELETE FROM USER

WHERE user="emp01" AND host="localhost";

执行结果如图 7-29 所示。

图 7-29　执行 DELETE 命令

为了查看用户名是否发生变化，可输入以下命令语句并执行：

SELECT　user, host, authentication_string　FROM user;

执行结果如图 7-30 所示。

```
mysql> select user,host,authentication_string from user;
+-----------+-----------+-------------------------------------------+
| user      | host      | authentication_string                     |
+-----------+-----------+-------------------------------------------+
| root      | localhost | *6DDF79FD2005CB785C5253F7D32F8742B7AC5C66 |
| mysql.sys | localhost | *THISISNOTAVALIDPASSWORDTHATCANBEUSEDHERE |
| student01 | localhost | *2D4B2DB8DCDA4CE83CAC18A599277A7F70B58FC6 |
+-----------+-----------+-------------------------------------------+
3 rows in set (0.00 sec)

mysql> _
```

图 7-30　查看 user 表

评价与考核

课程名称：数据库管理与应用		授课地点：		
学习任务：用户管理		授课教师：		授课学时：
课程性质：理实一体		综合评分：		
知识掌握情况评分(35 分)				
序号	知识考核点	教师评价	配分	得分
1	用户管理的意义		5	
2	MySQL 权限表		15	
3	创建普通用户的方法		5	
4	修改用户信息的方法		5	
5	删除普通用户的方法		5	
工作任务完成情况评分(65 分)				
序号	能力操作考核点	教师评价	配分	得分
1	能对 USER 表进行基本操作		5	
2	能创建普通用户		10	
3	能修改用户信息		15	
4	能删除普通用户		10	
5	能根据需要添加、修改与删除用户		25	
违纪扣分(20 分)				
序号	违纪考核点	教师评价	配分	得分
1	课上吃东西		5	
2	课上打游戏		5	
3	课上打电话		5	
4	存在其他扰乱课堂秩序的行为		5	

任务 19　权 限 管 理

任务目标

(1) 了解权限的类型；
(2) 了解权限分配的基本原则；
(3) 熟悉权限管理。

任务准备

权限管理是保障数据安全的一个重要方面。要做好权限管理，我们首先要明确权限的类型，然后遵循权限分配的原则对数据库中各类不同用户身份进行权限分配。唯有如此，用户才可以在对数据库进行相应操作时不产生越权等异常现象。

1. 权限的类型

MySQL 中的权限信息被存储在数据库 mysql 中的几个权限表中，如 user 表、db 表、host 表、tables_priv 表、column_priv 表和 procs_priv 表。当 MySQL 启动时会自动加载这些权限信息。具体来说，MySQL 权限是与权限名称紧密联系在一起的，权限名称与功能以及操作对象绑定在一起。也就是说，只要明确权限名称，就可以明确能对哪些数据库对象(数据库、表、列、视图、存储过程等)进行什么样的操作(创建、删除、更新等)。

表 7-2 列举了 MySQL 的权限名称以及这些权限在 user 表中的权限范围。

表 7-2　MySQL 的权限信息

字 段 名	权 限 名 称	权 限 范 围
Select_priv	SELECT	表、列
Insert_priv	INSERT	表
Update_priv	UPDATE	表、列
Delete_priv	DELETE	表
Create_priv	CREATE	数据库、表、索引
Drop_priv	DROP	数据库、表、视图
Reload_priv	RELOAD	访问服务器上的文件
Shutdown_priv	SHUTDOWN	服务器管理
Process_priv	PROCESS	存储过程和函数
File_priv	FILE	服务器上的文件
Grant_priv	GRANT OPTION	数据库、表、存储过程
References_priv	REFERENCES	数据库、表
Index_priv	INDEX	表
Alter_priv	ALTER	数据库
Show_db_priv	SHOW DATABASES	服务器管理

字 段 名	权 限 名 称	权 限 范 围
Super_priv	SUPER	服务器管理
Create_temp_table_priv	CREATE TEMPORARY TABLE	表
Lock_tables_priv	LOCK TABLES	表
Execute_priv	EXECUTE	存储过程、函数
Repl_slave_priv	REPLICATION SLAVE	服务器管理
Repl_client_priv	REPLICATION CLIENT	服务器管理
Create_view_priv	CREATE VIEW	视图
Show_view_priv	SHOW VIEW	视图
Create_routine_priv	CREATE ROUTINE	存储过程、函数
Alter_routine_priv	ALTER ROUTINE	存储过程、函数
Create_user_priv	CREATE USER	服务器管理
Event_priv	EVENT	数据库
Trigger_priv	TRIGGER	表
Create_tablespace_priv	CREATE TABLESPACE	服务器管理

接下来对表 7-2 中的部分权限进行补充讲解，具体如下：

(1) CREATE 和 DROP 权限：可以创建数据库、表、索引，或者删除已有的数据库、表、索引。也就是说，从命令动词可以明确这个命令语句的功能，如 CREATE 就是创建、新建，而权限范围则限定了命令动词的操作对象。

(2) INSERT、DELETE、UPDATE、SELECT 权限：可以对表进行增、删、改、查等操作。

(3) INDEX 权限：可以创建或删除索引，适用于所有表。

(4) ALTER 权限：可以用于修改表的结构或重命名表。

(5) FILE 权限：被赋予该权限的用户能读写 MySQL 服务器上的任何文件。

2. 权限分配的基本原则

新添加的数据库用户不允许访问其他用户的数据库，也不能创建自己的数据库，只有在授予了相应的权限以后才能访问或创建数据库。为满足 MySQL 服务器的安全，需要考虑以下内容来进行用户权限分配。

(1) 多数用户只需要对数据表进行读写操作，只有少数用户需要创建、删除数据表。

(2) 某些用户需要读写数据，而不需要修改数据。

(3) 某些用户允许添加数据，而不允许删除数据。

(4) 管理员用户需要有管理用户的权力，而其他用户则不需要。

(5) 某些用户允许通过存储过程来访问数据，而不允许直接访问数据表。

3. 权限管理

权限管理主要包括两个问题，一是授予权限，二是收回权限，分别使用命令语句 GRANT 和命令语句 REVOKE 完成。这两条命令语句的语法格式详见任务 19 的子任务 1 和子任务 3。

任务实施

子任务 1　授予权限

授予权限

1. 前导知识

授予用户权限需要使用 GRANT 语句。GRANT 语句不仅是授权语句，还可以达到添加新用户或修改用户密码的作用。GRANT 语句的语法格式如下：

GRANT　<权限名称>　[(字段列表)]　ON　<对象名>　TO　<'用户名'>@<'主机'>

[IDENTIFIED　BY　[PASSWORD] <'新密码'>　]　[WITH　GRANT　OPTION];

说明：

· "权限名称"中常用的权限为 ALL [PRIVILEGES]，它表示除 GRANT OPTION 之外的所有简单权限。除 ALL 选项外，具体的权限名称及其对应的权限范围如表 7-2 所示。

· "对象名"有以下权限级别：

全局权限：适用于一个给定服务器中的所有数据库，可以用 "*.*" 来表示。

数据库权限：适用于一个给定数据库中的所有数据库对象，可以用 "数据库名.*" 来表示。

表权限：适用于一个给定表中的所有列，可以用 "数据库名.表名" 来表示。

列权限：适用于一个给定表中的单一列，可以先用 "数据库名.表名" 来表示，再在权限名称后加上 "[(字段列表)]" 可选项，如 SELECT (员工 ID，姓名)。

子程序权限：适用于给定存储过程或函数，可以用 "PROCEDURE | FUNCTION 数据库名.过程名" 来表示。

· "<'用户名'>@<'主机'>" 中如果 "用户名" 不存在，则可添加用户。

· "[IDENTIFIED BY [PASSWORD]<'新密码'>]" 可选项可以设置新用户的密码，如果 "用户名" 已经存在，则此可选项可以修改用户的密码。

· "[WITH GRANT OPTION]" 可选项表示允许用户将获得的权限授予其他用户。

2. 任务内容

启动 MySQL 服务器并登录，在 MySQL 命令提示行方式下完成以下任务：

(1) 使用 GRANT 语句授予用户 "admin" 所有全局权限，再使用 SELECT 语句查看此用户的 "select_ priv" "create_ priv" "execute_priv" 权限字段，判断 GRANT 语句是否执行成功。

(2) 使用 GRANT 语句添加本地用户 "admin1" 的密码为 "abe"，授予用户对 "tsgl" 数据库中的所有数据表的 SELECT、INSERT、UPDATE 权限并允许将权限授予其他用户，再使用 SELECT 语句查看授权信息。

(3) 使用 GRANT 语句授予用户 "sale" 对 "tsgl" 数据库的 "books" 数据表中 "book_num" 字段的 "UPDATE" 权限，密码为 "sal"，并允许将权限授予其他用户。

(4) 将用户 "sale" 对 "tsgl" 数据库的 "books" 数据表中 "book_num" 字段的 "UPDATE" 权限转授给 "student01" 用户。

3. 实施步骤

(1) 使用 GRANT 语句授予用户“admin” 所有全局权限，再使用 SELECT 语句查看此用户的“select_ priv”“create_ priv”“execute_ priv”权限字段，判断 GRANT 语句是否执行成功。

在 MySQL 命令提示符后依次输入以下命令语句并执行：

```
GRANT ALL PRIVILEGES ON *.* TO "admin"@"localhost"
IDENTIFIED BY "12345";
SELECT user, select_priv,create_priv,execute_priv FROM user;
```

执行结果如图 7-31 所示。

```
mysql> grant all privileges on *.* to "admin"@"localhost"
    -> identified by "12345";
Query OK, 0 rows affected, 1 warning (0.00 sec)

mysql> select user,select_priv,create_priv,execute_priv from user;
+-----------+-------------+-------------+--------------+
| user      | select_priv | create_priv | execute_priv |
+-----------+-------------+-------------+--------------+
| root      | Y           | Y           | Y            |
| mysql.sys | N           | N           | N            |
| student01 | N           | N           | N            |
| admin     | Y           | Y           | Y            |
+-----------+-------------+-------------+--------------+
4 rows in set (0.00 sec)

mysql>
```

图 7-31　使用 GRANT 语句授予用户权限

从图 7-31 中可以看出，给用户“admin”授权成功。

(2) 使用 GRANT 语句添加本地用户“admin1”的密码为“abe”，授予用户对“tsgl”数据库中的所有数据表的 SELECT、INSERT、UPDATE 权限并允许将权限授予其他用户，再使用 SELECT 语句查看授权信息。

在 MySQL 命令提示符后依次输入以下命令语句并执行：

```
GRANT   SELECT,INSERT,UPDATE   ON   tsgl.*   TO   "admin1"@"localhost"
IDENTIFIED BY "abe";
SELECT user,select_priv,insert_priv,update_priv FROM user;
```

执行结果如图 7-32 所示。

```
mysql> grant  select,insert,update  on  tsgl.*  to  "admin1"@"localhost"
    -> identified by "abe";
Query OK, 0 rows affected, 1 warning (0.08 sec)

mysql> select user,select_priv,insert_priv,update_priv from user;
+-----------+-------------+-------------+-------------+
| user      | select_priv | insert_priv | update_priv |
+-----------+-------------+-------------+-------------+
| root      | Y           | Y           | Y           |
| mysql.sys | N           | N           | N           |
| admin1    | N           | N           | N           |
| student01 | N           | N           | N           |
| admin     | Y           | Y           | Y           |
+-----------+-------------+-------------+-------------+
5 rows in set (0.00 sec)

mysql> _
```

图 7-32　使用 GRANT 语句授予用户权限

从图 7-32 中可以看出，给用户"admin1"的授权并不是全局的，所以此时用户"admin1"的三项权限为"N"。为了查看此用户的其他权限，需要查询其他权限表，如 db 表、host 表等。

(3) 使用 GRANT 语句授予用户"sale"对"tsgl"数据库的"books"数据表中"book_num"字段的"UPDATE"权限，密码为"sal"，并允许将权限授予其他用户。

在 MySQL 命令提示符后依次输入以下命令语句并执行：

    GRANT　UPDATE(book_num)　ON　tsgl.books　TO　"sale"@"localhost"

    IDENTIFIED BY "sal" WITH GRANT OPTION;

    SELECT user,select_priv,insert_priv,update_priv FROM user;

执行结果如图 7-33 所示。

```
mysql> grant update(book_num) on tsgl.books to "sale"@"localhost"
    -> identified by "sal" with grant option;
Query OK, 0 rows affected, 1 warning (0.23 sec)

mysql> select user,select_priv,insert_priv,update_priv from user;
+-----------+-------------+-------------+-------------+
| user      | select_priv | insert_priv | update_priv |
+-----------+-------------+-------------+-------------+
| root      | Y           | Y           | Y           |
| mysql.sys | N           | N           | N           |
| admin1    | N           | N           | N           |
| student01 | N           | N           | N           |
| admin     | Y           | Y           | Y           |
| sale      | N           | N           | N           |
+-----------+-------------+-------------+-------------+
6 rows in set (0.00 sec)

mysql> _
```

图 7-33　使用 GRANT 语句授予用户权限

从图 7-33 中可以看出，给用户"sale"的授权并不是全局的，所以此时用户"sale"的三项权限为"N"。为了查看此用户的其他权限，需要查询其他权限表，如 db 表、host 表等。

(4) 将用户"sale"对"tsgl"数据库的"books"数据表中"book_num"字段的"UPDATE"权限转授给"student01"用户。

在 MySQL 命令提示符后依次输入以下命令语句并执行：

    GRANT UPDATE(book_num) ON tsgl.books

    TO "student01"@"localhost";

    SELECT user,update_priv FROM mysql.user;

执行结果如图 7-34 所示。注意，此时应以用户"sale"的身份登录服务器。

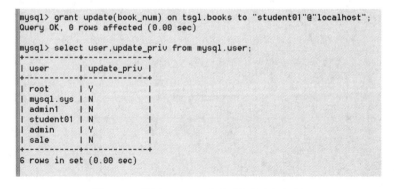

```
mysql> grant update(book_num) on tsgl.books to "student01"@"localhost";
Query OK, 0 rows affected (0.00 sec)

mysql> select user,update_priv from mysql.user;
+-----------+-------------+
| user      | update_priv |
+-----------+-------------+
| root      | Y           |
| mysql.sys | N           |
| admin1    | N           |
| student01 | N           |
| admin     | Y           |
| sale      | N           |
+-----------+-------------+
6 rows in set (0.00 sec)
```

图 7-34　使用 GRANT 语句授予用户权限

从图 7-34 中可以看出，给用户"student01"的授权并不是全局的，所以此时用户"student01"的 update_priv 权限为"N"。为了查看此用户的其他权限，需要查询其他权限表，如 db 表、host 表等。

子任务 2 查看权限

1. 前导知识

查看用户权限的方式有两种：用 SHOW GRANTS 语句和用 SELECT 语句。

(1) 用 SHOW GRANTS 语句查看授权信息。

用 SHOW GRANTS 语句查看授权信息的语法格式如下：

SHOW GRANTS   FOR   <用户名>@<主机>

(2) 用 SELECT 语句查看 mysql.user 表中用户的全局权限。

用 SELECT 语句查看用户权限的语法格式如下：

SELECT <权限字段> FROM   [mysql.]user   [WHERE   User=<用户名>   AND   Host=<主机>];

说明：

• "mysql. user"表可以查询到用户的全局权限。

• "<权限字段>"中常用的权限字段有 select_priv、insert_priv、create_priv 等。

再次强调，"数据库名.数据表名"这种形式用于表明访问某数据库中的某数据表，如"mysql.user"用来指明访问数据库"mysql"中的数据表"user"。

要查看用户的其他权限，需要查询其他权限表，如 db 表等。

2. 任务内容

启动 MySQL 服务器并登录，在 MySQL 命令提示行方式下完成以下任务：

(1) 查看用户"admin"的全局权限。

(2) 查看用户"student01"的权限。

3. 实施步骤

(1) 查看用户"admin"的全局权限。

在 MySQL 命令提示符后依次输入以下命令语句并执行：

SELECT   user,select_priv,update_priv,create_priv,insert_priv

FROM mysql.user;

执行结果如图 7-35 所示。

图 7-35   使用 SELECT 语句查看用户的全局权限

从图 7-35 中可以看出，用户"admin"拥有这四项全局权限。

(2) 查看用户"student01"的权限。

在 MySQL 命令提示符后依次输入以下命令语句并执行：

SHOW GRANTS FOR "student01"@"localhost";

SELECT select_priv,update_priv,insert_priv

FROM user

WHERE user="student01" AND host="localhost";

执行结果如图 7-36 所示。

```
mysql> show grants for "student01"@"localhost";
+--------------------------------------------------------------------+
| Grants for student01@localhost                                     |
+--------------------------------------------------------------------+
| GRANT USAGE ON *.* TO 'student01'@'localhost'                      |
| GRANT UPDATE (book_num) ON `tsgl`.`books` TO 'student01'@'localhost' |
+--------------------------------------------------------------------+
2 rows in set (0.00 sec)

mysql> select select_priv,update_priv,insert_priv
    -> from user
    -> where user="student01" and host="localhost";
+-------------+-------------+-------------+
| select_priv | update_priv | insert_priv |
+-------------+-------------+-------------+
| N           | N           | N           |
+-------------+-------------+-------------+
1 row in set (0.07 sec)
```

图 7-36　使用 SHOW GRANTS 或 SELECT 语句查看用户权限

从图 7-36 中可以看出，用户"student01"并不拥有这几项全局权限，它的其他权限需要查询其他权限表。

收回权限

子任务 3　收 回 权 限

1．前导知识

REVOKE 语句用来收回用户权限。REVOKE 语句的语法格式如下：

　REVOKE <权限名称> [(字段列表)] ON <对象名>　FROM <用户名>@<主机>;

说明：该语句用来取消指定用户的某些指定权限，与 GRANT 语句的语法格式类似。

2．任务内容

启动 MySQL 服务器并登录，在 MySQL 命令提示行方式下完成以下任务：使用 REVOKE 语句，收回"admin"用户对全局的"UPDATE"权限。

3．实施步骤

在 MySQL 命令提示符后依次输入以下命令语句并执行：

　REVOKE UPDATE ON *.* FROM "admin"@"localhost";

　SELECT user, select_priv,update_priv, create_priv, insert_priv

　FROM mysql.user

执行结果如图 7-37 所示。

```
mysql> revoke update on *.* from "admin"@"localhost";
Query OK, 0 rows affected (0.00 sec)

mysql> select  user,select_priv,update_priv,create_priv,insert_priv
    -> from mysql.user;
+-----------+-------------+-------------+-------------+-------------+
| user      | select_priv | update_priv | create_priv | insert_priv |
+-----------+-------------+-------------+-------------+-------------+
| root      | Y           | Y           | Y           | Y           |
| mysql.sys | N           | N           | N           | N           |
| admin1    | N           | N           | N           | N           |
| student01 | N           | N           | N           | N           |
| admin     | Y           | N           | Y           | Y           |
| sale      | N           | N           | N           | N           |
+-----------+-------------+-------------+-------------+-------------+
6 rows in set (0.00 sec)
```

图 7-37　使用 REVOKE 语句收回用户的部分权限

从图 7-37 中可以看出，用户"admin"的"UPDATE"权限被收回。

评价与考核

课程名称：数据库管理与应用	授课地点：	
学习任务：权限管理	授课教师：	授课学时：
课程性质：理实一体	综合评分：	

知识掌握情况评分(35 分)				
序号	知识考核点	教师评价	配分	得分
1	权限的概念与作用		5	
2	权限的类型		5	
3	权限分配的基本原则		10	
4	授予权限的方法		5	
5	查看权限的方法		5	
6	收回权限的方法		5	

工作任务完成情况评分(65 分)				
序号	能力操作考核点	教师评价	配分	得分
1	能给用户授予权限		15	
2	能收回用户的某些权限		15	
3	会查看用户的权限		10	
4	能根据需要合理进行权限分配		25	

违纪扣分(20 分)				
序号	违纪考核点	教师评价	配分	得分
1	课上吃东西		5	
2	课上打游戏		5	
3	课上打电话		5	
4	其他扰乱课堂秩序的行为		5	

数据库与人生

　　此项目的主要内容是安全管理与维护数据库，涉及数据库管理的安全问题。数据库安全包含两层含义：第一层是系统运行安全，这是物理安全；第二层是系统信息安全，系统信息安全通常受到的威胁是指黑客对数据库入侵，并盗取想要的资料。

　　随着互联网的迅猛发展，网络已成为大家获取信息、生活、娱乐、互动交流的重要载体。

　　eBay 曾发生了大规模的用户数据泄露事故，约 1.45 亿用户数据遭到泄露，这些数据包括用户名、电子邮件地址、家庭地址、电话号码和生日等隐私信息。

　　"心脏出血"漏洞波及互联网的 2/3，被称为网络安全的"911"事件，对企业信息安全管理和个人信息安全防护都产生了重大而深远的影响。

　　我们要意识到在"互联网的大数据"信息时代，隐私保护安全、可靠、可控是一项亟须关注的伦理课题。在平时的生活和学习中，我们要时刻意识到信息自主为法律规范的重点。如果应用不当，就可能带来隐私泄露的伦理风险，因此我们应时刻牢记遵守信息时代的道德伦理。

　　网络空间是民众共同的精神家园，网络空间生态良好，符合人民的利益，网络空间乌烟瘴气、生态恶化，不符合人民利益，因此提升网络道德水平，维护网络秩序，净化网络空间是我们共同的责任，也是践行社会主义核心价值观的重要体现，我们要积极行动起来，争当倡导文明新风、净化网络环境的文明上网人，做到"文明上网，理性发声"。

任务测试模拟试卷

一、单项选择题

1. 在 MySQL 中执行如下语句：

　　　　SHOW GRANTS FOR 'wang'@'localhost';

结果显示如下：

　　　　GRANT USAGE ON*.*TO 'wang'@'localhost'

该结果显示的是(　　　　)。

　　A. 系统中所有的用户信息

　　B. 用户名以 wang 开头的用户拥有的所有权限

　　C. 用户 wang 拥有的所有权限

　　D. 系统中所有的资源信息

2. 撤销用户的权限应使用的语句是(　　　)。

　　A. DROP

　　B. ALTER

　　C. REVOKE

　　D. GRANT

3. MySQL 中，下列关于授权的描述中，正确的是(　　)。

A. 只能对数据表和存储过程授权

B. 只能对数据表和视图授权

C. 可以对数据项、数据表、存储过程和存储函数授权

D. 可以对属性列、数据表、视图、存储过程和存储函数授权

4. MySQL 成功安装后，在系统中默认建立的用户个数是(　　)。

A. 0

B. 1

C. 2

D. 3

5. 用户 LISA 在 MySQL 中建立了一个读者借阅图书数据库，在该数据库中创建了读者表、图书表和借阅表，并为该数据库添加了两个用户 U1 和 U2，给 U1 授予对所有数据表的查询权限，给 U2 授予对所有数据表的插入权限，下列用户中不能使用 CREATEUSER 创建用户的是(　　)。

A. root

B. LISA

C. U1

D. U2

6. 备份整个数据库的命令是(　　)。

A. MYSQLDUMP

B. MYSQL

C. MYSQLIMPORT

D. BACKUP

7. 下列关于用户及权限的叙述中，错误的是(　　)。

A. 删除用户时，系统同时删除该用户创建的表

B. root 用户拥有操作和管理 MySQL 的所有权限

C. 系统允许给用户授予与 root 相同的权限

D. 新建用户必须经授权才能访问数据库

8. MySQL 数据库中最小的授权对象是(　　)。

A. 列

B. 表

C. 数据库

D. 用户

9. 执行 REVOKE 语句的结果是(　　)。

A. 用户的权限被撤销，但用户仍保留在系统中

B. 用户的权限被撤销，并且从系统中删除该用户

C. 将某个用户的权限转移给其他用户

D. 保留用户权限

10. 下列关于 MySQL 数据库备份与恢复的叙述中，错误的是(　　)。

A. mysqldump 命令的作用是备份数据库中的数据

B. 数据库恢复是使数据库从错误状态恢复到最近一次备份时的正确状态

C. 数据库恢复的基础是数据库副本和日志文件

D. 数据库恢复措施与数据库备份的类型有关

11. 恢复 MySQL 数据库可使用的命令是(　　)。

A. MYSQLADMIN　　　　　　　B. MYSQL

C. MYSQLD　　　　　　　　　D. MYSQLDUMP

12. 修改用户登录口令的命令是(　　)。

A. SET PASSWORD　　　　　　B. UPDATE PASSWORD

C. CHANGE PASSWORD　　　　D. MODIFY PASSWORD

13. 在 MySQL 中，用户账号信息存储在(　　)中。

A. mysql.host　　　　　　　　B. mysql.account

C. mysql.user　　　　　　　　D. information_schema.user

14. 在 GRANT 授权语句中，WITH GRANT OPTION 的含义是(　　)。

A. 该用户权限在服务器重启之后，将自动撤销

B. 该用户权限仅限于所指定的用户

C. 用户将获得指定数据库对象上的所有权限

D. 允许该用户将此权限转授给其他用户

15. 在 GRANT ALL ON*.*TO…授权语句中，ALL 和*.*的含义分别是(　　)。

A. 所有权限、所有数据库表

B. 所有数据库表、所有权限

C. 所有用户、所有权限

D. 所有权限、所有用户

二、操作题

1. 企业数据库 db_emp 中有职工表 tb_employee 和部门表 tb_dept。tb_employee 包含的字段有 eno(职工号)、ename(姓名)、age (年龄)、title (职务)、salary(工资)和 deptno(部门号)，tb_dept 包含的字段有 deptno(部门号)、dname(部门名称)、manager(部门负责人)、telephone (电话)。

请使用 SQL 语句,在当前系统中新建一个用户,用户名为 Yaoming,主机名为 localhost,密码为 "abc123"。

2. 商场信息管理系统的数据库 db_mall 包含一个记录商品有关信息的商品表 tb_commodity。该表包含的字段有商品号(cno)、商品名(cname)、商品类型(ctype)、产地(origin)、生产日期(birth)、价格(price)和产品说明(desc)。

请使用 SQL 语句，在当前系统中新建一个用户，用户名为 client，主机名为 localhost，并为其授予对商品表中商品号(cno)字段和商品名(cname)字段的 select 权限。

项目八　综合案例开发

任务 20　图书管理系统之用户端

任务目标

(1) 掌握 PHP 连接 MySQL 数据库的连接方式与方法；

(2) 掌握 PHP 操作 MySQL 数据库的基本步骤；

(3) 学会用 PHP 对 MySQL 数据库进行查询操作，了解 PHP 对 MySQL 数据库进行删除、插入、更新等操作的过程与方法；

(4) 了解项目开发流程。

任务准备

通过完成前面的任务，读者已经掌握了在 MySQL 环境中创建数据库、数据表、数据库其他对象的相关知识，并能够对数据库及数据库对象进行相应的操作。这些操作都是在数据库管理系统中进行的，需要掌握比较烦琐的 SQL 命令。对于一般用户来说，用好这些命令有一定的难度。因此，需要开发应用系统，给一般用户提供友好的操作界面，让用户通过操作界面实现对数据库的浏览和维护。

本任务重点介绍图书管理系统之用户端的开发。通过本任务的学习，读者可掌握 PHP 连接 MySQL 数据库的方式，掌握 PHP 操作数据库的基本步骤，学会用 PHP 对数据库进行查询、删除、插入、更新等基本操作。

1. PHP 开发环境搭建

当前应用系统最常见的体系结构是 C/S 结构，即客户机/服务器。本应用系统也采用这种结构。因此，在使用开发工具开发系统之前，首先要在系统中搭建开发环境。在通常情况下，开发人员使用的都是 Windows 平台。在 Windows 平台上搭建 PHP 环境需要安装 Apache 服务器和 PHP 软件。本书前面章节使用的安装包包含 Apache 和 PHP 软件包，具体的安装与配置过程不是本书的重点，请读者参阅其他相关资料。

2. 系统分析与设计

1) 系统分析

图书管理系统一般分为前台功能和后台功能，分别为用户和管理员提供服务。对于用户来说，系统应提供登录、浏览信息等功能。对于管理员来说，系统应提供管理用户、管理图书、管理分类等功能。本书只介绍用户功能的设计与实现。

登录模块需要设计登录界面，用户通过登录界面输入自己的用户名和密码等信息并提交给服务器，由服务器对用户信息进行验证，验证成功后就可以登录系统。

信息浏览模块是在用户登录成功后出现的界面，主要用于展示用户基本信息、所借图书信息以及图书信息简介等。

为了实现上述功能，需要设计相应的数据库。数据库设计部分的内容请参阅本教材项目三。

说明：由于登录功能实现的需要，需要在表 borrowers 中新增字段 password，用于存放用户的密码，将密码字段数据类型设为 char(8)，不能为空，默认值设为"12345678"。

2) 系统设计

通过系统分析，绘制如图 8-1 所示的系统功能结构图。

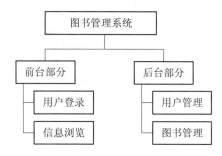

图 8-1　图书管理系统功能结构图

(1) 目录结构设计。

一个完善的项目不仅需要 PHP 程序，还需要 HTML、CSS、JS 等文件。因此，在开发此综合案例时，需要对项目文件进行合理的管理。本案例的目录结构如表 8-1 所示。

表 8-1　本案例的目录结构

类型	文件位置及名称	作　　用
目录	comm	存放公共的 PHP 文件
	css	存放 CSS 文件
	js	存放 JS 文件
	img	存放图片文件
主要文件	comm\init.php	存放项目的初始化代码(用于连接数据库等)
	comm\function.php	存放项目的公共函数
	login1.html	用户登录界面
	chklogin.php	用户登录验证文件
	index.php	用户登录成功后的界面

(2) 登录模块设计。

登录模块的功能是：对用户身份进行密码验证，通过验证的用户可以直接进入系统浏览信息等。此时需要设计登录界面(login.html)和信息验证(chklogin.php)两个文档。其中，登录界面引导用户输入用户名和密码并进行提交；chklogin.php 收集用户输入的信息并进行验证，若验证成功则引导用户跳转至信息浏览页面，若验证失败则返回登录界面，重新登录。

(3) 信息浏览模块设计。

信息浏览模块的功能是：浏览用户的基本信息，浏览用户的图书借阅信息。

任务实施

子任务 1　PHP 技术基础

1. 前导知识

PHP 技术基础

目前 PHP 是比较流行的动态网页开发技术，它易于学习并可以高效地运行在服务器端，而且 PHP 与 HTML 语言有着非常好的兼容性，用户可以直接在 PHP 脚本代码中加入 HTML 标记，或者在 HTML 语言中嵌入 PHP 代码，从而更好地实现页面控制。PHP 提供了标准的数据接口，数据库连接也十分方便，兼容性好，扩展性好，可以进行面向对象编程。PHP 的最大特色是简单并天生具有与 MySQL 的结合性。对于 MySQL 来说，PHP 可以说是其最佳搭档。PHP + MySQL 目前非常流行，无论是编写数据库应用系统还是编写一个 Web 网站，均是很好的选择。

1) PHP 标记风格

PHP 标记告诉 Web 服务器 PHP 代码何时开始、何时结束。最常见的 PHP 代码是"<?pbp"和"?>"，这两个标记之间的代码都将被解释成 PHP 代码。PHP 标记用来隔离 PHP 和 HTML 代码。

PHP 的标记风格有如下 4 种：

(1) XML 风格。这是最常见的风格，以"<?php"开始，以"?>"结束。其格式如下：

```
<?php
//php 代码
?>
```

(2) 脚本风格。其格式如下：

```
<script language="php">
    //php 代码
</script>
```

(3) 简短风格。其格式如下：

```
<?
//php 代码
?>
```

(4) ASP 风格。其格式如下：

```
<%
//php 代码
%>
```

2) HTML 中嵌入 PHP

在 HTML 代码中嵌入 PHP 代码相对来说比较简单。下面是一个在 HTML 中嵌入 PHP 代码的例子。

例 8-1 在 HTML 代码中嵌入 PHP 代码，并且在页面中输出。

代码如下：

```html
<html>
<head>
<title></title>
</head>
<body>
  <div id="example">
    <?php
    Echo "这是 PHP 代码输出的内容";
  ?>
 </div>
</body>
</html>
```

3) PHP 中输出 HTML

echo()显示函数在前面的内容中已经使用过，用于输出一个或多个字符串。Print()函数的用法与 echo()函数类似。下面是一个使用 echo()函数和 print()函数的例子。

例 8-2 PHP 中 echo()函数的应用。

代码如下：

```php
<?php
echo ("hello") ;               //使用带括号的 echo()函数
echo "www.wru.edu.cn";         //使用不带括号的 echo()函数
print ("hello");               //使用带括号的 print ()函数
print "www.wru.edu.cn";        //使用不带括号的 print ()函数
?>
```

显示函数只提供显示功能，不能输出风格多样的内容。在 PHP 显示函数中使用 HTML 代码可以使 PHP 输出更为美观的界面内容。

例 8-3 使用 PHP 输出 HTML 标签。

代码如下：

```php
<?php
echo '<p align="center">段落居中对齐</p>';
print"<br>";
echo "<font size='3'>这是 3 号字体</font>";
?>
```

4) PHP 中调用 JavaScript

PHP 代码中嵌入 JavaScript 能够与客户端建立起良好的用户交互界面，强化 PHP 的功能，其应用十分广泛。在 PHP 中生成 JavaScript 脚本的方法与输出 HTML 的方法一样，可以使用显示函数。

例 8-4 在 PHP 中调用 JavaScript 脚本并输出。

代码如下：

```php
<?php
    echo "<script>";
    echo "alert ('调用 JavaScript 消息框')":
    echo "</script>";
?>
```

2. 任务内容

新建一个 PHP 文档，命名为 info.php，用表格呈现一位读者的姓名、性别、年龄、所在单位。

3. 实施步骤

(1) 编辑 PHP 文档的工具有很多，可用记事本、DW 等。文档 "info.php" 的代码如下：

```php
<!DOCTYPE HTML>
<html>
<head>
<meta http-equiv="Content-Type" content="text/html; charset=utf-8">
<title>PHP 插入 HTML</title>
<style>
    table{
        border-collapse:collapse;
    }
    h2{
        font-family:"微软雅黑";
        text-align:center;
    }
    td{
        text-align:center;
    }
    </style>
</head>

<body>
<h2>个人信息表</h2>
<?php
```

```
echo '<table align="center" border="1" width="300" height="90">';
echo '<tr>';
echo '<td width="60">姓名</td>';
echo '<td width="60">性别</td>';
echo '<td width="60">年龄</td>';
echo '<td width="120">所在单位</td>';
echo '</tr>';
echo '<tr>';
echo '<td>王月仙</td>';
echo '<td>女</td>';
echo '<td>30</td>';
echo '<td>人事处</td>';
echo '</tr>';
echo '</table>';
?>
</body>
</html>
```

(2) 在浏览器中打开此页面，效果如图 8-2 所示。

图 8-2　PHP 文档 info.php

予任务 2　PHP 连接数据库

1．前导知识

我们在前面已经学习了 PHP 的使用，对 PHP 有了一定的了解。在实际的网站制作过程中，我们经常遇到大量的数据，如用户的账号、文章及留言信息等，通常使用数据库存储数据信息。PHP 支持多种数据库，从 SQL Server 到大型的 Oracle 等，但与 PHP 配合最为密切的还是新型的网络数据库 MySQL。

PHP 连接数据库

1) PHP 程序连接到 MySQL 数据库的原理

从根本上来说，PHP 是通过预先写好的一些函数来与 MySQL 数据库进行通信的，向数据库发送指令、接收返回的数据等都是通过函数来完成的。

PHP 可以通过 MySQL 接口来访问 MySQL 数据库。如果希望正常使用 PHP，那么需要适当地配置 PHP 与 Apache 服务器。同时，在 PHP 中加入了 MySQL 接口后，才能够顺利地访问 MySQL 数据库。

2) PHP 连接到 MySQL 数据库的函数

PHP 的 MySQL 接口提供 mysql_ connect()函数来连接 MySQL 数据库。mysql_ connect()
函数的使用方法如下：

$connection= mysql_ connect("host/IP"，"username"，"password");

PHP 的 MySQL 接口提供 mysql_select_db ()函数来打开 MySQL 数据库。mysql_select_db
()函数的使用方法如下：

mysql_select_db ("database", $link);

其中，database 为数据库名，$link 为连接标识符。

2. 任务内容

编写 PHP 程序，连接 MySQL 并打开数据库 tsgl。

3. 实施步骤

打开 PHP 编程环境，输入以下代码并保存：

```php
<?php
$username=" root";
//连接数据库的用户名
$password="mydata";
 //连接数据库的密码
$database="tsgl";
//数据库名
$hostname= "localhost"; / /服务器地址
$l ink=mysql_ connect ($hostname , $username, $password, 1, 0x20000);
//连接数据库
//存储过程返回结果集的时候 client_ flags 参数要设置为 0x20000

mysql_select_db($database,$link) or die('Could not connect:' .mysq1_error());
//打开数据库

mysql_ query("SET NAMES 'UTF8'");
//使用 UTF8 编码
?>
```

子任务 3　PHP 操作数据库

PHP 操作数据库

1. 前导知识

连接 MySQL 数据库之后，PHP 可以通过 query()函数对数据进行查询、插入、更新和
删除等操作。但是 query()函数一次只能执行一条 SQL 语句。如果需要一次执行多条 SQL
语句，需要使用 multi_query()函数。PHP 通过 query()函数和 multi _query()函数可以方便地

操作 MySQL 数据库。下面介绍 PHP 操作 MySQL 数据库的方法。

1) 一次执行一条 SQL 语句

PHP 可以通过 query()函数来执行 SQL 语句。如果 SQL 语句是 INSERT 语句、UPDATE 语句、DELETE 语句等，则语句执行成功，query()函数返回 true，否则返回 false。另外，可以通过 acted._rows()函数获取发生变化的记录数。

例 8-5   查询数据表 students。

代码如下：

```
$query = "SELECT * FROM students";
$result = mysql_query($query, $database)   or die (mysql_ error ($db));
```

例 8-6   向 score 表插入数据。

代码如下：

```
$sqlinsert = "insert into score    values('122009'，'A001',80) ";
mysql query ($sqlinsert);
echo $mysqli->affected_rows;        //输出影响的行数
```

例 8-7   删除 score 表数据。

```
$sqldelete = "delete from score where Sno = '122009' and cno= 'A001'";
mysql_query($sqldelete);
```

例 8-8   更新 score 表数据。

```
$sqlupdate="update score set report=80 where sno =' 122001' and Cno= 'A001'";
mysql_ query ($sqlupdate);
```

2) 一次执行多条语句

PHP 可以通过 multi_query()函数执行多条 SQL 语句。具体做法是：把多条 SQL 命令写在同一个字符串里作为参数传递给 multi_query()函数，多条 SQL 之间使用分号分隔。如果第一条 SQL 命令在执行时没有出错，则返回 true，否则将返回 false。

例 8-9   将字符集设置为 utf8，并向 book_sort 表插入一行数据，然后查询 book_sort 表数据。

代码如下：

```
$query = "SET NAMES utf8; ";     //设置查询字符集为 utf8
$query =$query. "insert into book_sort values('SO01'. '社会科学-人类发展'); ";
//向 book_sort 表插入一行数据
$query = $query."SELECT * FROM book_sort; ";   //查询 book_sort 表数据
multi_query ($query) ;
$result=mysql_ query($query, $link);
```

3) 处理查询结果

query()函数成功执行 SELECT 语句后，会返回一个 mysqli_result 对象$result。SELECT 语句的查询结果都存储在$result 中。mysqli 接口提供了以下 4 种方法来读取数据。

(1) $rs=$result-> fetch_row()：mysqli_fetch_row()函数从结果集中取得一行作为索引

数组。

(2) $rs=$result->fetch_ array()：mysqli_fetch_array()函数从结果集中取得一行作为关联数组、索引数组或采用以上两种方式访问数组元素，返回根据从结果集取得的行生成的数组，如果没有更多的行则返回 false。

(3) $r=$result->fetch_assoc()：mysqli_fetch_assoc()函数从结果集中取得一行作为关联数组，返回根据从结果集取得的行生成的关联数组，如果没有更多的行，则返回 false。

(4) $rs=$result->fetch_ object()：mysqli_fetch_object()函数从结果集(记录集)中取得一行作为对象。若成功的话，从函数 mysqli _query()获得一行，并返回一个对象；如果失败或没有更多的行，则返回 false。

例 8-10　查询所在部门为"经济与管理学院"的读者信息。

代码如下：

```php
$con=mysql_ connect ("localhost". "root", "mydata") ;
if (!$con)
  {
    die('Could not connect:'.mysql_ error());
  }
$db_selected= mysql_select_db ("tsgl",$con);
$sql="SELECT    *   from borrowers WHERE borr_dept= '经济与管理学院'";
$result = mysql_ query ($sql, $con) ;
print_ r (mysql_ fetch_row($result)) ;
mysql_ close ($con) ;
?>
```

此外，还可以通过 fetch_ fields()函数获取查询结果的详细信息，这个函数返回对象数组。通过这个对象数组可以获取字段名、表名等信息。例如，$info=$result->fetch_fields()可以产生一个对象数组$info，然后通过$info[$n]->name 获取字段名，通过$info[$n]->table 获取表名。

4) 关闭创建的对象

对 MySQL 数据库的访问完成后，必须关闭创建的对象。连接 MySQL 数据库时创建了 $connection 对象，处理 SQL 语句的执行结果时创建了$result 对象。操作完成后，这些对象都必须使用 close()方法来关闭。其基本形式如下：

```php
$result->close() ;
$connection->close() ;
```

2．任务内容

编写 PHP 文档，连接数据库 tsgl，并以表格的形式浏览数据库图书的图书名称、出版社、作者、单价。

3．实施步骤

在 comm\init.php 文件中编写连接数据库的代码，具体如下：

```php
<?php
```

```php
require './comm/config.php';
require './comm/function.php';
require './comm/db.php';
date_default_timezone_set("Asia/Beijing");
mb_internal_encoding('UTF-8');
?>
```

其中，导入的三个 PHP 文件的代码如下：

文件 config.php：

```php
<?php
return[
 'DB_CONNECT'=>[
    'host'=>'localhost',
    'user'=>'root',
    'pass'=>'mydata',
    'dbname'=>'tsgl',
    'port'=>3306
   ],
   'DB_CHARSET'=>'utf8',
 ];
 ?>
```

文件 function.php：

```php
<?php
function config($name)
  {
     static $config=null;
     if(!$config){
          $config=require './comm/config.php';
       }
     return   isset($config[$name])?$config[$name]:'';
    }
function input($method,$name,$type='s',$default='')
{
switch ($method){
     case 'get':$method=$_GET;break;
     case 'post':$method=$_POST;break;
}
$data=isset($method[$name])?$method($name):$default;
switch($type){
     case 's':
```

```
                    return is_string($data)?$data:$default;
            case 'd':
                    return is_string($data)?$data:$default;
            case 'a':
                    return is_string($data)?$data:$default;
            default:
                    trigger_error('不存在的过滤类型"'.$type.'"');
        }
    }
?>
```

文件 db.php：

```php
<?php

function db_connect()
{
    static $link=null;
    if(!$link)
    {
    $config=array_merge(['host'=>'','user'=>'','pass'=>'','dbname'=>'','port'=>''],config('DB_CONNECT'));
    if(!$link=call_user_func_array('mysqli_connect',$config))
    {
        exit("数据库连接失败:".mysqli_connect_error());
    }
    mysqli_set_charset($link,config('DB_CHARSET'));
    }
    return $link;
}


function db_query($sql,$type='',array $data=[])
{
    $link=db_connect();
    if(!$stmt=mysqli_prepare($link,$sql)){
        exit("SQL[$sql]预处理失败:".mysqli_error($link));
        }
    if(!empty($data)){
        $params=[$stmt,$type];
        foreach ($data as &$params[]);
        call_user_func_array('mysqli_stmt_bind_param',$params);
        }
```

```
        if(!mysqli_stmt_execute($stmt)){
          exit("数据库操作失败:".mysqli_stmt_error($stmt));
        }
      return $stmt;
    }
    db_connect();
    ?>
```

子任务 4　用户登录功能的实现

1. 前导知识

当需要在客户机与服务器之间进行信息交换时，需要在网页中使用表单元素。在 PHP 中，利用表单实现数据交互主要有以下两种形式。

1) Web 表单交互

当用户在网站上填写表单后，需要将数据提交给网站服务器对数据进行处理或保存。通常表单都会通过 method 属性指定提交方式，当表单提交时，浏览器就会按照指定的方式发送请求。例如，当提交方式为 POST 时，浏览器发送 POST 请求；当提交方式为 GET 时，浏览器发送 GET 请求。

当 PHP 收到来自浏览器提交的数据后，会自动保存到超全局变量中。超全局变量是 PHP 事先定义好的变量，可以在 PHP 脚本的任何位置使用。常见的超全局数组变量有$_POST、$_GET 等。

要想获取表单以 POST 方式提交的数据，需要使用超全局变量$_POST，语法格式如下：

```
    $_POST["表单项名称"].
```

例如，表单代码如下：

```
    <form name="loginForm" action="chklogin.php" method="post">
        <input type="text" name="loginMethod" value="LoginToXk">
    </form>
```

表单提交后，服务器端程序 chklogin.php 获取表单数据的语法格式如下：

```
    $_POST["loginMethod"]
```

2) URL 参数交互

当表单以 GET 方式提交时，会将用户填写的内容放在 URL 参数中进行提交。以上述表单为例，如果将提交方式改为 GET 方式，则会得到如下 URL：

```
    http://IP 或域名[:端口号]/文件名?loginMethod=LoginToXK
```

在上述 URL 中，"？"后面的内容为参数信息(参数由参数名和参数值组成，在参数名和参数值之间用"="进行连接，多个参数之间使用"&"分隔)，loginMethod 为参数名，LoginToXK 为参数值。

这时要想获取表单以 GET 方式提交的数据，需要使用超全局变量$_GET，服务器程序获取表单数据的语法格式如下：

```
    $_GET["loginMethod"]
```

2．任务内容

编写文档 login1.html 和文档 chklogin.php，实现用户登录功能。

3．实施步骤

文档 login1.html 的代码如下：

```html
<div class="edu-container-new">
<form id="loginForm" name="loginForm" action="chklogin.php" method="post">
    <input type="hidden" name="loginMethod" value="LoginToXk">
    <div class="lf login-form-new">
        <h2>用户登录</h2>
        <p style="margin-bottom: 12px">  </p>
        <div class="form-item-new">
         <span for="">账号</span>
         <input type="text"   id="userAccount" name="userAccount" placeholder="请输入账号">
        </div>
        <div class="form-item-new">
          <span for="">密码</span>
          <input type="password" id="userPassword" name="userPassword" placeholder="请输
入密码">
        </div>
        <div class="form-item">
         <font color="red" size="2" id="showMsg">        </font>
        </div>
        <div class="form-item-new">
         <a class="password-text rt" href="#" target="_blank" >忘记密码</a>
        </div>
        <a class="btn-login-new" id="btn-login" onclick="submitForm1()" >登录</a>
        <div class="form-item">
        </div>
        <p class="login-cr">Copyright © 2021.武汉铁路职业技术学院</p>
        <input name="encoded" id="encoded" type="hidden" value=""/>
    </div>
</form>
</div>
```

相关的 CSS 文件等其他资源可通过本书配套源代码获取。

文档 chklogin.php 的代码如下：

```php
<!DOCTYPE HTML>
<html>
<head>
```

```html
<meta http-equiv="Content-Type" content="text/html; charset=utf-8">
<title>用户登录</title>
<style>
  table{
  border-collapse:collapse;
  }
  h2{
  font-family:"微软雅黑";
  text-align:center;
  }
  td{
  text-align:center;
  }
  </style>
</head>

<body>
<?php
  $data="";
  $data2="";
  $array_data="";
  require 'init.php';
  function db_fetch_row($sql,$type=",array $data=[])
  {
    $stmt=db_query($sql,$type,$data);
    return mysqli_fetch_assoc(mysqli_stmt_get_result($stmt));
  }
?>

<?php
//登录信息审核
$sql="select * from borrowers where borr_id='" . $_POST["txtusername"]."'";
$data2=db_fetch_row($sql);
if(count($data2)==0)
    header("location:login.php");
else
  if($data2["password"]==$_POST["txtpassword"])
    {
  //登录成功后，个人信息展示
```

```
?>
```

<h2>个人信息表</h2>
<table align="center" border="1" width="300" height="90">
　<tr>
　　<td width="60">姓名</td>
　　<td width="60">性别</td>
　　<td width="60">年龄</td>
　　<td width="120">所在单位</td>
　</tr>
　<tr>
　　<td><?=$data2["borr_name"]?></td>
　　<td><?=$data2["borr_sex"]?></td>
　　<td><?=$data2["borr_age"]?></td>
　　<td><?=$data2["borr_dept"]?></td>
　</tr>
</table>


```php
<?php
function db_fetch_all($sql,$type='',array $data=[])
    {
        $stmt=db_query($sql,$type,$data);
        return mysqli_fetch_all(mysqli_stmt_get_result($stmt),MYSQLI_ASSOC);
    }
    //个人借阅信息展示
    $sql2="select * from borrows inner join books on borrows.book_id=books.book_id where borr_id='" . $_POST["txtusername"]."'";
        $data1=db_fetch_all($sql2);
?>
```

<h2>个人借阅信息表</h2>
<table align="center" border="1" width="800" height="90">
　<tr>
　　<td width="240">书名</td>
　　<td width="60">作者</td>
　　<td width="200">出版社</td>
　　<td width="120">借书时间</td>
　　<td width="120">还书截止时间</td>
　</tr>
　<tr>
　　<td><?=$data1['book_name']?></td>

```
            <td><?=$data1["book_author"]?></td>
            <td><?=$data1["book_pub"]?></td>
            <td><?=substr($data1["borrow_date"],0,10)?></td>
            <td><?=substr($data1["expect_return_date"],0,10)?></td>
        </tr>
     </table>


     <?php
         }
       else
           header("location:login.php");
     ?>


     </body>
     </html>
```

在浏览器中打开 login1.html，效果如图 8-3 所示。

图 8-3　用户登录界面及登录功能的实现

登录成功后，浏览相关信息，效果如图 8-4 所示。

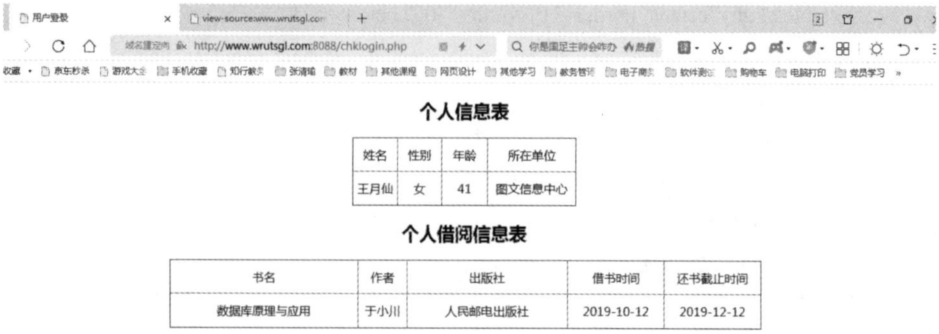

图 8-4　登录成功后浏览相关信息

子任务5　信息浏览功能的实现

1. 任务内容

编写代码，使用户登录成功后可以看到自己所借的所有图书信息，包括书名、作者、出版社、借书时间、还书截止时间等。

2. 实施步骤

相关代码如下：

```php
<?php
  function db_fetch_all($sql,$type='',array $data=[])
    {
      $stmt=db_query($sql,$type,$data);
      return mysqli_fetch_all(mysqli_stmt_get_result($stmt),MYSQLI_ASSOC);
    }
  //个人借阅信息展示
    $sql2="select * from borrows inner join books on borrows.book_id=books.book_id where
borr_id='" . $_POST["txtusername"]."'";
    $data1=db_fetch_all($sql2);
?>
    <h2>个人借阅信息表</h2>
    <table align="center" border="1" width="800">
    <tr>
     <td width="240">书名</td>
     <td width="100">作者</td>
     <td width="200">出版社</td>
     <td width="100">借书时间</td>
     <td width="100">还书截止时间</td>
    </tr>
    <?php
  for($i=0;$i<count($data1);$i++)
   {
  ?>
    <tr>
     <td><?=$data1[$i]['book_name']?></td>
     <td><?=$data1[$i]["book_author"]?></td>
     <td><?=$data1[$i]["book_pub"]?></td>
     <td><?=substr($data1[$i]["borrow_date"],0,10)?></td>
     <td><?=substr($data1[$i]["expect_return_date"],0,10)?></td>
```

```
        </tr>
        <?php
    }
        ?>
        </table>
```

登录成功后，效果如图 8-5 所示。

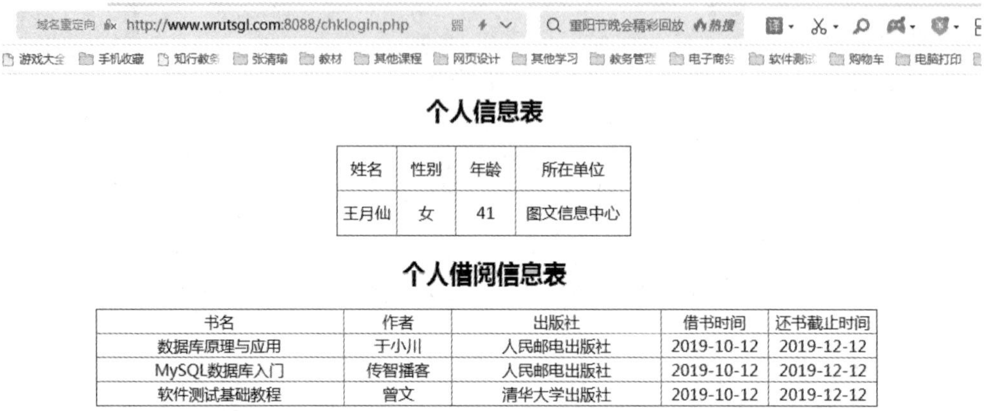
http://www.wrutsgl.com:8088/chklogin.php
个人信息表
姓名 性别 年龄 所在单位
王月仙 女 41 图文信息中心
个人借阅信息表
书名 作者 出版社 借书时间 还书截止时间
数据库原理与应用 于小川 人民邮电出版社 2019-10-12 2019-12-12
MySQL数据库入门 传智播客 人民邮电出版社 2019-10-12 2019-12-12
软件测试基础教程 曾文 清华大学出版社 2019-10-12 2019-12-12

图 8-5　用户登录成功后的界面

评价与考核

课程名称：数据库管理与应用		授课地点：		
学习任务：图书管理系统之用户端		授课教师：	授课学时：	
课程性质：理实一体		综合评分：		
知识掌握情况评分(45 分)				
序号	知识考核点	教师评价	配分	得分
1	PHP 技术基础		15	
2	PHP 连接数据库的方法		7	
3	PHP 操作数据库的方法		8	
4	系统分析与设计的方法、过程		5	
5	用户登录功能的实现方法		5	
6	信息浏览功能的实现方法		5	
工作任务完成情况评分(55 分)				
序号	能力操作考核点	教师评价	配分	得分
1	能搭建 PHP 开发环境		10	
2	能编写 PHP 文件		10	
3	能编写 PHP 连接数据库		7	
4	能编写 PHP 文件操作数据库		8	
5	能进行简单的系统分析与设计		10	
6	能编写 PHP 文件实现某些功能		10	

违纪扣分(20 分)				
序号	违纪考核点	教师评价	配分	得分
1	课上吃东西		5	
2	课上打游戏		5	
3	课上打电话		5	
4	存在其他扰乱课堂秩序的行为		5	

数据库与人生

此项目是对数据库相关知识的全面考核，要求每个环节都尽善尽美。从系统设计到系统实现这一过程，需要大家共同努力，分工协作。个人的力量是分散的，但个人的力量汇聚起来就会变得强大。

古往今来，众多事例都充分证明了团结协作的重要性。例如，三国时期的赤壁之战、全国人民众志成城战胜"非典"等，都充分体现了团结协作的重要性。而从"三个和尚挑水喝"和"三只蚂蚁搬米"的小故事中不难看出，三个和尚之所以没水喝，是因为互相推诿、不肯协作，三只蚂蚁之所以能将米抬进洞里，正是团结协作的结果。从许多名言中也可以看出团结协作的重要性，如"团结就是力量""三个臭皮匠胜过诸葛亮""夫妻同心，其利断金"等。

所以，团结协作是事业成功的基础。团结协作不只是一种解决问题的方法，更是一种道德品质，它体现了人们的集体智慧，是现代社会生活中不可缺少的一环。

同学们现在的学习和未来的工作都需要团结协作。因此，我们从现在开始就要努力培养团队的协作精神和互补精神，同时在竞赛、学习和工作中要避免恶性竞争，力戒同贵相害，同利相忌，努力使自己内心形成良性的竞争意识，继而形成习惯，在潜移默化中培养良好的团结协作工作作风和处事风格。

任务测试模拟试卷

一、简答题

1. 简述 PHP 连接 MySQL 数据库的原理、方法及步骤。

2. 表单提交数据的方式有哪几种？各有什么特点？

二、综合实践

现有 sj3.php 文件的简单 PHP 程序，其功能是对给定的企业数据库 db_emp 设计一个职工表 tb_employee 的操作页面，如图 8-6 所示。要求根据输入的职工号查询该职工的基本信息，点击"修改"按钮修改职工的基本信息。

　　注意：程序是不完整的，请在注释行"//**********found**********"下一行填入正确的内容，然后删除下画线，但不要改动程序中的其他内容，也不能删除或移动"/**********found**********"。修改后的程序存盘时不得改变文件名和文件夹。

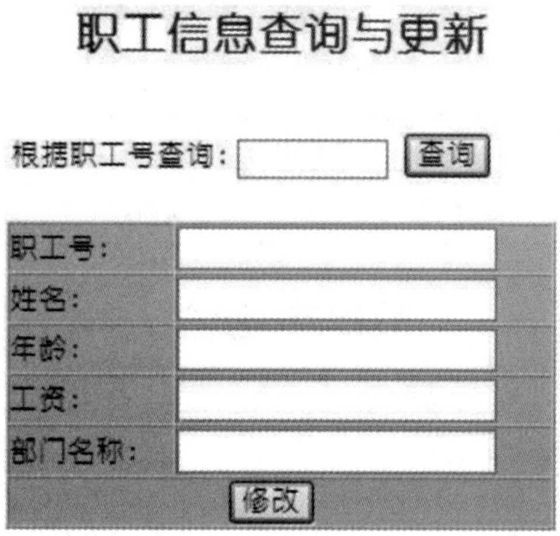

图 8-6　职工表 tb_employee 的操作页面

sj3.php 代码如下：

```
<html>
<meta http-equiv="Content-Type" content="text/html; charset=gb2312" />
<head><title>职工信息查询与更新页面</title>
<style type="text/css">
<!--
.STYLE1 {font-size: 15px; font-family: "幼圆";}
-->
</style>
</head>
<body>
    <div align="center"><font face="幼圆" size="5" color="#008000">
        <b>职工信息查询与更新</b></font></div><br><br>
<form name="frm1" method="post">
<table width="300" align="center">
<tr><td width="120"><span class="STYLE1">根据职工号查询:</span></td>
        <td><input name="ZGH" id="ZGH" type="text" size="10">
<!-- **********found********** -->
        <input type=_____ name="select" class="STYLE1" value="查询"></td></tr>
</table>
</form>
<?php
```

```php
$conn=mysql_connect("localhost","root","") or die("连接失败");
mysql_select_db("db_emp",$conn) or die("连接数据库失败");
mysql_query("SET NAMES 'gb2312'");
$ZGH=@$_POST['ZGH'];
//**********found**********
$sql="select eno, ename, age, salary, dname from tb_employee, tb_dept WHERE
tb_employee.deptno=tb_dept.deptno and _____";

$result=mysql_query($sql);
$row=@mysql_fetch_array($result);
if(($ZGH!=NULL)&&(!$row))
    echo "<script>alert('该职工信息不存在！')</script>";
?>
<form name="frm2" method="post">
<table     bgcolor="#CCCCCC"     width="300"     border="1"     align="center"     cellpadding="0"
cellspacing="0">
    <tr>    <td bgcolor="#CCCCCC" width="90"><span class="STYLE1">职工号:</span></td>
        <td><input name="GH" type="text" class="STYLE1" value="<?php echo $row['eno']; ?>">
            <input name="h_GH" type="hidden" value="<?php echo $row['eno']; ?>"></td></tr>
    <tr>    <td bgcolor="#CCCCCC" width="90"><span class="STYLE1">姓名:</span></td>
        <td><input name="XM" type="text" class="STYLE1"
            value="<?php echo $row['ename']; ?>"></td></tr>
    <tr><td bgcolor="#CCCCCC"><div class="STYLE1">年龄:</div></td>
        <td><input name="NL" type="text" class="STYLE1"
            value="<?php echo $row['age']; ?>"></td></tr>
    <tr><td bgcolor="#CCCCCC"><span class="STYLE1">工资:</span></td>
        <td><input name="GZ" type="text" class="STYLE1"
            value="<?php echo $row['salary']; ?>"></td></tr>
    <tr><td bgcolor="#CCCCCC"><span class="STYLE1">部门名称:</span></td>
        <td><input name="BM" type="text" class="STYLE1"
            value="<?php echo $row['dname']; ?>"></td></tr>
    <tr><td    align="center" colspan="2" bgcolor="#CCCCCC">
        <input name="b" type="submit" value="修改" class="STYLE1"> 
        </td></tr>
</table>
</form>
</body>
</html>
```

```php
<?php
$GH=@$_POST['GH'];
$h_GH=@$_POST['h_GH'];
$XM=@$_POST['XM'];
$NL=@$_POST['NL'];
$GZ=@$_POST['GZ'];
$BM=@$_POST['BM'];

Function test($GH, $XM, $NL, $GZ)
{
     if(!$GH){
     echo "<script>alert('职工号不能为空!');location.href='sj3.php';</script>";
          exit;
        }
  elseif(!$XM){
          echo "<script>alert('姓名不能为空!');location.href='sj3.php';</script>";
          exit;
        }
  elseif(!is_numeric($NL)){
          echo "<script>alert('年龄必须为数字!');location.href='sj3.php';</script>";

     exit;
        }
  elseif(!is_numeric($GZ)){
          echo "<script>alert('工资必须为数字!');location.href='sj3.php';</script>";

     exit;
        }
}
//*********found*********
if(@$_POST["b"]==_____)
{
     test($GH, $XM, $NL, $GZ);
//*********found*********
     if(_____)
      echo "<script>alert('职工号已变化，无法修改职工信息!');</script>";
else
{
     $sql_update="UPDATE tb_employee SET ename='$XM', age='$NL', salary='$GZ'  WHERE
```

```
eno='$GH' ";
            $result_update =mysql_query($sql_update);
    //**********found**********
    if(_____($conn)!=0)
        echo "<script>alert('修改成功!');</script>";
    else
        echo "<script>alert('职工信息修改失败!');</script>";
        }
    }
    ?>
```

附录 1　1+X 大数据分析与应用二维码文件名称对应表

附录梗概

二维码文件名称	二维码
任务 21.1 大数据分析概述.docx	
任务 21.1 大数据分析概述.avi	
任务 21.2 大数据分析平台.docx	
任务 21.2 大数据分析平台.avi	
任务 21.3 数据挖掘.docx	
任务 21.3 数据挖掘.avi	
任务 21.4 数据预处理.docx	
任务 21.4 数据预处理.avi	

续表一

二维码文件名称	二维码
任务 21.5 关联规则综述.docx	
任务 21.5 关联规则综述.avi	
任务 21.6 分类分析综述.docx	
任务 21.6.1 分类分析综述.avi	
任务 21.6.2 分类分析综述.avi	
任务 21.6.3 分类分析综述.avi	
任务 21.7 回归分析概述.docx	
任务 21.7.1 回归分析概述.avi	
任务 21.7.2 回归分析概述.avi	

二维码文件名称	二维码
任务 21.8 聚类分析概述.docx	
任务 21.8 聚类分析概述.avi	
任务 22 1+X 大数据分析与应用样题.docx	
任务 23.1 构建商品推荐系统.docx	
任务 23.1 构建商品推荐系统.avi	
任务 23.2 O2O 优惠券使用预测.docx	
任务 23.2 O2O 优惠券使用预测.avi	

附录 2　计算机二级 MySQL 历届真题及解析二维码

1　　　　　2　　　　　3　　　　　4　　　　　5

6　　　　　7　　　　　8　　　　　9　　　　　10

11　　　　　12　　　　　13　　　　　14　　　　　15